부경대학교 인문한국플러스사업단 해역인문학 아카이브자료총서 07

한국수산지 IV - 1

농상공부 수산국 편찬

이근우 · 서경순 옮김

발간사

부경대학교 '인문사회과학연구소'와 '해양인문학연구소'는 해양수산 인재 양성과 연구 중심인 대학의 오랜 전통을 기반으로 연구 역량을 키워 왔습니다. 대학이 위치한 부산이 가진 해양도시 인프라를 바탕으로 바다에 삶의 근거를 둔 해역민들의 삶과 그들이 엮어내는 사회의 역동성에 대한 연구를 꾸준히 해 왔습니다.

오랫동안 인간은 육지를 근거지로 살아온 탓에 바다의 중요성에 대해 간과한 부분이 없지 않습니다. 육지를 중심으로 연근해에서의 어업활동과 교역이 이루어지다가 원양을 가로질러 항해하게 되면서 바다는 비로소 연구의 대상이 되었습니다. 그래서 현재까지 바다에 대한 연구는 주로 조선, 해운, 항만과 같은 과학기술이나 해양산업 분야의 몫이었습니다. 하지만 수 세기 전부터 인간이 육지만큼이나 빈번히 바다를 건너 이동하게 되면서 바다는 육상의 실크로드처럼 지구적 규모의 '바닷길 네트워크'를 형성하게 되었습니다. 이 바닷길 네트워크인 해상실크로드를 따라 사람, 물자뿐만 아니라 사상, 종교, 정보, 동식물, 심지어 바이러스까지 교환되게 되었습니다.

바다와 인간의 관계를 인문학적으로 접근하여 성과를 내는 학문은 아직 완성 단계는 아니지만, 근대 이후 바다의 강력한 적이 바로 우리 인간인 지금, '바다 인문학'을 수립해야 할 시점이라고 생각합니다. 바다 인문학은 '해양문화'를 탐구하는 차원을 포함하면서도 현실적인 인문학적 문제에서 출발해야 합니다.

한반도 주변의 바다를 둘러싼 동북아 국제관계에서부터 국가, 사회, 개인 일상의 각 층위에서 심화되고 있는 갈등과 모순들이 우후죽순처럼 생겨나고 있습니다. 근대 이후 본격화된 바닷길 네트워크는 이질적 성격의 인간 집단과 문화의 접촉, 갈등, 교섭의 길이 되었고, 동양과 서양, 내셔널과 트랜스내셔널, 중앙과 지방의 대립 등이 해역(海域) 세계를 중심으로 발생하는 장이 되었기 때문입니다. 해역 내에서 각 집단이 자국의 이익을 위해 교류하면서 생성하는 사회문화의 양상과 변용을 해역의 역사라 할 수 있으며, 그 과정의 축적이 현재의 모습으로 축적되어 가고 있습니다.

따라서 해역의 관점에서 동북아를 고찰한다는 것은 동북아 현상의 역사적 과정을 규명하고, 접촉과 교섭의 경험을 발굴, 분석하여 갈등의 해결 방식을 모색하여, 향후 우리가 나아가야 할 방향을 제시해주는 방법이 우선 될 것입니다. 물론 이것은 해양 문화의 특징을 '개방성, 외향성, 교류성, 공존성' 등으로 보고 이를 인문학적 자산으로 확장하고자 하는 근본적인 과제를 수행하는 일이기도 합니다. 본 사업단은 해역과 육역(陸域)의 결절 지점이며 동시에 동북아 지역 갈등의 현장이기도 한 바다를 연구의 대상으로 삼아 현재의 갈등과 대립을 해소하는 방안을 강구하고, 한 걸음 더 나아가 바다와 인간의 관계를 새롭게 규정하는 '해역인문학'을 정립하기 위해 노력하고 있습니다.

부경대 인문한국플러스사업단은 바다로 둘러싸인 육역들의 느슨한 이음을 해역으로 상정하고, 황해와 동해, 동중국해가 모여 태평양과 이어지는 지점을 중심으로 동북아해역의 역사적 형성 과정과 그 의의를 모색하는 '동북아해역과 인문네트워크의 역동성 연구'를 수행하고 있습니다. 이를 통해 우리는 첫째, 육역의 개별 국가 단위로 논의되어 온 세계를 해역이라는 관점에서 다르게 사유하고 구상할 수 있는 학문적 방법과 둘째, 동북아 현상의 역사적 맥락과 그 과정에서 축적된 경험을 발판으로 현재의 문제를 해결하고 향후의 방향성을 제시하는 실천적 논의를 도출하고자 합니다.

부경대학교 인문한국플러스사업단이 추구하는 '해역인문학'은 새로운 학문을 창안하는 일이기 때문에 보이지 않는 길을 더듬어 가며 새로운 길을 만들어가고 있습니다. 2018년부터 간행된 '해역인문학' 총서 시리즈는 이와 관련된 연구성과를 집약해서 보여주고 있으며, 또 이 총서의 권수가 늘어가면서 '해역인문학'의 모습을 조금씩 드러내고 있습니다. 향후 지속적으로 출판할 '해역인문학총서'가 인문학의 발전에 기여할 수 있는 노둣돌이 되기를 희망하면서 독자들의 많은 격려와 질정을 기대합니다.

부경대 인문한국플러스사업단 단장 김창경

■ 목차

발간사 ·· 5

번역 범례 ·· 17

예언(例言) ·· 18

자료(資料) ·· 19

권두 사진 ·· 20

— 서울[京城] 시가 전경 ·· 20

— 노량진에서 용산을 바라봄 ··· 20

— 한강에서 얼음을 채취하는 모습[採氷圖] ································ 21

— 인천수산회사 어시장 모습 ··· 21

— 월미도의 조선인 준치 유망(流網) 건조 모습 ························ 22

— 인천항 전경(1) 1911년 3월 촬영 ·· 22

— 인천항 전경(2) 1911년 4월 촬영 ·· 22

— 개항 당시의 인천항 ·· 23

— 영종도 구읍리(舊邑里) ·· 23

— 영종도의 숭어 어선 ·· 24

— 소무의도(小舞衣島) 마을(마주보는 곳은 대무의도大舞衣島) ········ 25

— 소무의도(小舞衣島)의 조선인 새우망 수선(修繕) 모습 ············ 26

— 강화도 월곶포(月串浦)에서 본 한강 입구 ······························ 27

— 월곶포(月串浦) 모습 ··· 28

— 소연평도 ·· 28

— 대연평도의 건간망(建干網) ··· 29

— 대연평도 해변과 조기 처리 모습 ·· 29

— 해주만 입구 계도(鷄島) 모습 ·· 30

— 해주군 용당포 모습 ·· 30

— 옹진군 옹진 모습 ·· 31

— 옹진군 용호도(龍湖島)의 중선(中船) 어망 건조 모습 ·············· 31

— 장연군 몽금포 모습 ·· 32

— 대동강변의 어선 정박 모습 ·· 32

— 평양 어시장의 바깥 모습 ·· 33

— 진남포 전경 ·· 33

— 진남포 어시장의 내부 모습 ·· 34

— 하일포(何日浦) 동양척식회사 경영 이주어촌 ···························· 34

— 청천강 앞 운무도(雲霧島) 어선 정박장 ···································· 35

— 청천강 앞 운무도(雲霧島) 새우 건조장 ···································· 35

— 청천강 입구 외순도(外鶉島) 새우 건조장 ································ 36

— 원도(圓島) 부근의 안강망 어선 모습 ······································ 36

— 동양척식회사 원도파출소 ·· 37

— 원도 동쪽의 어선 정박장 모습 ·· 37

— 원도 근거지에서 출어하는 모습 ·· 38

— 원도 북쪽의 어획물 운반선 집결 모습 ······································ 38

— 다사도(多獅島) 부근 모습 ·· 39

— 용암포(龍岩浦) 원경 ·· 39

— 압록강 모습 ·· 40

— 동양척식회사 부속 안동현(安東縣) 이시정 사무소 ···················· 40

— 안동현수산회사 어시장의 내부 모습 ·· 41

— 안동현 청국인 어물전의 내부 모습 ·· 41

제6장 경기도

개관 ·· 43

제1절 수원군(水原郡) ·· 81

　개관 ·· 81

제2절 남양군(南陽郡) ·· 91

　개관 ·· 91

　우정면(雨井面) ·· 94

　압정면(鴨汀面) ·· 94

　신리면(新里面) ·· 95

　서여제면(西如堤面) ·· 96

　송산면(松山面) ·· 96

　세곶면(細串面) ·· 97

　대부면(大阜面) ·· 98

　영흥면(靈興面) ··· 100

제3절 안산군(安山郡) ··· 103

　개관 ·· 103

　성곶면(聲串面) ··· 106

　군내면(郡內面) ··· 106

　인화면(仁化面) ··· 107

　와리면(瓦里面) ··· 107

　대월면(大月面)·마유면(馬遊面) ····································· 109

　초산면(草山面) ··· 111

제4절 인천부(仁川府) ··· 111

　개관 ·· 111

주안면(朱安面) ·· 114

부내면(府內面) ·· 115

다소면(多所面) ·· 116

서면(西面) ··· 116

구읍면(舊邑面) ·· 116

조동면(鳥洞面) ·· 116

남촌면(南村面)1) ··· 117

신현면(新峴面) ·· 117

영종면(永宗面) ·· 117

덕적면(德積面) ·· 121

제5절 부평군(富平郡) ·· 147

개관 ·· 147

석곶면(石串面) ·· 150

모월곶면(毛月串面) ··· 151

제6절 양천군(陽川郡) ·· 151

개관 ·· 151

제7절 김포군(金浦郡) ·· 153

개관 ·· 153

제8절 통진군(通津郡) ·· 156

개관 ·· 156

---

1) 원문의 목차에 南村里로 기록하였지만 南村面의 오기로 보인다. 원문의 본문에는 南村面으로 기록되어 있다.

상곶면(桑串面) ·· 159

대파면(大坡面) ·· 160

고리곶면(古里串面) ·· 160

군내면(郡內面) ·· 161

보구곶면(甫口串面) ·· 161

월여곶면(月餘串面) ·· 162

소이포면(所伊浦面)2) ·· 163

봉성면(奉城面)・하은면(霞隱面)・양릉면(陽陵面) ················· 163

제9절 고양군(高陽郡) ·· 164
  개관 ··· 164

제10절 교하군(交河郡) ··· 169
  개관 ··· 169

제11절 파주군(坡州郡) ··· 172
  개관 ··· 172

제12절 장단군(長湍郡) ··· 176
  개관 ··· 176

제13절 풍덕군(豐德郡) ··· 180
  개관 ··· 180

---

2) 원문의 목차에는 소이곶면(所伊串面)으로 본문에는 소이포면(所伊浦面)으로 기록되어 있다. 본
   문을 따랐다.

　제14절 개성군(開城郡) ································· 186
　　개관 ······································· 186

　제15절 강화군(江華郡) ································· 189
　　개관 ······································· 189
　　송정면(松亭面) ······························ 194
　　장령면(長嶺面)・선원면(仙源面) ············· 194
　　불은면(佛恩面) ······························ 195
　　길상면(吉祥面) ······························ 196
　　하도면(下道面) ······························ 198
　　상도면(上道面) ······························ 199
　　위량면(位良面) ······························ 199
　　내가면(內可面)・외가면(外可面) ············· 200
　　간점면(艮岾面)・서사면(西寺面)・북사면(北寺面)・삼해면(三海面) ········· 200
　　여러 섬 ······································· 202

　제16절 교동군(喬桐郡) ································· 210
　　개관 ······································· 210

　부록〔附〕 ······································· 214
　　한강 유역(漢江流域) ························· 214

제7장 황해도
　개관 ··· 225

　제1절 백천군(白川郡) ································· 259

　　개관 ·· 259

제2절 연안군(延安郡) ····································· 262
　　개관 ·· 262

제3절 해주군(海州郡) ····································· 268
　　개관 ·· 268
　　청운면(靑雲面) ··· 272
　　용문면(龍門面) ··· 273
　　일신면(日新面)·내성면(來城面) ····················· 273
　　강동면(江東面) ··· 274
　　주내면(州內面) ··· 274
　　서변면(西邊面) ··· 275
　　석동면(席洞面)·가좌면(茄佐面) ····················· 275
　　해남면(海南面)·동강면(東江面) ····················· 276
　　송림면(松林面) ··· 276

제4절 옹진군(甕津郡) ····································· 281
　　개관 ·· 281
　　용연면(龍淵面) ··· 285
　　봉현면(鳳峴面) ··· 285
　　구주면(鳩3)洲面) ·· 286
　　아미면(峨嵋面) ··· 286
　　신흥면(新興面) ··· 287
　　동면(東面) ·· 288

---

3)　원문에 丘+鳥로 기록하였는데 현재 이 한자는 검색되지 않으므로 鳩를 사용하였다.

남면(南面) ··· 288

북면(北面) · 서면(西面) ······································· 292

용천면(龍泉面) ·· 292

교정면(交井面) ·· 295

제5절 장연군(長淵郡) ······························· 295

개관 ··· 295

태호면(苔湖面) · 속외면(速外面) ·························· 299

후선면(候仙面) · 동대면(東大面) · 서대면(西大面) ······ 300

해안면(海安面) ·· 300

용호면(龍湖面) · 추화면(秋花面) · 순택면(蓴澤面) · 신남면(薪南面) ······ 304

신북면(薪北面) ·· 305

여러 섬 ··· 306

제6절 송화군(松禾郡) ······························· 310

개관 ··· 310

유산면(遊山面) ·· 313

운산면(雲山面) ·· 314

풍해면(豊海面) · 상리면(上里面) ·························· 315

진등면(眞等面) · 인풍면(仁風面) ·························· 316

천동면(泉洞面) ·· 317

초도면(椒島面) ·· 318

석도면(席島面) ·· 320

제7절 은율군(殷栗郡) ······························· 321

개관 ··· 321

제8절 안악군(安岳郡) ································· 328
　개관 ····································· 328
　강변 어러 마을 ······························· 330

■ 번역 범례

□ 『한국수산지』의 원문에 본방인(本邦人)·토착인 또는 본방어부(本邦漁夫)는 조선인, 조선어부로, 내지인(內地人) 또는 내지 어부(內地漁夫)는 일본인, 일본어부로 번역하였다.
　태전(太田)과 대전(大田)을 혼용 기록하였는데 현재의 대전으로 번역하였으며, 車馬(차마 또는 거마)는 차마로 번역하였다.

□ 『한국수산지』의 내용의 이해를 돕기 위하여 역자의 논문을 첨부하였다.

□ 이외는 2권과 3권의 번역 범례에 따랐다.

□ 본 권은 경기도 황해도 평안남북도의 연해 지리를 집록한 것이다.

□ 책 속의 지명 또는 한글, 바다와 육지의 이정(里程), 삽입지도, 어업 및 수산
   상황, 부록된 어사일람표(漁事一覽表), 색인 등은 모두 제2권・제3권의 예에
   의거하였다.

□ 본 권은 병합 후 집록되었지만 자료는 한국 정부시대에 조사한 것을 근거로
   하였다. 단, 그 후 정황이달라진 사항에 대해서는 최근 자료[材料]를 참고해서
   보완 수정하였다.

□ 본 권은 병합 후에 간행되었지만, 편의상 그대로 한국수산지라는 제목을 이어
   서 썼다. 그러나 용어 중 병합 후에 부합되지 않는 것은 수정하였다. 예를 들어
   이전 책에서 본방인(本邦人) 또는 본방어부(本邦漁夫)라고 하였던 것을 조선
   인 또는 조선 어부 혹은 토착인으로, 일본인이라고 하였던 것을 내지인(內地
   人) 또는 내지 어부로 고쳤다.

□ 제2권~제4권에 기술한 내용은 제1권에서 예정한 편찬 강목과 체재를 유지하
   였고, 그 사항은 대체로 각 장 중에 집록하였다. 상세한 기사는 후일에 보완하
   기로 하고 본 권으로써 책 전체를 완결하고자 한다.

명치 44년(1911) 2월

■ 자료(資料)

□ 통감부 기수 하촌성삼(下村省三)이 제출한 경기도수산조사복명서(京畿道水
   産調査復命書)

□ 농상공부(農商工部) 서기관(書記官) 엄태영(嚴台永), 주사(主事) 굴부양칠
   (堀部良七)이 제출한 한강유역수산조사복명서(漢江流域水産調査復命書)

□ 조선해수산조합(朝鮮海水産組合) 기수(技手) 고 송미저삼남(松尾猪三男)이
   제출한 황해도수산조사보고서(黃海道水産調査報告書)

□ 조선해수산조합 기수 정림영웅(正林英雄)이 제출한 황해도수산조사보고서
   (黃海道水産調査報告書)

□ 조선해수산조합 기수 통구율태랑(樋口律太郎)이 제출한 황해도・평안남도
   수산조사보고서(黃海道平安南道水産調査報告書)

□ 농상공부 기수 지내저삼랑(池内猪三郎)이 제출한 평안북도수산조사복명서
   (平安北道水産調査復命書)

□ 신의주이사청(新義州理事廳)의 평안북도수산조사보고(平安北道水産調査報
   告)

□ 연안(沿岸) 각 군수(郡守)가 제출한 어촌포어업사항조사보고(漁村浦漁業事
   項調査報告)

□ 기타 편찬자의 순회기록(巡迴記錄)

□ 참고 자료 및 지도는 제2권과 동일함.

서울[京城] 시가 전경

노량진에서 용산을 바라봄

한강에서 얼음을 채취하는 모습[採氷圖]

인천수산회사 어시장 모습

월미도의 조선인 준치 유망(流網) 건조 모습

인천항 전경(1) 1911년 3월 촬영

인천항 전경(2) 1911년 4월 촬영

개항 당시의 인천항

영종도 구읍리(舊邑里)

영종도의 숭어 어선

소무의도(小舞衣島) 마을(마주보는 곳은 대무의도大無衣島)

소무의도(小舞衣島)의 조선인 새우망 수선(修繕) 모습

강화도 월곶포(月串浦)에서 본 한강 입구

월곶포(月串浦) 모습

소연평도

대연평도의 건간망(建干網)

대연평도 해변과 조기 처리 모습

해주만 입구 계도(溪島) 모습

해주군 용당포 모습

옹진군 옹진 모습

옹진군 용호도(龍湖島)의 중선(中船) 어망 건조 모습

장연군 몽금포 모습

대동강변의 어선 정박 모습

평양어시장의 바깥 모습

진남포 전경

진남포 어시장의 내부 모습

하일포(何日浦) 동양척식회사 경영 이주어촌

청천강 앞 운무도(雲霧島) 어선 정박장

청천강 앞 운무도(雲霧島) 새우 건조장

청천강 입구 외순도(外鶉島) 새우 건조장

원도(圓島) 부근의 안강망 어선 모습

동양척식회사 원도파출소

원도 동쪽의 어선 정박장 모습

원도 근거지에서 출어하는 모습

원도 북쪽의 어획물 운반선 집결 모습

다사도(多獅島) 부근 모습

용암포(龍岩浦) 원경

압록강 모습

동양척식회사 부속 안동현(安東縣) 어시장 사무소

안동현수산회사 어시장의 내부 모습

안동현 청국인 어물전의 내부 모습

제6장 경기도

개관

연혁

과거에는 마한(馬韓)의 땅이었고, 삼국시대에는 고구려 및 백제의 땅이었다(한강 이북은 고구려, 이남은 백제). 고려가 전국을 통일한 다음 성종 14년에 강토를 10개의 도로 나누었을 때, 양주(楊州)·광주(廣州)(양주는 한강 이북의 땅이고, 광주는 이남의 땅이다) 등의 주현(州縣)을 관내도(關內道)로 삼았고, 충주(忠州)·청주(淸州) 등의 주현을 충청도(忠淸道)라고 하였다. 예종 원년에 이를 합하여 양광충청주도(楊廣忠淸州道)로 삼았으나, 명종 원년에 두 도로 나누었다. 충숙왕(忠肅王) 원년에 양주·광주의 수현을 양광도(楊廣道)라고 칭하였다. 공양왕(恭讓王) 2년에 비로소 경기(京畿)를 나누어 좌우 양도로 삼았는데, 장단(長湍)·임강(臨江)·토산(兎山)·임진(臨津)·송림(松林)·마전(麻田)·적성(積城)·파평(坡平)을 좌도(左道)로 하고, 개성(開城)·강음(江陰)·해풍(海豊)·덕수(德水)·우봉(牛峰)을 우도(右道)로 하였다. 또한 문종 때의 제도에 의거하여, 양광도의 한양(漢陽)·남양(南陽)·인천(仁川)·안산(安山)·교하(交河)·양천(陽川)·금주(衿州, 지금의 시흥)·과천(果川)·포천(抱川)·서원(瑞原)·고봉(高峯) 및 교주도(交州道)의 철원(鐵原)·영평(永平, 지금의 경기도)·이천(伊川)·안협(安狹)·연천(漣川, 상동), 삭녕(朔寧, 상동) 등을 좌도에, 양광도의 부평(富平)·강화(江華)·교동(喬桐)·김포(金浦)·통진(通津) 및 서해도(西海道)의 연평(延平)·평주(平州)·백천(白川)·곡주(谷州)·수안(遂安), 재령(載寧)·서흥(瑞興)·신은(新恩)·협계(俠溪, 신은, 협계는 지금의 신계군新溪郡) 등을 우도에 예속시켰다. 조선 태조 3년에 도읍을 한양으로 옮기면서, 그 다음해에 평주(平州, 지금의 평산군平山郡)·수안·곡주(谷州, 지금의 곡산군谷山郡)·재령·서흥·신은·협계 등은 새로운 도읍에서 멀리 떨어져 있다는 이유로 다시 서해도(지금의 황해도)에 소속시키고, 나아가 광주(廣州)·수원(水原)·양근(楊根, 지평砥平을 합하여 현재 양평이라고 한다)·쌍부(雙阜, 지금 수원군에 속한다)·용구(龍駒)·처인(處仁, 용구·처인은 지금의 용인군)·이천(利川)·천녕(川寧)·지평(양근과 합하여 지금 양평이라고 한다) 등을 편입하여 광주·수원에 속한 군현을 좌도에, 양주·부령·철원·연평에 속한 군현을 우도에 예속시켰다. 태조 7년 다시 충청도의 진위현(振威縣)을 나누어 좌도에 붙였다. 태종 2년에 좌우 양도를 합하여 경기도라고 하였다. 13년 사방의 원근을 헤아려 연평·백천·우봉·강음·토산(兎山)을 황해도에, 이천을 강원도로 옮겼다. 그 대신 충청도의 여흥부(驪興府)·안성군(安城郡)·양지(陽智)·양성(陽城)·음죽(陰竹)의 각 현 및 강원도의 가평현(加平縣) 등을 경기도에 편입하였다. 세종 16년에 다시 안협을 강원도로 옮겼다. 이후 도내 군현의 통폐합이 있었으나, 경기도 전체의 구역에는 변동이 없었다. 건양 원년 지방제도를 혁신할 때, 경기도를 4부(개성, 인천, 강화, 수원) 34군(광주, 과천, 시흥, 양천, 김포, 통진, 부평, 안산, 남양, 용인, 양지, 양성, 진위, 안성, 죽산, 음죽, 여주, 이천, 지평, 양근, 가평, 영평, 포천, 양주, 연천, 삭녕, 마전, 적성, 장단, 풍덕, 파주, 교하, 고양, 교동)으로 정비하고, 관찰부를 수원에 설치하여 이들을 관할하게 하였다. 또한 별도로 한성부를 두고 중앙부의 직할지로 삼았다. 후에 관찰부를 관찰도로 고쳐 순전한 행정기관을 삼게 되자, 부군의 폐합을 행하여(수원, 강화, 개성의 3부를 군으로 삼고, 양근 지평을 합하여 이를 양평이라고 칭하였다) 1부 36군을 삼았으나, 한성부는 독립시켜 중앙부의 직할로 삼은 것은 여전히 종전과 같았다. 이것이 한국정부 존립 당시의 최종적인 행정구역이라고 한다.

　명치 43년 3월 22일(융희 4년 8월 22일) 한국을 일본제국에 병합하는 조약이 이루어지고, 29일에 이를 발표하면서 행정기관의 쇄신을 행하였으나, 지방행정기관은 종전대로 존속하게 되었다. 도청을 경성(京城)으로 옮기고, 한성부를 폐지하고 새로 경성부(京城府)를 설치하고 이를 도의 소관으로 편입하는 데 그쳐서, 그 구획에 변화는 없었다. 현재 행정구획을 표시하면 다음과 같다.

2부 36군

경성, 인천(이상 부), 광주, 과천, 시흥, 양천, 김포, 통진, 부평, 안산, 남양, 수원, 용인, 양지, 양성, 진위, 안성, 죽산, 음죽, 여주, 이천, 양평, 가평, 영평, 포천, 양주, 연천, 삭녕, 마전, 적성, 장단, 개성, 풍덕, 파주, 교하, 고양, 강화, 교동

앞의 부군 중에서 인천부 및 광주 이하 여주에 이르는 18군은 과거의 소위 좌도에 속했던 지역으로 한강 이남에 위치하고, 경성부 및 이천 이하 고양에 이르는 16군은 우도에 속한 지역으로 한강 이북에 있다. 그리고 강화·교동은 모두 섬들을 거느리는데 이는 역시 우도에 속한 지역이라고 한다.

경역

본도는 영서의 중앙에 위치하며 서북쪽은 황해도에, 동쪽은 강원도에, 남쪽은 충청도에 접하고 서쪽 일대는 바다에 연하며 멀리 청나라 산동을 마주한다. 그 넓이는 남북으로 가장 긴 곳이 400여 리이고, 동서로 가장 넓은 곳은 260리가 넘는다. 면적은 아직 정밀하게 측정한 수치가 없지만, 종래 가장 널리 채용된 바에 의하면 대략 76,500방리이며, 그 밖에 소속된 섬들도 적지 않다. 그중에서 가장 큰 것은 강화도 및 교동도이며, 그 다음으로 매음(妹音)·영종(永宗)·대부(大阜)·용유(龍遊)·덕적(德積)·영흥(靈興)·장봉(長峯)이 있다. 각 섬의 면적을 대략 계산하면 4,000방리에 이른다. 그러므로 본도의 총면적은 80,000여 방리에 달할 것이다.

지세

본도의 지세는 동북쪽으로 강원도와 경계를 이루는 곳에서는 산악이 이어져 있어

서 험준하지만, 서쪽 연해 부근에서는 대체로 낮은 언덕 또는 평지이며 경작지가
많다.

산악

산악으로 저명한 것은 경성의 북쪽을 에워싸고 있는 삼각산(三角山, 일명 화산華山,
부아산負兒山이라고도 한다. 모두 그 모습에 의거하여 이름을 붙인 것이다. 여러 봉우리
들을 석성으로 에워쌌는데, 이를 북한산성이라고 한다. 그래서 북한산北漢山이라고도
부른다), 광주의 남한산(南漢山, 광주의 남쪽 20정 거리에 있다. 역시 석성으로 에워쌌
다. 남한산성이 바로 이것이다), 과천의 관악산(冠岳山, 경성의 남쪽 20리에 있으며 과
천의 진산이다), 양주의 불곡(佛谷), 도봉(道峯), 아봉(峩峯), 적성의 감악(紺岳), 장단
의 망해산(望海山), 개성의 송악산(松岳山, 개성시가의 북쪽에 솟아 있는데 옛 이름은
부소산扶蘇山 또는 학령鶴嶺이다. 고려 당시에는 왕성의 진산이었다), 천마산(天磨山,
송악산의 북쪽에 이어져 있다. 보현봉普賢峯은 그 봉우리 중 하나로 대단히 유명하다),
풍덕의 백마산, 강화도의 마니산, 부평의 계양산(桂陽山, 일명 안남산安南山이라고 한
다. 부평의 북쪽 10정 거리에 있다. 산정에 고성이 있는데 둘레 1,920여 척으로, 소서행
장小西行長이 쌓은 것이라고 한다. 삼면이 바다로 둘러싸여 있고, 한 면만 겨우 육지에
이어져 있다. 그래서 조망이 좋고 본도의 유수한 승경지이다), 통진의 비아산(比兒山,
통진의 진산이다. 문수사라는 사찰이 있다. 그래서 문수산이라고도 한다), 진위의 천덕
산(天德山), 죽산의 칠현산(七賢山), 양평의 용문산(龍門山, 일명 미지산彌智山이라
고도 한다) 등이라고 한다. 이들은 높고 험할 뿐만 아니라 명산영지 또는 고적으로서
알려진 곳이다.

하천

하천 중에 큰 것은 한강(漢江)·임진강(臨津江)이고 그 밖에 다소 큰 것으로는 예
성강(禮成江)·안성천(安城川)이다. 한강은 국내 5대강의 하나로 경성의 남쪽을 지
나 임진강·예성강과 공동 하구를 이루며, 강화도와 교동도를 감싸며 강화만으로 들

어간다. 강의 전체 길이는 1,310리에 이르고 540리 사이는 배가 통행할 수 있어서 수운의 이익이 대단히 크다. 조석간만의 영향은 하구로부터 190리 정도, 즉 남쪽 용산에서 25리 상류에 이른다. 용산에서 대조(大潮)는 약 7척, 소조(小潮)는 약 5척에 달한다. 강의 범람기는 매년 7~9월 경이고, 그 증수량은 1~2장(丈)에 달하며, 드물게는 3장을 넘은 경우도 있다. 결빙기는 장소에 따라서 차이가 있다. 용산보다 하류는 대개 12월 중순부터 2월 하순 사이에 그치지만, 그 상류 북창에 이르는 사이는 11월 하순부터 다음해 3월 중순에 이른다. 그리고 용산 부근에서도 엄동에는 결빙된 한강 위를 인마(人馬)가 왕래하는 데 지장이 없다. ▲임진강은 강폭이 넓지 않고 물도 또한 얕지만 물살이 아주 급하다. 그래서 그 유역 630리 중에서 작은 배가 통항할 수 있는 곳은 겨우 하구에서 140리에 그치므로 수운의 이익이 적다. 강의 범람기는 한강과 같은 시기이며, 결빙기는 11월 상순부터 2월 상순에 미친다. 얼음 위를 인마가 자유롭게 왕래할 수 있는 것은 한강과 같다. ▲예성강은 본도와 황해도의 경계를 따라 흘러서 한강에 합류한다. 이 강은 길이가 짧아서 하구에서 4해리 정도 거슬러 올라가면 겨우 작은 물줄기에 불과하다. 그렇지만 조석을 이용하면 본류는 30해리 상류인 금천(金川)까지, 그 지류는 옥산포천(玉山浦川)은 백천읍 부근을 지나 판교(板橋)까지 작은 배로 거슬러 올라갈 수 있다. ▲안성천은 남쪽으로 충청남도와 경계를 이루며 아산만으로 흘러들어 가는 것이다. 그리고 그 하류를 광덕강(廣德江)이라고 한다. 본류는 ⌐ 실이가 불과 90리이며, 작은 배가 통항할 수 있는 것은 30리에 불과하다. 주로 충청남도에 속하는 평택군 지역을 흐르지만, 본도에 있어서도 또한 관개에 이로운 바가 적지 않다.

경지

경지는 아직 정밀하게 조사된 것이 없지만, 각종 방법으로 대략 계산한 바에 의하면 관민유지를 포함하여 그 전체 면적이 144,980정보(町步) 정도이며 그 내역은 다음 표와 같다.

종별	논[水田]	밭[田, 畑]	계
민유지	68,780町.00	61,950町.00	130,730町.00
국유지	4,987.55	9,262.59	14,250.14
계	73,767.55	71,212.59	144,980.14

이처럼 논은 밭에 비해서 다소 많고, 그 주요 작물은 쌀, 보리, 콩이다. 매년의 추정 산액은 쌀 381,935석(石), 보리 202,193석, 콩 125,924석 정도이다. 그 주요 경지를 열거해 보면 한강 연안에 있는 뚝섬[纛島]·영등포(永登浦)·개화리(開花里)·노오 (老吾)·지금포(芝金浦)·교하(交河)·마정리(馬井里)·두만리(斗滿里)·풍덕 (豐德)·사동(寺洞)·용인(龍仁)·양평(楊平)·사산리(四山里)·저전리(楮田里) ·부평(富平)·항교(杭橋)·곡촌산리(谷村山里)·구산(龜山)·방천진(坊川津)· 등원리(登院里)·계두포(鷄頭浦)·토막리(土莫里)·경안역(慶安驛) 각 부근, 임진 강 상류 연안 및 그 지류 사미천(沙尾川) 연안, 광덕강(廣德江) 연안 등이라고 한다. 그 중에서 가장 중요한 것에 대하여 그 개황을 서술할 것이다.

경안역 부근의 경지

본 경지는 광주의 동남쪽 약 25리 정도에 위치한 한강의 작은 지류 연안에 있는 것이 다. 남북으로 약 60~70리 사이의 양기슭에 띠모양을 이루고 있는데, 그 면적은 대략 5,600여 정보에 이를 것이다. 토질은 화강암 및 편마암의 분해에 의하여 이루어진 양토 (壤土)[1] 또는 사질 양토로서 토지의 생산력이 양호하다. 관개용수는 중앙을 관류하는 강물을 끌어쓰지만 수량이 충분하지 않다. 그래서 밭은 전경지의 6할을 점하며, 논은 4할 내외이다. 주작물은 보리, 콩, 쌀, 조 등이라고 한다.

---

1)   점토가 25~37.5% 정도 함유된 흙으로, 배수·함수력·통기성이 적당하여 모든 작물 재배에 알 맞다. 일반적으로 농경에 적합한 토양을 말한다.

토막리 부근의 경지

본 경지는 한강 중류 양안에 연하는 큰 평지로서 그 우안의 경지는 양주군에, 좌안은 광주군에 속한다. 지세는 평탄하고 남북으로 구릉이 에워싸고 있다. 넓이는 동서남북 모두 25리이며 면적은 5,000여 정보에 이른다. 토질은 사질 양토 또는 양토로서 토지의 생산력이 양호하지만, 관개용수가 부족한 결점이 있다. 따라서 논은 적고 대체로 밭이다. 그러나 이 경지는 경성에서 겨우 40리 정도 떨어져 있으며 도로가 평탄하다. 특히 한강이 그 가운데를 관류하기 때문에 수운이 아주 편리하다. 주요 작물은 콩, 수수, 조, 피[稗][2], 쌀 등이라고 한다.

방천진(坊川津) 부근의 경지

본 경지는 한강의 하류로 흘러 들어가는 한 지류인 방천하(坊川河) 연안에 있는 것이다. 이 경지는 띠모양을 이루며 약 110리에 달한다. 그 면적은 약 5,700여 정보이다. 토질은 화강암 사질토 및 사질 양토이지만, 하류 연안 즉 교하 부근에 있어서는 양질 식토이다. 대개 상층은 깊이 2m 이상에 이른다. 토양은 비옥하며 특히 쌀농사에 적합하다. 관개용수는 강물을 끌어쓰는 경우가 많고, 교하읍 부근의 경지는 관개에 곤란을 겪는 일이 적지 않다고 한다. 본 경지의 남단에 경의선의 일산역이 있다. 교하읍에서 약 20리 떨어져 있으며 도로는 평탄하다. 조석을 이용하면 교하읍에서 방천을 통하여 한강에 작은 배로 통항할 수 있어서, 수륙 모두 운수에 편리하다.

부평 부근의 경지

본 경지는 한강 회류의 좌안에 위치하며, 지세가 남쪽이 나소 높고 북쪽이 낮다. 한강의 한 지류가 경지의 중앙을 종관하여 북쪽으로 흘러 한강으로 들어간다. 본 경지는 남북으로 길고 동서로 짧으며, 그 면적은 대략 8,000정보쯤이다. 양천 및 부평 양 군에 걸쳐 있으며, 토질은 대체로 양토 또는 식토(埴土)[3]이다. 그러나 한강의 범람기에는 저지가

---

2) 북부 지방을 중심으로 재배한 밭작물 중 하나로 1930년대에는 8만 정보 이상 재배하였다. 함경남도의 경우는 전체 경작 면적 중 40% 넘게 재배하기도 하였다.
3) 진흙이 절반 이상 들어가 있는 흙으로 점착력이 강하고 공기의 유통과 배수가 용이하지 않다. 그러

1장이 침수되는 경우가 있고 농작품의 피해도 적지 않다. 관개용수도 또한 풍부하지 않아서 빗물에 의지하므로 벼를 재배하는 논은 한해를 입는 경우가 많다. 수륙 모두 운수에는 아주 편리하다.

동강(東岡) 연안의 경지

동강은 임진강 하류의 우안에 있는 한 지류이다. 그 연안에 넓게 펼쳐진 경지가 곧 이곳이다. 남북은 짧고 동서는 길며 동쪽 끝은 개성 부근의 경지로 이어진다. 연장 50리 정도에 이르며 면적은 약 5,600정보이다. 토질은 사질 양토 또는 양질사토로 토지 생산력은 대체로 양호하다. 관개용수는 경작지 중앙을 관류하는 동강에서 끌어쓰지만 강물이 풍부하지 않아서, 빗물에 의지하는 경우가 많다. 연안의 경작지는 우기에는 해마다 침수되며, 특히 하류에서 심하다. 때로는 해수가 밀려들어 오는 경우도 있다. 본 경지의 중앙부에 경의선의 장단역이 있다. 또한 동강은 하구에서 10리 정도 상류인 용전리(龍田里)까지 배로 통항할 수 있다. 그래서 운수는 수륙 모두 지극히 편리하다. 주요 작물은 쌀이고 그 뒤를 이어서 보리 및 콩 등이라고 한다.

풍덕 부근의 경지

본 경지는 한강 하류의 우안 즉 동강 연안 경지의 서북쪽에 있으며, 지세가 삼면이 바다로 둘러싸여 있고 대체로 평탄하다. 두 줄기의 작은 물줄기가 중앙에서 서쪽으로 흘러서 한강에 들어간다. 경지의 구역은 동서 약 10리, 남북 약 15리 정도이며, 면적은 2,000정보 정도에 달할 것이다. 토질은 사질양토 또는 양토 및 양질 식토이다. 관개용수는 강물을 사용하지만 물이 충분하지 않아서 빗물에 의지하는 경우가 많다. 우기에 침수되는 구역은 대체로 서쪽의 저습지에 그치며 경지의 대부분에 이르는 경우는 대단히 드물다고 한다. 본 경지의 한쪽 끝에 한강에 연하여 황강포(黃江浦)가 있는데, 상선의 정박지이다. 또한 풍덕읍에서 개성에 이르는 육로가 약 40리 정도로, 차마의 왕래가 자유롭다. 그러므로 운수는 수륙 모두 편리하다고 한다.

나 모래를 알맞게 섞어서 양토로 이용한다. 치토로도 읽는다.

광덕강(廣德江) 부근의 경지

본 경지는 수원 진위 안성 남양 4군에 걸쳐 있는 것으로 황구하(黃口河) 및 안성천(安城川) 연안에 위치하고 있다. 황구하 연안에 있어서는 약 11,500여 정보에 달할 것이다. 본 경지는 한강 연안의 경지에 비하면 관개용수가 풍부하여 논이 많으며, 본도에 있어서 일대 쌀 산지이다. 토질은 황구하 및 안성천이 광덕강에 합류하는 부근 및 저습지에 있어서는 식토 또는 양질 식토이지만, 상류로 갈수록 점차 사질이 많아져 양토로 변한다. 상류의 계류에 이르면 완전히 사질 양토로 변한다. 그중에서 양토로 이루어진 경지가 가장 많고, 토지 생산력이 대체로 풍요하다. 황구하는 황구진에 있어서 수평면과 경지 표면의 차이가 1장 내지 1장 2~3척 남짓, 안성천은 궁하리(宮下里)에서 그 차이가 1장 남짓이다. 그리고 해수의 유입은 하구로부터 30리 내외 상류에 미친다. 이 때문에 이 구역 내의 경지는 강물의 범람뿐만 아니라 해수가 유입되는 경우도 있지만 그런 일은 10년에 한두 차례에 불과하다. 하구 부근에서는 각각 공동으로 제방을 설치한 곳도 있지만 처음부터 불완전하였으므로 강물의 범람 때문에 파괴되어 해수가 유입되어 농작물이 피해를 입는 경우도 드물지 않다. 이러한 하구 연안의 경지는 다량의 염분을 포함하고 있지만, 그래도 토지가 비옥하기 때문에 적당한 강우만 있으면 보리는 잘 자란다. 강물의 범람기는 주로 7~8월 경이며, 연안 저습지는 해마다 침수를 면할 수 없지만, 침수기간이 비교적 짧아서 대체로 하루 내지는 이틀 정도라고 한다. 이 때문에 7월 중의 범람은 벼논에 현저한 피해를 미치는 일이 없지만, 밭작물 중 주로 콩은 피해를 입는 경우가 많다. 관개용수는 빗물 또는 강물에 의지하지만, 용수구를 설치하여 강물을 직접 끌어쓰는 경우는 겨우 안성천 및 황구하 상류 연안 지방에 그친다. 운수는 수륙 모두 제법 편리하다.

연안

본도의 연안은 아산만오(牙山灣澳)의 북쪽부터 한강의 개구부에 흘러들어 가는 예성강구에 이르는 사이이다. 북쪽은 황해도에 의하여, 남쪽은 충청남도의 서산반도에 의해 둘러싸여져 이루어진 큰 만의 동쪽이라고 한다. 해안선은 굴곡이 많고 또한 도서가 무수히 산재하고 있으므로 그 연장은 상당히 장대하다. 육지의 연안은 260해리(강화도를 포함하므로, 이 섬과 육지 간의 해협은 측정하지 않았다), 여러 섬의 연안(강화도를 제외)은 모두 대략 240여 해리로 합계 500여 해리에 이른다. 그러나 해저는 일대가 평탄하고 물이 얕으며 조석간만의 차가 크기 때문에 요입부에 있어서는 만조시에 넓은 해면도 간조시에 있어서는 모두 해저가 노출되어 갯벌을 이루고, 겨우 가는 물줄기가 존재하는 상태가 된다. 그러므로 계선(繫船)에 적합한 장소는 만내에 있지 않고 오히려 돌각부(突角部)에 있다. 더욱이 제물포 즉 인천항을 제외하고는 달리 큰 배의 정박지로 양호한 곳이 없다. 연안의 형세가 이와 같으므로 만내는 물론이고 돌각부에도 대체로 갯벌이며 곳곳에 암반이 노출되어 있는 것을 볼 수 있을 뿐, 모래 해안은 극히 적다. 도서도 또한 대체로 갯벌 위에 위치하기 때문에 그 해안의 상태는 육지의 연안과 큰 차이가 없어서, 바위 언덕 이외에 모래 해안을 형성하는 경우는 극히 드물다.

도서

도서는 그 수가 대단히 많은데, 가장 큰 것은 앞에서 제시한 것처럼, 강화도 및 교동도이다. 강화도는 5대 섬 중의 하나라고 한다. 그래서 두 섬은 각각 한 군을 이룬다. 그 밖에 둘레 10해리 이상인 것으로는, 매음, 영종, 대부, 용유, 덕적, 영광, 장봉 등이 있다. 5해리 이상인 것으로는 대무의(大霧衣), 망도(望島), 소홀(小忽), 신도(信島), 주문(注文), 삼목(三木), 백아(白牙), 울도(蔚島) 등이 있다. 2해리 이상인 것으로는 굴다(崛茶), 문갑(文甲), 감산(甘山), 실도(失島), 승황(承), 대이작(大伊作), 소이작(小伊作), 동검(東撿), 말점(乴點)[4], 서검(西撿), 어유정(魚遊井), 신불(薪佛), 제부(濟扶), 풍도(豊島), 납검(納撿), 미법도(彌法島) 등이 있다. 그 밖에 2해리 이하의 작은 도서에 이르러서는 그 수가 너무 많은데, 크고 작은 곳을 합하여 무려 100여 개에 달할 것이다. 그러나 주민이 있는 곳은 모두 40개 섬이다.

---

4) 『한국수산지』 4권 원문에는 米+叱로 되어 있다.

기온

기온은 연해지방의 산지와 비교하면 일반적으로 온화하여, 이미 경성·인천 사이에 있어서는 한서 모두 2~3도 내지 4~5도 차이가 있다. 즉 1년 중 혹한은 1월 하순부터 2월에 이르는 사이로서 1월 평균 경성 영하(섭씨를 사용한다. 이하 같다) 3도 6분, 인천 영하 1도 8분, 2월 평균 경성 영하 4도 2분, 인천 영하 3도 5분이다. 혹서는 7~8월 경으로 7월 하순부터 8월에 걸쳐서 특히 혹독하게 덥다. 즉 7월 평균은 경성 23도 6분, 인천 23도 2분이며, 8월 평균은 경성 24도 5분, 인천 24도이다. 이처럼 경성은 인천에 비하여 추울 때는 기온이 낮고, 더울 때는 기온이 높다. 그래서 두 곳의 1년 중 평균기온은 대체로 비슷하다. 경성은 10도 4분이고 인천은 10도 6분이다. 지금 이 두 곳의 기온과 부산의 기온을 비교하면, 혹한기인 2월 평균에 있어서 경성은 약 6도, 인천은 7도 남짓 낮으며, 혹서기인 8월의 평균에 있어서는 경성은 약 1도 정도 높고, 인천은 약 1도 정도 낮다. 연평균에 있어서 두 곳 모두 약 3도가 낮다. 두 지역과 기온이 같은 날을 일본의 각지에서 찾아보면, 더운 날씨는 경성은 구마모토에, 인천은 도쿄에 가깝고, 추운 날씨는 경성·인천 모두 아오모리·하코타테 지방보다 더욱 낮다. 그러나 그 연평균 기온은 후쿠시마 지방과 거의 같다.

비

비는 여름철에 많고 다른 계절에는 적은 것이 전국 일반이다. 즉 1년 강수량은 경성이 1,066mm, 인천은 956mm인데, 7~8할은 6~9월에 이르는 4개월 사이에 내린다.

눈

눈은 해안에는 적고 산지에 많지만 적설량이 1척이 넘는 것은 아주 드물다. 첫눈은 10월 상순 혹은 하순이고 끝눈은 3월 상순 혹은 4월 상순에 볼 수 있는 경우도 있다. 그러나 해안 지방에 있어서는 첫눈이 늦고 끝눈은 빠르며, 3월 상순을 지나서 눈이 내리는 것을 보는 일은 거의 드물다.

서리

서리는 눈보다 5~6일, 혹은 10일 정도 앞선다. 그리고 끝서리는 대개 4월 상순 혹은 하순이다. 다만 여러 섬에 있어서는 첫서리가 10월 하순이고 끝서리는 3월 상순이다.

안개

안개는 경성 부근에 있어서도 때때로 발생하기는 하지만 극히 드물다. 해무가 빈번하게 발생하는 것은 5~7월, 3개월인데, 지척을 가릴 수 없을 지경에 이른다. 인천 근해에 있어서 짙은 안개는 연중 30~40회에 이른다. 그리고 그 과반은 5~7월에 빈번하게 발생한다.

해풍

해풍은 3~9월까지 동서풍이 많고, 9~2월까지는 북 또는 북서풍이 많다. 경성에서는 여름철에 동풍이 많으며, 그래서 동풍은 비를 불러온다. 폭풍이 많은 것은 겨울철인데, 인천에서 1년 중 폭풍일수는 과거 수년간 평균 164회에 이르렀다. 그러나 산지에 있어서는 극히 적고 특히 경성에서는 대개 30회 이내에 그친다. 경성에서 이처럼 회수가 적은 것은 무릇 특별한 이유가 있다고 할 수 있는데, 요컨대 지형에 기인하는 현상이라고 하지 않을 수 없다.

다음에 경성측후소 및 인천측후소에서 기상관측결과의 평균 및 극도(極度)를 제시함으로써, 본도 기상의 일반을 편리하게 살펴볼 수 있도록 하였다.

관측종별	지명	1월	2월	3월	4월	5월	6월	7월	8월	9월	10월	11월	12월	전년
평균기압 (mm)	경성	770.1	768.7	766.6	763.7	758.4	755.4	754.8	756.2	760.4	764.4	766.7	769.1	762.9
	인천	768.5	768.2	766.4	762.7	758.1	755.7	754.3	755.6	760.5	764.5	768.3	766.6	762.5
평균 최고기온(도)	경성	0.1	0.8	8.1	16.5	21.1	26.8	27.6	29.2	25.0	19.9	8.9	4.7	15.7
	인천	1.7	0.2	7.0	14.2	18.4	23.7	26.8	27.5	23.9	18.7	9.3	3.3	14.6
평균 최저기온	경성	-7.5	-8.8	-1.7	4.6	10.0	16.3	20.2	21.0	14.7	7.7	-1.5	-6.0	5.7
	인천	-5.0	-6.8	-0.6	5.4	10.7	16.1	20.4	21.1	16.4	10.8	0.9	-4.5	7.1
평균온도	경성	-3.6	-4.2	2.9	10.1	15.2	21.0	23.6	24.5	19.6	13.6	3.6	-1.0	10.4
	인천	-1.8	-3.5	2.8	9.3	14.1	19.4	23.2	24.0	20.0	14.7	5.1	-0.6	10.6
평균습도	경성	71	63	62	64	75	76	82	81	71	75	68	63	71
	인천	69	62	62	68	75	77	82	80	72	69	63	63	70
우설량 (mm)	경성	18.2	29.1	12.4	17.0	71.3	107.1	530.3	160.5	65.3	35.3	14.4	5.4	1066.3
	인천	13.7	10.6	9.3	45.8	119.5	77.9	212.6	183.2	182.9	44.7	29.8	26.3	956.3
우설일수	경성	1.2	3	6	4	14	10	15	11	8	3	8	7	10.1
	인천	7.7	5.0	4.7	7.0	10.0	8.2	12.2	12.2	8.7	7.2	7.2	9.0	99.1
안개일수	경성	2	1	1	0	0	2	0	0	1	1	0	0	8
	인천	2.0	0.7	3.2	3.2	7.5	6.7	8.0	3.0	1.0	1.0	0.5	15	38.3
폭풍일수	경성	1	2	3	1	6	2	1	2	2	1	2	4	27
	인천	13.2	12.7	18.0	13.5	16.2	10.2	9.7	8.5	13.5	10.2	19.6	20.0	164.9

풍속도·강수량·증발량 및 습도의 극도

지명		경성	인천
최대풍속도	속도	22.1	40.7
	방향	남서	북
	발생연월일	41년(1908) 3월 29일	39년(1906) 11월 1일
최대우설량 (24시간)	우설량(mm)	140.9	152.5
	발생연월일	41년(1908) 7월 21일	41년(1908) 7월 21일
최대증발량	증발량(mm)	11.6	13.1
	발생연월일	41년(1908) 5월 1일	40년(1907) 7월 18일
최소습도	습도(%)	15	17
	발생연월일	41년(1908) 3월 20일	39년(1906) 11월 5일

비고 : 앞의 두 표 모두 경성의 관측치는 명치 42년 중의 관측에 의한 것이지만, 인천의 관측치는 측후소 성립 이후의 평균이라고 한다.

해류

해류에 관해서는 아직 정밀하게 조사한 내용이 없지만, 동해안 및 남해안을 통과하는 한류・난류 모두 그 세력이 왕성할 때는 그 여파가 황해에 칩입한다는 사실은 의심할 여지가 없는 바이다. 즉 여름철에 날치[文鰩魚]를 겨울에는 대구[鱈]를 볼 수 있는 것은 대개 해류의 존재와 관계없는 것이 아니다.

조류

조류는 동해안으로부터 남해안을 거쳐 서해안에 이르러 점차 북상한다. 그러므로 제물포에서 삭망고조시(朔望高潮時)는 남해안인 부산 부근보다 9시간 남짓 늦다. 조석간만의 차이는 서해안 일대에 걸쳐서 크지만 특히 본도 연안 즉 강화만에 있어서 그 차이가 가장 심하다. 즉 제물포 묘박지에 있어서는 대조승이 $31\frac{1}{4}$피트이고, 한강 하구에서는 34피트이다. 이와 같은 간만의 차이는 달리 비슷한 사례가 없고, 실로 동양에서는 드물게 볼 수 있는 것이다. 그래서 만조 시에는 넘실넘실한 해면이, 간조 시에는 완전히 물이 빠져서 갯벌이 수 해리 바깥까지 펼쳐져 끝이 보이지 않는다. 수면은 겨우 좁은 물길을 볼 수 있을 뿐이어서 그 모습이 마치 평지에 구불한 물길이 지나가는 것 같다. 하루 사이의 조석이 같지 않은 것도 조선의 전 연안에서 일반적이지만, 특히 본도 연안은 극히 심하다. 고조와 저조 모두 그 영향을 받아서 오전에는 만조가 4~5척이어도 오후에는 불과 1~2척에 그친다. 또한 다음 조석에서는 수 척에 이르는 경우도 있다. 조석간만의 차가 이처럼 크기 때문에 밀물과 썰물 때의 조류도 또한 아주 급격하다. 광활한 해양에 있어서도 그 속력은 여전히 3~4노트이고, 좁은 수도에서는 7~8노트에 달하는 경우도 있다. 상세한 내용은 각지에 서술할 것이다. 아래에 해도 또는 수로지에서 확인할 수 있는 조석의 개요를 표시하였다.

지명	삭망고조(朔望高潮)	대조승	소조승	소조차
마산포항	4시 51분	30피트	23피트5)	
제물포항	5시 3분	$31\frac{1}{4}$피트	$21\frac{1}{2}$피트	$11\frac{3}{4}$피트
덕적도	4시 39분	$27\frac{1}{2}$피트	$18\frac{3}{4}$피트	10피트
대무의도	4시 45분	25피트	21피트	
주문도	5시 14분	$28\frac{3}{4}$피트	20피트	$11\frac{1}{4}$피트
순위도	5시 25분	$18\frac{1}{4}$피트	$12\frac{1}{4}$피트	$6\frac{1}{4}$피트

교통

본도의 교통은 수부(首府) 경성을 보유하고 있으므로 사통팔통이다. 각도를 연결하는 도로는 의주가도, 원산가도, 춘천가도, 부산가도, 순천가도, 해주가도 등이며, 그중에서 의주가도, 순천가도, 부산가도, 원산가도는 예로부터 이른바 국도(國道)에 속하는 것으로 가장 중요한 도로이다.

의주가도

의주가도는 경성의 서대문을 나서서 고양, 장단, 개성을 거쳐 황해도로 들어가, 금천, 평산, 서흥, 봉산, 황주를 지나 평안도에 들어가, 중화, 평양, 순안, 숙천, 안주(이상 평안남도), 가산, 정주, 관산, 선천 등을 지나 국경의 관문인 의주에 이른다. 본가도는 곧 예로부터 청나라에 이르는 교통로로서 좁이도 6척이고 대개 10칙에 딜하여 차마의 왕래가 자유롭다. 경성에 개성에 이르는 160리는, 경의철도가 개통된 이래 왕래가 심히 줄었다고 하지만, 고양읍에 이르는 사이, 기타 철도노선에서 멀리 떨어진 지역에서는 교통이 여전히 빈번하다.

---

5)   원문은 32피트로 되어 있으나 소조승이 대조승보다 클 수 없기 때문에 23피트로 해석해 두었다.

원산가도

원산가도는 두 길이 있다. 하나는 동대문을 나서서 양주의 의정부에 이르러 포천, 영평을 지나 강원도로 들어가 김화, 금성, 회양을 거쳐 강원도와 함경도의 경계를 이루는 철령을 넘어, 원산에 도달하는 것이다. 이 가도는 다른 한 노선에 비하여 다소 우회하지만 경원간을 연결하는 간선도로인데 최근 러일전쟁 때 병참선로로서 개수되었으므로 차마의 왕래가 자유롭다. 마차 및 경차(輕車)가 왕래하며, 교통이 아주 빈번하다. ▲다른 한 노선은 양주의 의정부에서 간선도로부터 분기하여 연천을 거쳐 강원도에 들어가 철원·평강을 지나 간도보다 서북쪽을 통하여 원산에 이르는 것이다. 이 도로는 도로폭이 좁지만 경원 간의 지름길이며 험한 언덕길이 상대적으로 적고 또한 큰 강물이 없어서, 이 길을 따라서 경원철도 노선으로 개설할 예정이라고 한다.

부산가도

부산가도는 경성 동대문을 나서서 광주 및 충청북도의 충주를 거쳐 조령을 넘어 경상북도로 들어간 다음, 대구를 지나 부산에 이르는 것이다. 이 가도는 충주에 이르기까지 경차가 통행할 수 있다고는 하지만, 충주 이남은 언덕길이 많아서 인마가 통행할 수 있을 뿐이다. 그렇지만 본 가도는 경부철도 개통 이전에는 대단히 중요한 도로에 속하여 당시는 교통이 매우 빈번하였다.

순천가도

순천가도는 수원을 거쳐 충청남도의 공주, 전라북도의 전주 및 전라남도의 나주를 지나 순천에 이르는 것이다. 이 가도는 대체로 평탄하고 특히 도로 폭이 넓다. 의주가도와도 연결되어 조선반도를 관통하는 가장 중요한 도로이다.

춘천가도

춘천가도는 동대문을 나와 원산가도와 분기하여 동남으로 나아가서 춘천에 이르는 것이다. 도로 폭이 넓기는 하지만 언덕길이 많아서 인마 이외에는 통행할 수 없다.

해주가도

해주가도는 경의선의 토성역(土城驛)에서 서쪽으로 나아가 예성강을 건너 연안읍을 거쳐 해주에 이르는 것이다. 이 또한 언덕길이 많아서 인마가 통행할 수 있을 뿐이다.

철도

경의선 경부선 철도 노선은 경성의 남쪽 용산에서 연결된다. 경인선은 용산의 남쪽 경부선의 영등포에 연결된다. 경성의 남대문역에서 용산역까지 2마일, 영등포까지 5.7마일이며, 부산-의주 사이는 582.7마일[6], 용산-부산 사이는 274.3마일, 영등포-인천[7] 사이는 19.4마일이다. 본도에 있어서 각 선의 정차장은 경의선의 경우, 용산 이북에 수색·일산·금촌·문산·임진강·장단·개성·토성의 8개 역이 있다. 경부선의 경우는 용산 이남에, 노량진·영등포·시흥·안양·군포장·수원·병점·오산·서정리·평택의 10개 역이 있다. 경인선의 경우는 영등포 이서에, 오류동·소사·부평·유현(柚峴)·인천의 5개 역이 있다. 경원선은 용산을 기점으로 하여 경성의 남동쪽을 돌아서 동북향으로 연장될 계획이다. 그 예정 선로는 앞에서 언급한 바와 같이 용산에서 의정부에 이르는 20마일 사이는 지금 공사 중이다. 의정부에서 북쪽 연천에 이르는 47마일 또한 노선측량을 마쳤다고 한다. 본철도 노선 중 주목해야 할 정차장은 본도의 의정부 및 상원도의 절원일 것이다. 이 두 곳은 모두 쌀과 콩의 집산지로서 저명한 장소이다.

강은 앞에서 언급한 것처럼 한강 임진강 예성강 안성천 등이 있고 각각 수운의 이로움이 적지 않다.

한강

한강은 하구에서 290리 정도 지점인 고안(高安)에서 남북으로 분기한다. 남한강은 하구로부터 730리 상류인 충청북도 영춘(永春)까지, 북한강은 하구에서 630리 남짓

---

6) 원문에는 309마일[浬]로 되어 있으나, 正誤表의 기록을 따랐다.
7) 원문에는 仁川間이라고만 되어 있으나, 正誤表에 따라서 永登浦仁川間으로 기록하였다.

상류인 강원도 양구까지 작은 배가 오르내릴 수 있다. 강에 연한 선착장 또는 저명한 집산지는 하구로부터 남북의 두 갈래가 만나는 지점 사이에, 월곶동(月串洞, 강화도에 있으며 하구에 면한다), 황강(黃江, 강구의 우안에 있으며 한강의 한 지류인 예성강에 연하는 벽란도에서 남쪽으로 20리 남짓 떨어져 있다. 인천 개성간의 정박지이다), 양화진(楊花津), 서호(西湖), 동막(東幕), 현석리(玄石里), 마포(麻浦), 용산(龍山), 두모포(豆毛浦), 노량진(鷺梁津), 뚝섬[纛島], 송파진(松坡津, 이상은 경성 부근의 선착장으로 양화진 이하 마포에 이르는 것은 용산부터 하류에 있고, 두모포 이하는 용산보다 상류에 있다. 다만 노량진만은 좌안에 위치한다) 등이 있다. 남한강에 연하는 것으로는 여주(驪州), 백암(白巖, 이상 본도에 속한다), 가흥(可興), 구두(龜頭), 북창(北倉), 서창(西倉), 청풍(淸風), 단양(丹陽), 제천(堤川), 영춘(永春, 이상 충청북도에 속한다), 북한강에 연하는 것으로는 미원장(美原場), 고안(高安), 석비가(石碑街), 가평(加平, 이상 본도에 속한다), 춘천(春川), 천전장(泉田場), 부창(富昌), 낭천(狼川), 양구(楊口, 이상 강원도에 속한다) 등이 있다.

임진강

임진강은 수운의 편리함은 적지만 조석을 이용하면 하구로부터 약 140리 상류인 고랑진(高浪津)까지 30석을 싣는 작은 배로 거슬러 올라갈 수 있다. 고랑진보다 상류는 이천(伊川)까지 힘겹게 배가 통행할 수 있을 뿐이다. 강에 연한 선착장 및 집산지는 하구로부터 약 80리 상류인 문산포(汶山浦)가 있다. 그 상류 30리에 임진진(臨津鎭)이 있고, 모두 부근에 경의선 철도의 정차장이 있다. 임진진의 상류에는 고랑진, 도감포(陶鑑浦), 사랑리(砂浪里), 사족리(蛇足里), 삭녕(朔寧), 안협(安峽), 이천이 있다. 이천은 하구로부터 약 375리 거슬러 올라간 곳이다.

예성강

예성강은 작은 강이지만 또한 조석을 이용하면 하구로부터 110리 남짓 상류 즉 황해도에 속하는 금천 부근의 조포(助浦)까지 대부분의 배로 거슬러 올라갈 수 있다. 본강에 연한 선착장은 하구에 예성강리 및 벽란도가 있다(모두 개성군에 속한다). 벽란도는 해주 방면에 이르는 도선장으로 강을 사이에 두고 경기와 황해 양도에 나누어 속한다. 벽란도의 상류에 전포(錢浦), 조포(助浦, 이상 황해도에 속한다) 등이 있다.

안성천

안성천은 그 하류를 광덕강이라고 하며 충청남도와 경계를 이루며 아산만으로 흐른다. 폭이 넓고 물도 또한 깊지만 상류 안성천은 조석을 이용하여 겨우 평택역 부근까지 작은 배로 거슬러 올라갈 수 있는데 그친다. 본강에 연한 선착장은 이포진(里浦津), 당포진(唐浦津), 한진(韓津) 등이라고 한다.

연안

본도의 연안은 이미 언급한 것처럼 물이 얕고 특히 조선간만의 차이가 크기 때문에 인천항을 제외하면 정박에 양호한 항만이 없다. 그렇기는 하지만 조석을 이용하면 연안 도처에 보통 범선이 출입하는 데 지장이 없다. 특히 인천항은 강화만 즉 본도 연안의 중앙에 돌출한 갑단에 위치하므로 각지와의 왕래에 편리하다. 인천항은 본도 연안의 중앙에 위치하는 동시에 또한 서해 연안의 거의 중앙에 해당하고 또한 경성에서 멀리 떨어져 있지 않으므로 실로 경기 지역의 관문이다. 따라서 해로 교통은 모두 인천항을 거점으로 한다. 그러므로 해운에 관해서는 별도로 상세하게 설명할 것이다.

다음에 경성을 중심으로 본도 내에 있는 각 주요 지점에 이르는 거리를 표시하므로 참조하는데 편리하도록 하였다.

지명	철도(哩)	육로(里町)	수로(浬)	지명	철도(哩)	육로(里町)	수로(浬)
용산	2.0	-	-	김포	10.7	3.00	-
노량진	3.7	-	-	양주	-	7.30	-
마포	2.0	0.28	-	교하	-	8.00	-
뚝섬	-	-	2.04	인천	25.1	-	-
영등포	5.7	-	-	수원	25.8	-	-
고양	-	4.00	-	통진	5.7	9.00	-
양주	5.7	2.00	-	포천	-	12.20	-
시흥	10.7	-	-	용인	25.8	2.00	-
과천	5.7	3.00	-	문산	31.4	-	-
소사	13.8	-	-	부평	25.1	3.32	-
광주	-	6.2	-	오산	35.4	-	-
안산	10.7	3.00	-	양평	-	15.00	-
남양	25.8	5.00	-	토성	54.1	-	-
진위	38.1	-	-	마전	31.4	9.18	-
가평	-	16.00	-	교동	25.1	4.00	22.0
장단	38.7	-	-	풍덕	48.5	4.00	-
영평	-	16.05	-	연천	31.4	12.18	-
양지	25.8	7.00	-	여주	25.8	15.00	-
적성	31.4	6.00	-	안성	52.7	6.03	-
강화	25.1	1.00	19.0	양성	52.7	8.03	-
평택	46.9	-	-	죽산	52.7	10.01	-
개성	48.5	-	-	삭녕	31.4	18.17	-
이천	25.8	11.00	-	음죽	52.7	14.03	-

통신

통신기관의 발달은 근래 각도 모두 두드러지기는 하지만 특히 본도는 수부가 존재하는 곳이므로 그 진보가 다른 도와 비할 바가 아니다. 우편, 전신, 전화취급기관의 소재 및 취급사무 등을 표시하면 다음과 같다.

우편국	우편소	전화취급소	우체소
경성(郵電交話), 서대문(郵電交話), 남대문(郵電交話), 광화문(郵電話), 용산(郵電交話), 인천(郵電交話), 영등포(郵電交話), 개성(郵電交話), 수원(郵電交話), 이천(郵電話), 김포(郵電話), 포천(郵電話), 양주(郵電話), 여주(郵電話), 연천(郵電話), 강화(郵電話), 남양(郵電話), 장단(郵電話), 안성(郵電話), 광주, 진위, 양평, 문산	경성 본정 6정목(郵電), 동 본정 9정목(郵電), 동 동대문통(郵電), 동 본정 4정목(郵電), 동 명치정(郵), 동 남대문내(郵電話), 동 영락정(郵電話), 동 사동(郵電話), 동 종로(郵), 동 태평정(郵), 동 청엽정(郵), 동 황교통(郵), 용산 원정(郵電話), 동 한강통(郵電話), 인천 화정(郵電話), 동 화방정(郵), 동 경정(郵話), 수원정차장(郵電話), 평택, 소사, 오산, 토성, 마포(郵電話), 뚝섬, 노량진, 군포장	남대문, 용산, 수원, 인천, 개성, 문산, 토성, 소사, 장단, 평택, 일산, 유현, 오산	가평, 영평, 적성, 마전, 삭녕, 고양, 교하, 음죽, 풍덕, 시흥, 양천, 통진, 안산, 과천, 용인, 죽산, 양성, 부평, 교동, 양지

비고: 우편소가 경성 용산 또는 인천 등의 시가지에 있는 것은 우편전신 모두 집배하지 않는다.
▲우체소는 보통통상우편, 서류통상우편 사무만을 취급한다.

이어서 경성에서 도내 각 주요지역에 이르는 우편물 도착일수를 대략 보면 다음과 같다.

지명	도달일수	지명	도달일수	지명	도달일수	지명	도달일수
광주	1-2	부평	1-2	평택	1	연천	2
영등포	1	강화	1-3	안성	1	삭녕	3-4
노량진	1	교동	2-5	양성	1-2	풍천	1-2
양천	1-2	수원	1	죽산	2-3	영평	2-3
김포	1-2	남양	1-2	음죽	2-3	양평	2-3
통진	2-3	용인	2	뚝섬	1	가평	2
시흥	2	양지	2	고양	1-2	개성	1
안산	2	이천	2	교하	1-2	문산	1
과천	2	여주	2	양주	1-2	장단	1
소사	1	오산	2	석성	1	풍녁	1-2
인천	1	진위	1-2	마전	2	토성	1

호구

본도의 호구는 다른 도와 비교하면 대단히 조밀하다. 명치 43년 현재 조사에 따르면 총 호구 292,324호, 1,338,913명이다. 그중에서 경성 47,804호 190,118명, 인천 3,515호 11,901명이다. 경성·인천 두 시가지의 인구를 제외하면 1방리(方里) 내의 인구밀도는 대략 1,485명에 해당한다. 두 시가지의 인구를 제외하지 않으면 1방리 내의 평균이 1,749명에 이른다. 이를 일본의 각지와 비교하면 기후[岐阜] 지방의 1,520명(일본제국 제28차 통계연감에 의거함)과 거의 비슷하다. 그리고 그 대다수는 농업을 영위하며, 시가지에 거주하는 사람은 상업에 종사하는 경우도 또한 적지 않다. 그렇지만 어업에 종사하는 사람은 극히 소수이므로 거의 산정할 필요가 없다. 일본인 거주자는 명치 43년 5월 말 현재 경성 7,648호 26,534명, 용산 2,570호 8,514명, 인천 2,880호 10,743명이며, 기타 지방을 아우르면 1,741호 6,771명, 합계 14, 849호 52,262명이다. 각 주요지역에 있어서 그 내역을 표시하면 다음과 같다.

지방	호수	인구		
		남	여	계
경성	7,648	13,790	12,744	26,534
용산	2,570	4,468	4,046	8,514
수원	343	698	530	1,228
영등포	186	326	253	579
병점	12	15	8	23
오산	28	48	39	87
진위	15	22	20	42
평택	37	56	62	118
광주	15	23	7	30
양지	8	9	7	16
시흥	8	19	8	27
용인	6	7	6	13
노량진	52	93	67	160
개성	436	727	658	1,385
토성	22	50	36	86
풍덕	3	2	2	4
장단	28	55	43	98
고랑포	11	15	8	23
파주	5	8	4	12
문산진	35	57	42	99
양주	28	25	31	56
고양	13	16	13	29
영평	2	2	1	3
포천	14	14	15	29
가평	10	10	7	17
여주	29	50	29	79
이천	22	24	29	53
양근	10	12	8	20
지평	7	4	6	10
음죽	8	14	11	25

연기	5	5	4	9
안성	52	76	69	145
죽산	5	9	6	15
양성	3	9	2	11
금천	117	335	155	490
토천	2	2	1	3
연천	13	16	9	25
마전	3	7	1	8
적성	1	1	4	5
삭녕	3	7	3	10
인천항	2,880	5,670	5,073	10,743
부평	16	22	19	41
소사	39	73	46	119
오류동	7	11	10	21
김포	19	24	20	44
통진	3	3	2	5
강화	46	69	45	114
교동	3	3	-	3
남양	10	14	7	21
교하	11	18	13	31
합계	14,849	27,033	24,229	51,262

교육

본도는 전국의 수뇌에 해당하는 동시에 그 교육도 일반적으로 잘 보급되어 있고 사립학교가 활발한 것도 다른 도와 비교할 수 없을 정도이다. 관립학교는 모두 원래 한국정부가 설립한 곳으로 조선인에 대한 고등 정도의 교육을 제공한다. 내부(內部)의 주관에 속하는 것으로 사범학교, 성균관, 외국어학교, 법학교, 고등어학교, 임시노지조사사무원양성소(고등학교에 부속), 동 기술원양생소(외국어학교에 부속), 농상공부의 주관에 속하는 것으로 농림학교, 공업전습소, 총독부의원의 부속으로 의학교가 있다. 그리고 이들 각 학교 중에 농림학교를 제외한 나머지는 모두 경성에 있다 공립보통학교는 수원, 개성, 인천, 안성, 여주, 강화의 각 읍에 있다. 사립학교 중 고등교육에 속하는 것은 숙명고등여학교 및 선린상업학교인데 모두 경성에 있다. 또한 보통교육에 속하는 것으로 보조 지정을 받은 것은 남양, 양주, 파주의 각읍에 각각 한 학교가 있다. 이들은 모두 완전한 체제를 갖춘 것으로 그 교편은 잡은 사람은 대개 일본인이다. 그 밖에 보조 지정에 빠진 교육시설은 그 수가 아주 많아서 여기에서 일일이 번거롭게 교명을 들 수 없다. 각 군별로 통계를 제시하면 다음과 같다.

군명	학교 수	군명	학교 수	군명	학교 수	군명	학교 수
경성부	83	광주	11	시흥	5	김포	3
인천부	9	과천	4	양천	4	통진	11
안산	2	죽산	2	양주	25	파주	4
남양	5	음죽	4	연천	3	교하	3
부평	3	여주	4	삭녕	2	고양	6
수원	6	이천	11	마전	1	강화	23
용인	4	안성	3	적성	2	교동	4
양지	2	양평	6	장단	17	계	306[8]
양성	3	가평	3	포천	10		
진위	3	영평	-	개성	15		

앞에서 제시한 각 학교는 대개 병합[合邦] 전에 이미 설립된 것이며 모두 조선인 자제 자녀를 교육하는 곳이다. 단 이 안에 외국인이 설립한 교회에 부속된 곳도 적지 않다. 그 숫자를 대략 제시하면, 미국 감리파 부속 17곳, 천주교 부속 9곳, 영국 고종성교(古宗 聖敎) 부속 12곳, 구세군 부속 1곳, 장로파 부속 32곳, 러시아 정교파 부속 1곳, 합계 72곳이다.

일본인의 자제 자녀 또는 아동을 교육하는 곳으로 중학 정도 이상인 곳은 동양협회 전문학교 분교, 경성중학교, 경성고등여학교, 인천여학교가 있다. 소학교는 경성에 2 곳, 용산에 1곳, 영등포에 1곳, 인천에 2곳, 개성에 1곳, 수원에 1곳, 오산에 1곳으로 합계 9곳이다. 유치원은 경성에 2곳, 인천에 1곳이 있을 뿐이다. 그리고 이들 학교는 대체로 민단 또는 일본인회, 학교조합이 설립한 것이다. 또한 경성 인천에는 상인들이 도제(徒弟)를 교육하는 야학상업학교가 각각 1곳이 있다.

종교
종래의 사원은 전도에 모두 137곳이 남아 있다. 그리고 승려는 최근의 통계를 보면 승 868명, 여승[尼] 139명이라고 하지만, 사원의 대부분은 퇴락하였고 승려로서 학식

---

8) 원문에는 합이 234로 기록되어 있다.

이 있는 자가 없는 것은 전국적으로 일반적인 상황이다. 최근 일본의 각 종파는 교원(敎院) 또는 출장소를 설치하고 포교에 힘쓰고 있지만, 그 존재를 볼 수 있는 곳은 경성, 인천, 개성, 수원 등의 시가지에 그치고, 아직 각지에 퍼지지 못했다. 따라서 그 신도의 대부분은 일본인이고 조선인이 각 종파에 귀의한 사람은 아직 적다. 기독교는 전도에 보급되어 각파에 속한 교도의 수가 46,627명에 달하고, 교회당은 각파를 아울러 305곳, 부속학교는 앞에서 본 바와 같이 72곳, 병원도 또한 3곳이 있어서 활동이 대단히 왕성하다. 무릇 기독교의 전래는 150년 전으로 여러 차례 비극적인 박해를 받아서 전교자가 순난(殉難)한 경우도 적지 않았으며, 많은 사람들이 희생되는 결과를 낳았다. 각파별로 교회당 및 교도수를 표시하면 다음과 같다.

종파(宗派)	교회당	선교사	전도사	교도	부속학교	부속병원
미국 감리파	87	50	157	13,543	17	2
천주교	27	19	35	13,957	9	-
영국 성공회[古宗聖敎]	44	28	69	3,284	12	1
구세군	3	13	10	1,293	1	-
영국 복음교회	1	2	4	340	-	-
장로파	143	42	221	14,160	32	-
러시아 정교파[露國正敎派]	1	4	2	50	1	-
합계	306	158	498	46,627[9]	72	3

노청·군아

도청은 이미 연혁에서 언급한 것처럼 경성에 있다. 그리고 그 소속 행정기관인 부청은 경성 및 인천에, 군아는 각 군읍에 있다. 재무서는 종전에 주요 군읍에 배치되었으나 병합이 성립되자 지방제도의 개혁과 더불어 이를 모두 폐지하였고, 그 취급 사부는 군이 주관하게 되었다.

재판소

재판관할은 전도 모두 경성지방재판소가 관할하는 바인데, 그 소속 구재판소 및 관할

---

9)   원문에는 637로 기록되었으나 正誤表에 따랐다.

구역은 다음과 같다.

구재판소	관할구역
경성	경성부, 양주, 고양, 영평, 포천, 가평
인천	인천부, 부평, 양평, 김포, 통진, 강화, 교동
수원	수원, 과천, 시흥, 안산, 남양, 광주, 용인, 양지, 진위, 양성, 안성, 죽산
여주	여주, 음죽, 이천, 양평
개성	개성, 장단, 풍덕, 교하, 파주, 적성, 연천, 마전, 삭녕

경찰서

경찰서 및 경찰서의 직무를 행하는 헌병분대는 각 주요지에 있으며, 그 위치 및 관할
구역 및 순사주재소 소재지는 다음과 같다.

경찰서 및 순사주재소

경찰서명	위치	관할구역	순사주재소 소재지
수원경찰서	수원	수원군내, 진위군내, 남양군	수원군 발안장, 안중리, 진위군 진위, 평택, 남양군 남양, 삼괴
영등포경찰서	영등포	시흥군, 안산군	시흥군 시흥, 안산군 안산
안성경찰서	안성	안성군, 양성군	양성군 양성
인천경찰서	인천	인천부, 부평군	부평군 부평, 부평역, 소사역
김포경찰서	김포	김포군, 양천군, 통진군	양천군 양천, 통진군 통진
강화경찰서	강화	강화군, 교동군	강화군 동막, 건평, 인화동, 교동군 교동
교하경찰서	교하	교하군, 파주군내, 고양군내	교하군 춘일천, 파주군 신탄막, 고양군 구파발리
개성경찰서	개성	개성군내	

경찰서 직무를 행하는 헌병분대

명칭	위치	관할구역
경성제일	경성 대화정	경성부내, 양평군, 광주군내, 양주군내, 가평군내
경성제이	동 광화문통	경성부내, 고양군, 파주군
용산	용산	경성부내, 과천군내
수원	수원	광주군내, 진위군내, 양지군, 용인군, 과천군

양주	양주	양주군내, 포천군, 적성군, 영평군, 마전군, 가평군내, 연천군내
개성	개성	개성군내, 삭녕군, 장단군, 풍덕군, 연천군내
여주	여주	여주군, 이천군, 음죽군, 죽산군

해관

해관은 인천세관이 있을 뿐이지만 동 세관은 경성 남대문 바깥에 출장소를 두고, 동 정차장 구내에 창고를 설치하였다. 그 관할구역은 전라북도, 충청남도, 경기도 각 일원 및 황해도의 장산곶(長山串) 이남의 지역이다. 감시소는 경성부의 마포, 개성군의 벽란 도 및 황해도 해주군에 속하는 용당(龍塘)에 있다. 다만 관할구역 내 전라북도 일원 및 충청남도 일부는 군산지서가 관할한다. 그 군명은 제3권 충청남도 개관에서 밝혔다.

물산

물산은 농산물을 주로 하고 수산물도 적지 않다. 기타 광산물로는 금, 은, 구리, 철, 사금, 석탄, 흑연 등이 있기는 하지만 그 산액은 많지 않다.

농산물

농산물은 쌀, 보리, 콩을 주로 한다. 1년의 생산액을 대체로 다음과 같다.
쌀 481,935석(石), 보리 202,193석, 콩 125,924석

그 밖에 특종 농산물에서 중요한 것은 연초 및 약용 인삼이라고 한다. 연초는 가는 곳보다 경작하고 있지만 그중 용인, 광주 두 군은 그 재배가 가장 활발하다. ▲약용인삼 은 또한 각지 도처에서 생산되고 있지만 홍삼으로 제조되어 고려삼이라고 불리며 청나 라 사람들이 귀하게 여기는 것은, 곧 개성 부근에서 생산되는 것이라고 한다. 이 지방에 서 산출되는 인삼은 원래 한국 궁내부의 전매였던 것인데, 명치 41년에 이를 탁지부 소관으로 옮기고, 홍삼전매법을 제정하고, 본도의 개성, 장단, 풍덕 3군 및 황해도의 금천, 평상, 토산, 봉산, 서흥의 5군, 합계 8군을 특별경작구역으로 삼았다. 이 구역 내에서 인삼을 경작하는 경우는 정부의 면허를 받도록 하였다. 그리고 이 제도는 병합

후 그대로 이어서 적용되고 있다고 한다. 그러나 요즘 인삼의 병해가 심하여 그 산액이 현저하게 감소하였다. 명치 42년도에 있어서 수납한 수삼(水蔘, 수확한 상태)이 7,903차(次, 1차는 200몬메匁[10]))이고, 이로써 제조한 홍삼이 2,394근(斤), 미삼(尾蔘) 546근(1근 160匁, 600g), 합계 2,940근에 불과한 데 이르렀다. 인삼 병해의 원인에 대해서는 전년부터 연구하고 있는데, 이미 인삼밭에서 30여 종의 곰팡이균[黴菌]이 발견되었으므로, 머지않아 이를 박멸하기에 이를 것이다. 과거 수년간 홍삼 제조액을 제시하면 다음과 같다.

연도	홍삼 제조액(斤)	수삼 대비 제작비율(割)
명치 35년(광무 6년)	56,608	4.09
명치 36년	32,091	3.09
명치 37년	74,400	3.78
명치 38년	19,060	4.07
명치 39년	17,554	4.07
명치 40년(융희 원년)	14,232	3.98
명치 41년	5,134	3.88

광산물

광산물 및 그 산지를 제시하면 다음과 같다.

지방	광물 종류	지방	광물 종류
적성군	동광	시흥군	금은동연광
개성군	금동광	강화군	철광
가평군	금은동철흑연광 사금	영평군	사금
통진군	석탄	양주군	사금
양지군	사금	포천군	사금
이천군	사금	연천군	사금
부평군	동광	여주군	사금
광주군	은광	안성군	사금

이상과 같이, 그 허가지는 명치 43년 6월 말 현재, 금광 9, 동광 2, 금은광 1, 금동광 1, 금은동광 1, 철광 4, 흑연광1, 사금 14, 합계 33개소이다. 다만 이 중 16개소는 일본

---

10) 1匁은 3.75g으로 현재 1돈에 해당한다.

인, 나머지 17개소는 조선인의 허가지라고 한다.

수산물

수산물은 그 종류가 풍부하다. 그런데 현재 포채(捕採)하고 있는 것은 상어, 가오리, 농어, 조기, 민어, 갈치, 도미, 감성돔, 삼치, 전갱이[鰺], 숭어, 싱어/웅어11), 전어, 밴댕이[さっぱ]12), 준치, 볼락, 쥐노래미[あぶらめ], 성대, 양태[こち], 쑤기미[をこぜ], 달강어, 방어, 광어, 뱀장어, 붕장어, 뱅어, 낙지, 새조개, 긴맛, 맛, 동죽, 대합, 바지락, 굴, 새우, 게, 갯가재[蝦蛄] 등이라고 한다.

상어

조선에서는 상어[鱶, 상어]13)라고 한다. 그 종류가 대단히 많지만, 연안에 내유하는 것은 곱상어[つのじざめ], 함복상어[ねこざめ]이며, 3월 경에 주낙으로 어획하는 것이 보통이지만, 또한 유망, 안강망, 중선 등으로 어획하는 것도 적지 않다.

가오리

조선에서는 기어(鱝魚, 가오리)라고 한다. 연안 도처에 서식하지만 특히 노랑가오리[あかえい]은 연안 및 도서의 갯벌 부근에 많다. 어기는 3~4월 경으로 주낙 또는 민낚시를 쓴다.

농어

조선에서는 노어(鱸魚, 농어)라고 한다. 근해 도처에서 서식하지만 특히 한강 개구부 부근 및 여러 섬의 사방 연안에서 많이 난다. 큰 것은 길이 2척 5촌에 달하는 것도 있다.

---

11) 원문은 エツ로 되어 있는데, 싱어와 웅어 양쪽으로 해석할 수 있다. 영어 및 학명으로는 각각 Japanese grenadier anchovy(*Coilia mystus*)와 Korean anchovy(*Coilia nasus*)이다. 그러나 싱어의 학명을 *Coilia nasus Temminck and Schlegel, 1846*이라고 밝혀놓은 경우도 있다. 『난호어목지』에서도 싱어와 웅어를 나누어 설명하고 있다.

12) 학명은 *Sardinella zunasi*이다. 蘇魚로도 보인다.

13) 일본에서는 상어라는 뜻으로 상(鱶)이라는 한자를 사용한다.

어기는 3월부터 6~7월에 이르는 사이이며, 주낙이나 외줄낚시가 보통이고, 어살이나 건간망(建干網)에서 혼획된다. 농어는 각종 어류 중에 특히 중요한 것으로 여름철에 생어나 선어로 경성에서 진중하게 여기는 것은 대부분 한강이 바다로 흘러 들어가는 근해에서 어획된 것이다.

도미

본도 근해에서 생산되는 것은 많지 않다. 다만 덕적도 부근에서 다소 어획될 뿐이다. 과거에는 팔미도 주변에서 많이 잡혔던 적이 있다고 하지만, 지금은 그 모습을 볼 수 있는 경우가 드물다. 인천시장에 올라오는 것은 대개 황해도 및 충청도 연해의 어장에서 어획된 것이다.

조기

보구치(백조기, しろぐち)와 참조기[きぐち] 두 종류가 있다. 근해 도처에서 생산되지만 큰 무리를 볼 수 없다. 어기는 5~9월 사이이며, 보구치가 먼저 내유하고 뒤에 참조기가 오는 것이 충청남도 연안의 사정과 다르지 않다. 그리고 봄철에 어획되는 것은 모두 알을 배고 있다. 강화만에서 조기가 떼를 지어 오는 곳은 황해도에 속하는 연평열도 근해이다. 그 어획이 성행하는 것이 전라도 연해의 칠산탄 어장에 뒤지지 않는다. 다만 연평열도 근해의 상황은 따로 황해도에서 설명할 것이다.

민어

조선에는 민어(民魚)라고 한다. 근해 도처에서 생산되지만 특히 강화도 앞바다, 장봉수도(長峰水道), 덕적도 근해, 아산만 등에서 많이 생산된다. 큰 무리를 이루어 내유하면 물 속에서 소리를 내므로, 멀리서 개구리떼가 우는 것 같다. 어기는 5~10월 사이이며, 중선, 안강망, 주낙, 외줄낚시 등으로 어획한다. 또한 어살로 잡는 것도 적지 않다. 이 물고기는 농어, 숭어, 준치 등과 함께 본도의 중요한 어류 중 하나라고 한다.

갈치

근해 도처에서 대체로 생산되지만 많지는 않다. 그리고 그 크기가 큰 것도 드물다. 어기는 7~10월 사이이며, 중선, 염선(鹽船), 안강망, 어살 등에서 혼획되는데 그친다.

삼치

봄철 4~5월 경에 이르면 때로 그 무리가 오는 것을 볼 수 있다. 삼치는 주로 일본어부가 어획하며, 어구는 유망을 쓴다. 이 물고기도 또한 어획이 적고, 본도에 있어서는 중요하지 않다.

방어

조선에서는 병어(瓶魚)라고 한다. 연해 도처에서 생산되지만 어획은 적다. 다만 대대망(袋待網, ばっしゃ網)14)에 혼획되는 데 그친다.

전갱이

풍도 및 덕적도 등의 앞바다에 내유하는 경우가 제법 많다. 어기는 6~7월 경이며, 외줄낚시를 쓴다. 근래 수 척의 일본 어선은 오로지 이 어획에 종사하여 상당히 어획하였다고 한다.

숭어

조선에서는 숭어(崇魚) 또는 수어(秀魚)라고 한다. 밀치[朱口]15)와 섞여서 연안 도처에서 많이 생산된다. 지방외 어민은 주로 여름철에 어살 및 건간망을 쓰고, 겨울절에는 대대망을 써서 어획한다. 일본 어부는 건간망 또는 어살[ヤナ] 등으로 어획한다. 다만 일본 어부는 오로지 본 어업만을 목적으로 하지 않으므로, 그 어획은 크게 많지 않다. 그렇지만 사철 내내 어획할 수 있기 때문에 지방 어민이 잡는 것은 대단히 많으며,

---

14) 조류가 흘러오는 방향을 향하여 깃그물을 닻 등으로 고정시켜서 펼쳐두고 흘러들어 오는 물고기를 끝부분에 달린 대망(袋網)으로 어획하는 방식이다.

15) 학명은 *Chelon haematocheilus*이다. 가숭어 혹은 참숭어라고도 부른다.

본도에서 중요한 어류 중 하나에 해당한다.

준치

조선에서는 준어(鮻魚)라고 한다. 연해 도처에 내유하며 특히 6~7월 경에 이르면 매음수도, 장봉수도, 인천 근해, 아산만 등에 무리지어 온다. 유망 또는 중선, 대대망 등으로 어획하며, 그 산액은 대단히 많다. 이 물고기도 또한 본도의 중요한 어류 중 하나로 꼽을 수 있을 것이라고 한다.

뱀장어[海鰻]

조선에서는 뱀장어라고 한다.16) 덕적도 및 풍도 앞바다 등에 서식하는 경우가 제법 많다. 이 물고기는 주로 일본 어부가 어획하는 것으로 9~11월 경에 주낙을 사용하여 어획한다.

붕장어[鱧]

조선에서는 붕장어라고 한다.17) 인천 근해 또는 덕적도 근해의 도처에서 많이 생산된다. 어기는 4~9월에 이르는 사이이며, 주로 주낙을 이용하여 어획한다. 인천에 재주하는 일본 어부는 때로 멀리 충청도에 속한 안면도 근해까지 출어하는 경우가 있다.

낙지[章魚]

조선에서는 낙지[絡締]라고 한다. 연안 도처의 갯벌에 서식한다. 문어[てながたこ]18)와 비슷하여 미끼로서 수요가 많다. 일본어부는 이를 구멍낙지[あなだこ]라고 한다. 주로 갯벌의 구멍 속에 살기 때문이다. 그 크기가 큰 것은 10돈 내지 50~60돈에 이른다. 지방 주민이 포채하는 것으로, 간조 시에 갯벌의 구멍을 뒤져서 잡는다.

---

16) 海鰻은 붕장어, 鰻은 뱀장어라고 하는데 원문대로 기록하였다.
17) 鱧는 갯장어를 말하지만 원문대로 기록하였다.
18) 학명은 *Callistoctopus minor*이다.

오징어

종류는 창오징어(みづいか)로서 그 생산은 많지 않다. 다만 어살 기타 정치망에서 혼획되는 데 그친다.

긴맛[竹蟶]

조선에서는 장토화(長土花, 진맛)라고 한다. 연안의 모래뻘에서 서식하며 특히 인천 근해에서 많이 생산된다. 그러나 크기가 큰 것은 적다. 무릇 그 서식지의 모래뻘이 다소 단단하기 때문일 것이다. 채취 시기는 봄가을 두 철로 봄에는 2~5월까지, 가을은 8~10월까지다. 간조 시에 갈고리로 잡는다.

맛[蟶]

조선에는 토화(土花, 맛살)이라고 한다. 연안 도처의 모래뻘에 서식하지만 특히 영종도 부근에 많다. 그러나 크기가 큰 것은 적다. 채취시기는 긴맛과 마찬가지로 봄가을 두 철이라고 한다.

새꼬막[うまのつめ]

검은조개[くろがい][19]라고도 한다. 연안에서 두루 많이 생산된다. 계절은 봄가을 두 철이며, 조선인은 이것을 활발하게 채취한다.

대합[蛤]

연안의 모래가 많은 곳에서 생산된다. 껍질이 큰 것은 살이 적나. 다만 간조 시에 채취하는 데 그치고 많이 생산되지 않는다.

---

19) 가무락조개(학명 : *Cyclina sinensis*) 및 피조개(학명 : *Anadara broughtonii*)의 일본 방언으로 나온다. 동죽도 후보 중 하나이다.

굴

연안 도처의 암초 또는 자갈에 여러 겹으로 부착되어 있지만, 큰 것은 적다. 다만 부녀자들이 이를 채취하는 데 그치며, 그 생산은 많지 않다.

새우

보리새우[くるまえび], 백하[しろえび] 및 다른 종류가 섞여 있지만, 백하가 가장 많고 보리새우는 적다. 연안 도처에서 두루 많이 생산되지만, 특히 강화도의 서안, 장봉수도, 인천 근해, 아산만 등에서 가장 많이 생산된다. 현지 사람들은 궁선, 염선 등으로 활발하게 어획한다. 그 밖에 어살, 건간망으로도 또한 이를 잡는다. 그렇지만 일본 어부는 오로지 대대망[バシャ網]으로 혼획하는 데 그친다. 특별히 새우잡이를 목적으로 하는 경우는 없다.

게

꽃게[がざみがに]가 가장 많으며 연안 도처에서 볼 수 있다. 각종 그물에 혼획되는 것 외에 특히 그 어획을 목적으로 하는 경우는 없다.

갯가재[蝦姑]

조선에서는 가재라고 한다. 이 또한 연안 도처에서 생산되지만, 돌가재[あなじゃこ]와 그렇지 않은 것(물가재) 2종류가 있다. 전자는 연안의 갯벌에서, 후자는 물이 제법 깊은 곳에서 서식한다. 미끼로서 수요가 많으며, 지방 사람들은 이를 잡아서 판매한다.

그 밖에 쥐노래미, 볼락, 양태, 달강어, 성대, 넙치, 웅어, 전어, 밴댕이, 망둥어, 동죽, 피조개, 키조개 등에 이르러서는 그 생산이 적다. 어류의 경우는 단지 다른 물고기와 혼획되는 데 그친다. 특별히 이들을 목적으로 하여 어업을 행하는 경우는 없다. 다만 망둥어는 크기가 커서 길이 7~8촌에 이르는 것도 있다. 여름철에는 갯벌을 다니면서 잡는 경우가 많고, 겨울철에는 일본 어부가 주낙으로 이를 잡는다. 피조개나 키조개는 서식하는 것을 볼 수 있을 뿐이며, 아직 이를 채취하는 경우는 없다.

어장

본도 연해에 있어서 수산물의 개요는 이상과 같으며, 가는 곳마다 어장이 아닌 곳이 없지만 특히 중요한 어장으로 알려진 곳은 강화도 앞바다, 장봉도 앞바다 및 장봉수도, 인천 근해, 덕적도 근해, 풍도 앞바다, 아산만 등이라고 한다.

강화도 앞바다

본 어장은 강화도의 서쪽 매음수도 바깥에서 주문도(注文島), 망도(望島), 쌀점도(씀點島) 등의 부근부터 그 앞바다 시도(矢島), 격도(隔島) 부근에 이르는 광활한 구역으로서 한강 하구 바깥에 해당한다. 북쪽은 황해도 증산도 앞바다, 서쪽은 연평열도의 어장, 남쪽은 장봉도 앞바다의 어장과 서로 이어진다. 이 일대에는 크고 작은 무수한 모래톱이 산재하기 때문에 수심의 차이가 아주 크고, 얕은 모래톱의 경우는 0.5심도 되지 않는데 수도에서 갑자기 깊어져 5~6심, 보다 깊은 곳은 18~19심에 달하는 곳도 있다. 바닥은 대체로 모래 및 점토이다. 조석간만 차는 대단히 심하며, 소조차는 10피트 내외이다. 따라서 조류가 급하여 밀물과 썰물 때 모두 그 속력이 대체로 3~4노트에 달하는 것이 보통이다. 이 어장에서 주된 어획물은 민어, 농어, 새우 등이며, 어업은 중선, 염선, 궁선, 외줄낚시배에 의해서 행해진다. 본 어장의 북부인 각이도(角耳島) 부근은 조선인들이 각귀라고 부르며, 또한 주문도의 서쪽 및 말점도[20] 부근은 진앙골이라고 부른다. 본 어장에서 피박지는 매음수도, 교동도 및 황해도에 속하는 증산도 부근이라고 한다.

장봉도 앞바다

장봉도 앞바다 및 장봉수도는 북쪽은 장봉도의 서쪽 만도(晩島)를 거쳐 시도 부근에, 남쪽은 대무의도에, 서쪽은 덕적도의 북각 부근에 이르는 구역으로서, 북쪽은 강화도

---

20) 원문에 기록한 米+叱은 현재 찾을 수가 없다. 세종실록지리지 및 신증동국여지승람에는 말도(末島), 동국여지도에는 말점(末占), 1783년 강화부지에는 맔도(末叱島)로, 1894년 강화부지에는 말도(乧島)로 각 기록되어 있다. 현재 주문도 근처에 말점도는 보이지 않고, 말도만 보인다.

앞바다 어장, 남쪽은 덕적도 근해의 어장과 서로 연결된다. 본 어장의 북쪽 일부, 즉 장봉도와 시도 사이에는 모래톱이 많이 흩어져 있으며, 남쪽 끝 즉 대무의도와 덕적도 사이에도 얕은 모래톱이 이어져 있다. 수심은 장봉도와 시도 사이 및 대무의도와 덕적도 사이에서는 일정하지 않다. 얕은 모래톱의 경우는 강화도 앞바다 어장의 경우와 마찬가지로 0.5심에 미치지 못하지만, 수도에 있어서는 3심 내지 16~17심에 달하는 장소도 있다. 대개 모래 바닥이지만 또한 곳곳에 점토인 장소가 섞여 있다. 특히 장봉수도에 있어서는 바위 바닥인 곳도 있다. 조석간만의 차는 강화도 앞바다 어장에서 밝힌 것과 같고, 조류는 대체로 2~3노트의 속력이지만, 장봉수도의 좁은 곳에서는 6노트에 이른다. 본어장에서 주된 어획물은 강화도 앞바다의 어장과 마찬가지로 민어, 농어, 새우 등이며, 어업의 종류도 또한 강화 어장과 서로 같다. 본어장 부근의 피박지는 장봉수도의 안쪽인 신도, 시도, 모도(茅島), 대무의도의 남쪽 및 덕적도라고 한다.

인천 근해

북쪽은 인천 외항의 기선 묘박지로부터 염하(鹽河)를 거슬러 올라가서 물치도의 북쪽 약 2해리 부근에 이르며, 동쪽은 육지에 연하고, 남쪽은 대부도와 영흥도를 한계로 한다. 서쪽으로는 소홀도부터 북쪽으로 돌아서 대무의도와 영종도로 둘러싸인 구역이다. 본어장은 육지 연안과 섬 연안으로부터 넓고 멀리 펼쳐진 갯벌이 많다. 그중에서도 인천 부근의 연안으로부터 펼쳐진 것이 가장 크며, 영종도 부근 연안의 갯벌도 또한 크다. 이러한 갯벌은 어살 또는 건간망의 좋은 어장이며 조개류도 또한 풍부하게 생산된다. 특히 영종도 부근의 갯벌은 맛조개가 생산되므로, 그 양식지로서 유망하다. 수심은 얕은 곳을 제외하면 3심부터 깊은 곳은 16~17심에 달하지만, 대개 6~10심 내외이다. 진흙 또는 모래 바닥이며, 조석간만의 차이는 특히 심하다. 대조승은 30피트에 달하고 소조차가 11피트를 넘는다. 이 때문에 조류도 또한 급격하여 아주 넓은 장소도 3노트의 속력이고, 염하(鹽河) 하구 부근의 경우에는 4~5노트에 이른다. 본 어장의 주요 어획물은 민어, 전어, 숭어, 삼치, 새우 등이며, 이곳으로는 인천에 재주하는 일본어부가 출어하는 경우도 적지 않다. 그러므로 앞의 각 어장에서 밝힌 어업 이외에도 유망, 안강망 등도 역시 활발하게 행해진다.

덕적도 근해

덕적도로부터 남서쪽으로는 백아도와 울도에, 남동쪽은 인천 동수도의 부도 등대 부근에, 동쪽은 소홀도에 이르는 구역이며, 북쪽으로는 장봉수도의 어장, 북동쪽으로는 인천 근해의 어장, 남쪽으로는 풍도 앞바다의 어장과 서로 연결된다. 본어장은 수많은 도서가 바둑알처럼 펼쳐져 있으며, 모래톱과 암초도 또한 곳곳에 흩어져 있다. 수심은 대체로 10심을 넘고, 깊은 곳은 34~35피트에 달한다. 대개 모래 바닥이지만 곳곳에 바위 또는 진흙 바닥도 있다. 조석간만의 차는 인천 근해에 비해서 적지만 조류는 급격하여 일반적으로 3~4노트 아래로 내려가지 않는다. 특히 도서와 암초 사이에서는 급류가 소용돌이 쳐서 심히 두려워할 만한 기세이다. 본어장에 있어서 주요 어획물은 농어, 민어, 준치, 도미, 뱀장어 등이다. 본어장의 북동부인 장봉수도의 어장과 서로 붙어 있는 덕적도와 대무의도 사이에 세 개의 작은 섬이 있는데, 현지인들은 이를 덜몰이라고 한다. 이 세 섬과 덕적도 사이에 모래톱이 넓게 펼쳐져 있는 부근은 망치(芒致)라고 부르며, 중선의 좋은 어장이다. 본어장에서 피박할 수 있는 도서가 적지 않지만 바위 해안이나 암초가 많은 점은 주의해야 한다.

풍노 앞바다

풍도에서 남서쪽 앞바다를 하나의 구역으로 하는데, 북쪽은 덕적도의 어장으로 이어지고, 남쪽은 충청남도의 육지 연안으로 이어져 가의도 부근에 이른다. 동쪽은 아산만의 어장과 서로 접한다. 이 구역은 소위 인천 동수노라고 한다. 본어장은 대체적으로 광활하지만 풍도의 남서쪽에서 육지 연안과 병행하여 길게 펼쳐진 모래톱 즉 장안퇴(長安堆)는 주의를 요한다. 모래톱 주변에는 7개의 작은 섬이 점점이 흩어져 있다. 그래서 칠소도(七小島)라고 부른다. 장안퇴는 인천 동수도에서 잘 알려진 장해물이며, 부도 등대, 백암 괘등(挂燈) 입표로써 그 위험을 회피할 수 있도록 하였다. 수심은 대개 12~13심이며, 장안퇴와 육지 연안 사이는 깊은 곳도 20심을 넘지 않는다. 대체로 모래바닥이며 조개 또는 바위바닥인 곳도 있다. 조류의 속력은 대체로 1~2노트 정도이지만, 장안퇴 부근은 다소 빠르다. 본어장의 주요 어획물은 조기, 도미, 전갱이, 뱀장어, 붕장어 등이 며, 각종 그물을 쓰는 어선 이외에 외줄낚시 어선이 고기를 잡으러 오는 경우도 대단히 많다.

아산만

풍도 이동에서 광덕강에 이르는 사이로, 북쪽 동쪽 남쪽 세 방향의 육지 연안 및 대부도·영흥도로 둘러싸여 있다. 서쪽은 열려 있어서 풍도 앞바다 어장과 이어진다. 만내에는 작은 또는 얕은 모래톱이 흩어져 있지만, 수심은 6~10심 내외인 장소가 많다. 대체로 진흙바닥 또는 모래바닥이며, 곳곳에 바위바닥을 볼 수 있다. 조석의 차이는 인천 근해와 큰 차이가 없고, 조류도 또한 빠르다. 이 어장의 중요한 어획물은 농어, 숭어, 준치, 뱅어이고, 중선은 특히 남양만에 속하는 고온포(古溫浦) 남쪽의 내도(內島) 부근에 모이는 경우가 많다.

염전

본도에 있어서 중요한 어장은 앞에서 살펴본 바와 같이 연해 수산물의 생산이 많지 않지만, 해안선의 굴곡만입이 많고 갯벌이 넓게 펼쳐져 있어서 자연히 염전을 개척하기에 적합한 곳이 많다. 특히 인천부 및 통진, 부평, 안산 연안의 경우는 토질에 있어서도 또한 염전에 적합하다. 이미 있는 염전 이외에도 염전을 개척하기 적합한 곳이 무려 5,000정보 보다 적지 않다고 한다. 인천부에 속한 주안면 상정리에는 관이 운영하는 천일염전이 있다. 이 염전은 원래 명치 40년(융희 원년)에 재정고문부에서 염업개량지도를 위하여 계획한 것인데, 규모는 크지 않지만 성적은 제법 볼 만하다고 한다. 이곳에서 천일제염을 영위하기 충분하다는 것은 의심할 여지가 없다(『제1권』591~594쪽 염업 참조). 재래식 기성 염전은 원래 탁지부 재원조사국에서 조사한 바에 따르면 수원, 남양, 안산, 인천, 통진, 김포, 부평의 각 부군에 있어서 477정보 남짓이며, 소금가마[釜屋]는 12곳이다. 1년의 예상 제염량은 5천만 근 남짓이라고 한다. 다만 강화 교동의 경우는 조사가 되지 않았으며, 그 밖에도 여전히 조사가 완료가 없지 않기는 하지만, 앞의 자료를 통해서 본도의 염업 상황을 짐작할 수 있다.

본도에서 해안선을 가지고 있는 부군은 수원, 남양, 안산, 인천 부평, 김포, 통진, 풍덕, 개성, 강화, 교동 1부 10군이다. 강화와 교동은 모두 딸린 섬을 거느리고 있다. 그리고 한강의 하류 우안에 경성, 양주, 고양, 교하, 풍덕이 있고, 좌안에 과천, 시흥, 양천, 김포, 통진이 있다. 임진강 하류 우안에 장단, 좌안에 파주가 있다. 예성강 하류의 좌안에 금천, 개성이 있다. 임해 임강 부군의 개관은 아래와 같다.

제1절 수원군(水原郡)

개관

연혁

원래 고구려의 매홀군(買忽郡)이었는데, 신라가 이를 수성(水城)으로 고쳤다. 고려 태조가 주로 승격시켜 수주(水州)라고 하였고, 다시 도후부로 승격시키고 또한 목(牧)으로 올렸다. 그러나 충선왕 때 부로 낮추어 비로소 수원부(水原府)라고 칭하게 되었니. 후에 짐시 군으로 삼았으나 나시 부로 뇌돌려, 조선에 이르렀다. 조선 태종 때 다시 도호부로 삼았다. 정조 때 잠시 유수영(留守營)으로 승격시켜 최근에 이르렀으나 을미년에 유수영을 폐지하고, 다음해인 병신년에 지방제도의 대변혁과 더불어 그 치소에 관찰부(觀察府)를 설치하고 따로 또한 지방을 직접 관할하는 기관으로서 수원부를 두었다. 후에 관찰부를 관찰도로 삼게 되자 수원부를 고쳐서 군으로 삼았다. 병합 후에도 여전히 종래의 제도에 따랐고 현재에 이른다.

경역 및 넓이

남쪽은 광덕강을 사이에 두고 충청도의 평택 및 아산 2군을 마주보며, 서쪽은 아산만을 끼고 남양군과 이어진다. 북쪽은 광주 안산 2군에, 동쪽은 용인군과 접한다. 그리고 그 넓이 대개 동서 40리, 남북 13리에 이른다.

지세

군의 동북쪽에는 산악이 이어져 있지만, 그 밖에는 대체로 낮은 구릉 또는 평지이다. 지세가 북쪽은 융기되어 있고 남쪽은 낮다.

산악

산악 중에서 이름이 있는 북쪽에 광교산(光敎山, 일명 광악光嶽이라고 한다. 고적으로서 유명하다), 그 서쪽의 광주 경계에 오봉산(五峯山), 동쪽으로 용인 경계에 청명산(淸明山), 그 남쪽에 무봉산(舞鳳山, 일명 만의산萬儀山), 군읍의 남쪽에 화산(華山), 서쪽에 팔달산(八達山, 읍치의 주산이다. 산에 오르면 시야가 넓어서 사방을 볼 수 있다. 실로 사통팔달이어서 그런 이름을 갖게 되었다), 치악산(옛이름은 치악鴟岳으로 화산의 주맥이다), 안산 및 남양 경계에 비봉산(飛鳳山), 그 남쪽에 삼봉산(三峯山, 일명 응봉鷹峰), 형제봉, 쌍부봉(雙阜峰), 그 동쪽에 광덕산(廣德山, 산 위에 망운대(望雲臺)가 있다. 전면은 곧 끝이 없는 바다여서 조망이 뛰어나다. 군에서 경치가 뛰어난 곳 중 하나이다), 서봉산(棲鳳山), 홍범산(洪範山), 기산(基山), 백목봉(百木峯) 등이 있다. 그렇지만 모두 높고 험하지 않다. 고적 또는 능원(陵園), 영지(靈地)로 알려져 있을 뿐이다. 이들 대부분은 민둥산이지만 본군의 산악은 비교적 수림이 많다. 아마도 능원이 곳곳에 산재해 있기 때문일 것이다. 그중에서도 화산 및 팔달산의 경우는 소나무가 무성하여 해를 가려서 낮에도 어둡다고 느낄 정도로 울창한 숲이 있다. 이러한 삼림은 원래 대한제국 황실의 어료림(御料林)으로서, 본도 제일의 삼림일 뿐만 아니라 영서 지방에서도 드물게 보는 곳이다. 충청도와 경상도의 경계인 조령의 삼림에 버금가는 곳이라고 한다.

하천

하천 중에서 제법 큰 것은 황구강(黃口江)으로 군의 중앙을 남하하여 황구진을 거쳐 광덕강으로 들어간다. 길이가 길지 않고, 배를 이용할 수 있는 이로움은 없지만, 그 유역에는 광대한 평야가 형성되어 있어서 관개에 대단히 편리하다.

경지

군의 주요 경지는 황구강 연안에 넓게 펼쳐져 있는 것으로 이른바 광덕(廣德)의 경지가 바로 이것이다. 그 밖에 군읍 부근의 경지도 주요한 것이지만 관개가 충분하지 않은 결점이 있다. 군읍의 서쪽 즉 경부철도에 연한 경지의 북방에는 유명한 서호(西湖)가 있다(뒤에서 기술할 것이다). 이 때문에 누릴 수 있는 이로움이 대단히 크다. 서호의 남쪽에 권업모범장, 농림학교 등이 있다.

언제(堰堤)

본군에는 관개용으로 과거에 축조한 언제와 못이 적지 않다. 축만제(祝萬堤, 조선 개국 409년, 정조 23년[21] 기미에 이를 축조하였다. 제방의 길이는 1,246척, 높이 8척, 두께 7척 5촌, 깊이 7척, 수문 2개소이며, 이익을 누릴 수 있는 논이 232석락石落[22]이라고 한다), 만석거(萬石渠, 읍의 북쪽인 일용면一用面[23])에 있다. 조선 개국 44년 정종 17년 기묘에 이를 쌓았다. 길이 875척, 넓이 850척, 높이 12척 5촌, 두께 10척 5촌, 깊이 8척 7촌, 수문 2개소이다. 그 이로움을 누리는 논이 66석락이라고 한다), 남제(南堤, 읍의 남쪽 18정 정도 되는 곳에 있으며, 조선 개국 434년 순조 25년 기유에 이를 축조하였다. 길이 800척, 넓이 800척, 높이 10척, 두께 11척, 깊이 8척, 수문 2개소이다. 그 이로움을 누리는 논이 90석락이라고 한다), 만년제(萬年堤, 조선 개국 46년 정종 19년 정사에 이를 축조하였다. 길이 468척, 넓이 370척, 높이 7척, 두께 34척, 깊이 5척, 수문 1개소이다. 그 이로움을 누리는 논이 62석락이라고 한다), 남지(南池, 팔달

---

21) 원문에는 축만제(祝萬堤)는 조선 개국 48년, 정종 21년 기미에 축조되었다고 하였지만 1799년 (정조 23년, 기미년)에 수원 서호에 축성되었다. 당시 축만제는 조선 최대 규모의 관개저수지이다.
22) 1석락은 20두락(斗落)이다. 석락은 섬지기, 두락은 마지기로 읽으며, 1두락은 경작지의 비옥도에 따라 200~300평 내외이다.
23) 한국수산지 원문에는 日用面으로 되어 있다.

문 내의 서변성 아래에 있다. 정종 16년 갑인에 이를 굴착하였다), 북지(北池, 화서문 내의 북변성 아래에 있다. 남지와 같은 해에 이를 굴착하였다), 용연(龍淵, 읍성 바깥의 북쪽에 있다. 굴착연대는 분명하지 않다), 곤신지(坤申池, 정종 13년 신해에 이를 굴착하였다. 둘레 400척, 깊이 3척이다), 제일지(第一池), 제이지(第二池), 제삼지(第三池, 이상 세 못은 모두 곤신지와 같은 해에 굴착하였다), 저지(杵池, 남곡면에 있다. 속칭 방하지方下池[24]라고 한다. 굴착 연대는 분명하지 않다) 등은 모두 이름이 잘 알려져 있는 것이다. 그중에서 만년제는 광교산에서 흘러내려오는 작은 개울을 막아서 앞에서 말한 서호를 이루는 것으로 제방이 장대하다. 가두어 놓은 물이 풍부한 점에서 으뜸이며, 호수물이 항상 가득 차 있고 수심이 깊다. 경부철도를 타고 수원정차장을 출발하여 북쪽으로 나아가면 기차는 큰 호수의 동쪽을 통과하게 되는데, 이 호수가 바로 서호라고 한다. 서호의 서쪽 즉 축만제의 서쪽 기슭 상에 한 정자가 있는데, 항미정(杭眉亭)이라고 한다. 순조 신묘년에 건설한 것인데, 정자는 동쪽으로 서호를 내려다보고, 남쪽은 주변이 평탄하고 비옥한 평야가 끝없이 펼쳐져 있어서 조망이 대단히 좋다. 만석거도 역시 큰 호수를 이루며, 관개의 이로움이 크다. 그리고 제방의 남쪽 기슭 위에 영화정(迎華亭)이 있다(정자는 장안문 바깥 10정 거리에 있다). 정종 기묘년에 건설한 것으로 이 또한 형승이 빼어난 곳 중 하나이다.

연안

연안은 남쪽으로 아산만오에 연한 구역 이외에, 북서쪽 모퉁이에 안산군과 남양군 사이의 작은 구역이 있다. 남부의 연안은 다소 굴곡이 있지만 요입부는 모두 갯벌이다.

구획

군내를 구획하여, 일용, 북부, 장주(章洲), 남부, 대촌(臺村), 동북, 어탄(漁灘), 문시(文市), 청호(晴湖), 초평(楚坪), 정림(正林), 종덕(宗德), 수북(水北), 숙성(宿城), 언북(堰北), 광덕, 가사(佳士), 천양(舛陽), 외야(外也), 포내(浦內), 토진(土津), 양간

---

24) 우리말로는 방아못이다.

(楊澗), 공향(貢鄉), 갈담(葛潭), 삼봉(三峰), 송동(松洞), 해곡(海谷), 형석(荊石), 용복(龍伏), 안녕(安寧), 남곡(南谷), 남면(南面), 상홀(床笏), 감미(甘味), 율북(栗北), 서생(西生), 청룡(青龍), 오정(梧井), 안중(安仲), 현암(玄岩)의 40면으로 삼았다. 그 중에서 바다에 면한 군은 숙성, 언북, 광덕, 가사, 궤양, 외야, 포내, 토진, 공향, 송동의 10면이다. 그 위치를 대략 나타내면, 숙성, 언북, 광덕, 가사 4면은 광덕강의 서쪽을 이루며 차례대로 북쪽에서 남서쪽으로 늘어서 있다. 그래서 충청남도의 평택군 및 아산군과 마주 한다. 궤양, 외양 2면은 차례로 가사의 서북쪽으로 이어져 있으며, 아산만에 면해 있다. 이 또한 충청남도의 당진군 면천군과 서로 마주보고 있다. 포내, 현암, 토진, 공향의 4면은 차례대로 외야의 북쪽으로 이어져 있는데, 아산만 내의 작은 만 즉 남양만의 동남쪽에 위치하며 남서쪽에서 북동쪽으로 만입한 한 만의 북동쪽을 이룬다. 그래서 남양군에 속한 지역과 마주본다. 송동면은 군의 북서단인 임해지역으로, 안산군과 남양군 2군 사이에 만입된 심입만(深入灣) 안에 있으며 그 일부가 해안을 가진 데 불과하다.

수원읍

군읍은 수원부성(水原府城)이며, 과거에는 수주(水州), 수성(水城), 한남(漢南), 화성(華城), 수성(隨城)이라고도 불렀다. 그리고 화성은 별명과 같고 지금도 그렇게 부른다. 군의 북부에 있으며 경부철도 수원역에서 동쪽으로 약 20정 떨어져 있다. 고래로 노호부(都護府)를 두었고, 또한 유수영(留守營)·관찰부(觀察府)를 두었다. 군의 치소인 동시에 또한 본도의 치소였다. 북쪽에 광교산이 솟아 있고, 그 산줄기가 동쪽을 뻗으며, 남쪽에는 팔달산이 우뚝 서 있어서, 부성의 사방을 둘러싸고 있다. 팔달산은 ㄱ 남쪽에 솟아있는 화산(華山)과 함께 영시에서 드물게 보는 삼림을 보유하고 있을 뿐만 아니라, 그 밖에 부성의 부근에는 곳곳에 수림이 위치하고 있다. 그래서 이 지방 일대의 풍경은 아름답고 조용하고 편안한 경승지가 많다. 기후는 온화하여 경성에 비하면 추위와 더위 모두 견디기 쉽다. 음료수 또한 양호하고 풍부하다. 그리고 부근에는 끝이 없는 비옥한 평야가 있어서, 농산이 풍요롭기로도 본도의 으뜸으로 헤아릴 수 있다. 이곳은 조선의 3대조 정종(正宗)이 경영한 곳으로, 부성의 사방을 석성으로 쌓았다.

동쪽은 창룡(蒼龍), 서쪽에 화서(華西), 남쪽에 팔달(八達), 북쪽에 장안(長安)의 4문이 있다. 모두 문루가 있는데, 그 결구가 장엄하다. 또한 동서남북 사방에 암문(巖門) 각 1개소, 남북에는 수문 각 1개소가 있다. 북수문은 화홍문(華虹門)이라는 편액이 걸려 있다. 칠간수(七間水)라고 부르는 것이 바로 이것이다. 남수문도 또한 구간수라고 부른다. 모두 본읍의 저명한 승경지이다. 이 곳에 원래 행궁이 있어서 화성행궁이라고 하였다. 정종대왕이 이곳을 사랑하여 도성을 옮기려는 뜻이 있었다고 전한다. 그래서 읍성 내외의 중요한 건조물은 원래 관개용 제방과 못, 화산과 팔달산의 수림의 대부분은 모두 그 당시에 조영된 것이다. 당시 이곳의 번영은 현존하는 건조물만 보아도 능히 상상하고 남는다. 후에 쇠퇴하기는 하였으나 관찰부 설치 이래 최근 병합이 이루어진 날까지 본도의 치소였을 뿐만 아니라, 근래에 권업모범장, 임업사무소, 묘포(苗圃), 농림학교 등을 설립하였으므로, 일본인 이주자도 속출하는 동시에 날로 발전하고 있는 중이다. 지금은 다시 왕년의 성황과 비교해도 손색이 없기에 이르렀다. 성 내외의 여러 관아 또는 주요한 공공기관 등을 열거하면, 군아, 구재판소, 수비대, 경찰서, 우편국, 권업모범농장, 임업사무소, 묘포, 심상고등소학교, 공립보통학교, 기독교회 부속학교, 본원사(本願寺) 포교소, 정토종 수원사(水原寺), 고야산(高野山) 출장소, 기독교회, 한성은행 지점, 수형조합(手形組合), 동양척식회사 출장소 등이다. 또한 일본인이 경영하는 농장 중 중요한 것으로 동산농장(東山農場), 상지농장(尙志農場), 국무농장(國武農場), 천본농장(川本農場) 등이 있다. ▲최근의 호구는 성 내외를 아울러 일본인 306호 1,140명(남 637, 여 503)이고, 조선인은 2,407호 11,384명(남 5,803, 여 5,581)이다. ▲장시는 남암문 내외에 있다. 개설일은 내외가 번갈아가며, 안은 음력 매 4일, 바깥은 음력 매 9일이다. 집산물은 쌀, 콩, 팥, 소금, 명태, 철기, 소, 우피, 면포, 면사, 석유, 성냥, 계란, 국수, 목탄, 종이류 등이다. 집산이 왕성한 모습은 본도에서 손꼽을 만하다. ▲경부철도 개설 이래 이곳의 상업은 날로 진보하고 있다. 수원역 발착 화물 중요품에 대하여 최근 1개년 간의 수량을 조사해보면, 발송되는 것은 쌀 11,500여 톤, 콩 450여 톤, 연초[莨]25) 130여 톤, 땔감 1,000여 톤, 석재 500여 톤, 목재 150여

---

25) 원문에 기록된 한자는 검색되지 않는다. 비슷한 한자 중에 연초를 뜻하는 낭(莨)이 있는데, 일본에

톤, 도착하는 것은 명태 230여 톤, 옥양목 270여 톤, 주류 170여 톤, 석유 250여 톤, 가구 300여 톤, 목재 470여 톤이다.

교통

군내의 교통은 경부철도가 군내를 관통함으로 대단히 편리하다. 본군에 있어서 철도 정차장은 수원, 병점, 오산 3역이다. 그러나 군의 북단에 있어서는 광주군에 속한 군포장, 남부에 있어서는 진위군에 속한 진위, 서정리, 평택(평택읍은 충청남도에 속하지만 평택역은 본도에 속한다), 등의 각 역을 이용할 수 있는 편리함이 있다. 또한 주요도로로 남북을 종관하는 순천가도가 있다. 도로 폭이 넓고 평탄하다. 특히 수원 경성 간은 양호하여 경차(輕車)가 통행할 수 있다. 수운은 연안의 해안선이 짧고 또 만 깊이 위치하고 있기는 하지만, 조석을 이용하면 도처에 작은 범선을 대는 데 지장이 없다. 특히 아산만 안인 광덕강에 연한 일대는 본도 유수의 쌀산지인데 그 반출에 이로운 바가 대단히 크다. 군읍으로부터 각 임해면에 이르는 거리를 표시하면 다음과 같다.

면명(面名)	수원읍과 거리(里町)	면명(面名)	수원읍과 거리(里町)
송동면(松洞面)	20리 18정	천양면(舛陽面)	90리
공향면(貢鄕面)	50리	가사면(佳士面)	100리
토진면(土津面)	70리	광덕면(廣德面)	100리
포내면(浦內面)	90리	언북면(堰北面)	90리
외야면(外也面)	100리	숙성면(宿城面)	90리

통신기관은 수원읍에 우편국, 수원역에 우편소 및 전신취급소가 있다.

장시

장시는 읍성 내외의 두 장을 비롯하여 청호면 오산, 공향면 발안, 오정면 안중 등에

서 煙草와 莨 둘다 연초를 뜻한다. 그리고 수원은 연초제조창(煙草製造廠)이 설립된 곳이다. 연초로 번역해 둔다.

있다. 개시는 오산장이 음력 매 3·8일, 발안장이 매 5·10일, 안중장이 매 1·6일인데, 그중에 오산장은 물자의 집산이 대단히 많아서 읍장에 뒤지지 않을 정도로 성황이다.

고적 및 경승지

군내의 고적 또는 경승지가 많은데, 그 대부분은 수원읍성 안팎에 있다. 그중에서 유명한 것을 열거하면, 용화전(龍華殿, 수원읍내 팔달산 기슭에 있다. 산신을 모신다), 화령전(華寧殿, 팔달산 동쪽 기슭에 있다. 정종대왕을 모시는 묘이다), 장수당(長壽堂), 장락당(長樂堂), 복내당(福內堂, 모두 읍내에 있으며 서로 붙어 있다. 화성행궁이라고 칭하는 것이 바로 이것이다), 낙남헌(洛南軒, 읍내에 있으며 정종 기묘행행 때 기로를 모아서 연회를 베푼 곳이라고 한다), 노래당(老來堂, 낙남헌과 붙어 있다), 득중정(得中亭, 노래당에 붙어 있다. 앞뜰에 어사당御射堂이 있다), 강무당(講武堂, 낙남헌의 북쪽, 팔달산의 왼쪽 기슭에 있다), 미로한정(未老閑亭, 팔달산의 중턱에 있으며, 정자는 적지만 구조가 기이하다. 장소는 조망하기 좋고 풍경이 대단히 아름답다), 문묘(文廟, 팔달산의 남쪽 기슭에 있다. 건축물이 볼만하다), 서장대(西將臺, 화성장대라고도 한다. 팔달산 위에 있다. 유사시에 삼군을 지휘하기 위해서 지은 것이다), 동장대(東將臺, 연무당練武堂이라고도 한다. 결구가 대단히 장대하다), 칠간수(읍성 북쪽의 수문 즉 화홍문을 가리킨다. 강물이 맑고 부근이 깨끗해서 여름철에 좋은 유원지이다. 정종 대왕이 여러 차례 이곳에 와서 노닐었다고 전한다), 구간수(남수문이다. 수구가 9칸이기 때문에 이렇게 부르게 되었다. 부근의 풍광이 칠간수와 같지는 않지만 또한 경승지 중 한 곳이다), 매향교(梅香橋, 성내를 관통하는 광교천에 가설하였다. 오래된 돌다리가 버드나무에 둘러싸인 모습은 말로 형용할 수 없는 정취가 있다. 광교천은 성내에서는 매향교천이라고 하는데, 이 다리가 있기 때문이다), 병암간수(屛岩澗水, 팔달산의 동북쪽에 있다. 거암 절벽이 마치 병풍을 둘러세운 듯하다. 그 바위틈으로 샘물이 솟아나는데, 그지없이 맑고 차다. 마을 사람들이 이를 약수라고 부르면서 받아 가는 사람이 많다. 부근도 또한 깨끗하고 조용하며 한적해서 여름철에 더위를 피하기에 더할 나위없이 좋다), 방화수류정(訪花隨柳亭, 북수문의 동쪽 기슭 위에 있는 동북쪽 각루角樓가 바로 이것이다. 누에 방화수류정이라는 편액이 걸려 있다. 사방의 풍경이 가장 아름답다. 특히 정자의 건축도 또한 기이하고 신묘하다), 화양루(華陽樓, 팔달산의 정상에 있는 망대로서 서남 각루가 곧 이것이다. 지금은 다만 그 흔적이 남아 있을 뿐이지만, 올라가서 주변을 내려다보기에 적합한 곳이다. 사방에 아무런 장애물이 없어서 멀리 양양한 바다를 바라볼 수 있을 듯하여, 상쾌하기 이를 데 없다), 구산(龜山, 남문 외에 있는 작은 정원이다. 정원의 규모는 적지만 구불구불한 늙은 소나무가 울창하고 그 사이로 계곡물이 흘러, 그윽하고 고요한 장소이다), 망천(忘川, 수원읍의 동북쪽 20리에 있다. 강은 광교산에서 발원하여 구불구불 흘러내린다. 앞에 용연, 뒤에 문암門岩, 왼쪽에 선암仙巖, 오른쪽에 약암藥巖이 있다. 이들은 모두 경승지로 유명하다. 과거에 이학사 고(皐)가 8명의 학사와 항상 강변을 거닐면서 세상일을 잊었다고 전한다. 그래서 이런 이름을 갖게 되었다), 항미정(서호의 가에 있는 정자로 앞에서 언급하였다), 청련암(靑蓮庵, 광교산의 남쪽 기슭에 있는데, 풍광과 조망이 모두 좋다), 세마대(洗馬臺, 병점역의 서쪽 약 10리에 있는 소나무가 울창한 언덕 위에 있다. 이 언덕은 독성禿城이라고 하는데, 고성의 흔적이다. 산록에 작은 개울이 있는데 이를 세남천細南川이라고 한다. 과거 임진왜란 때 일본군이 이 강물을 막아서 물길을 끊자, 성을 지키던 장군이 계략을 꾸며 어느 날 밤 산성의 한쪽 모퉁이에 올라가 쌀로 말을 씻게 하여 물이 풍부한 것처럼 보였다. 그래서 포위를 풀었다고 한다. 후에 이곳에 누대를 쌓아서 세마대로 하였는데, 지금은 그 흔적만 남아있을 뿐이다) 등이 있다고 한다.

물산

군의 주요물산은 농산물이며, 농산물 중에서 가장 많이 생산되는 것은 곡류이다. 최근의 조사에 따르면 쌀은 경작 면적이 대개 15,290정보이고, 수확량은 현미 99,770석, 콩은 경작 면적은 12,300정보이고 그 수확은 49,360석이다. 이 두 가지에 버금가는 것은 보리로 그 산액도 또한 적지 않다. 특종농산물 중에서 중요한 것은 연초로 그 생산량은 현재 상세히 알 수 없지만, 수원 정류장의 발송 수량만으로도 또한 1년에 130여 톤에 달한다. 그렇다면 전 지역의 생산은 대단히 많을 것이다. 땔감도 또한 본군에서 나는 것이 대단히 많다. 수산물은 숭어, 가숭어(밀치), 농어, 민어, 조기, 웅어[鱭][26), 뱅어, 새우, 붕어, 낙지, 오징어, 대합, 게 등 종류가 적지 않지만, 그 산액은 대단히 적다. 식염은 어패류에 비하여 생산이 제법 많지만, 그래도 전군의 수요를 감당하기에는 부족하다.

주요 포구

군내의 토지가 평탄하고 토지 생산력도 양호하므로, 연해 지역의 주민들도 대부분 농업에 힘쓰며, 어로를 주로 영위하는 사람은 없다. 본군에 있어서 주요 포구는 빈정포(濱汀浦), 해창포(海倉浦), 옹포(甕浦), 구진포(鳩津浦)이다. 그런데 이러한 포구에서도 어로에 종사하는 자는 대단히 드물지만, 다른 지방의 어선이 와서 정박하는 것은 볼 수 있다. 다음에 그 소속 면 이름, 군읍 간의 거리 및 호구 등을 표시하였다.

진포명(津浦名)	소속면명 (所屬面名)	호수	인구	부근 장시(場市)	장시 사이의 거리	수원읍에 이르는 거리
빈정포(濱汀浦)	송동면(松洞面)	32	154	수원	40리18정	40리18정
해창(海倉)	공향면(貢鄕面)	27	115	발안장	10리	60리
옹면(甕面)	토진면(土津面)	67	293	안중장	20리	80리
구진포(鳩津浦)	광덕면(廣德面)	32	112	안중장	20리	100리

---

26) 鱭는 갈치를 뜻하기도 한다.

제2절 남양군(南陽郡)

개관

연혁

본래 고구려의 당성군(唐城郡)이었는데, 신라가 당은(唐恩)으로 고쳤다. 고려가 옛 이름을 회복하였으나 그 후 충선왕 때 부로 삼으면서 지금의 이름을 쓰게 되었다(이후 지금의 수원군인 수주 또는 지금의 인천부인 인주에 이속되었으며, 때로는 감무 때로는 도호부를 두었다. 주가 되고 목이 되기도 하여 도의 건치연혁과 중복된다). 조선이 이를 이어받아서 지금에 이르렀으며 군으로 삼았다. 합병 후에도 같다.

경역

본도의 서남단에 위치한 반도지역으로 북쪽은 안산군에, 동쪽은 수원군에 접하고, 서쪽에서 남쪽에 이르는 일대는 바다에 면한다. 소속 도서로는 대부, 선재, 영흥, 소홀, 대이작, 소이작, 승황, 풍도, 육도, 제부, 어을, 부도, 우음, 풍도, 불도, 감산 및 기타 작은 섬이 있다. 군의 넓이는 정확하지 않지만 육지는 동서남북 모두 가장 긴 곳이 60리 정도에 이를 것이다.

지세

군내는 대체로 구릉지이며 높은 산은 없다. 그렇지만 전역이 반도이고 또한 해안선의 출입과 굴곡이 심하여, 자연히 지세도 평탄하지 않으며 평시는 겨우 산골짜기나 해변에서 띄엄띄엄 볼 수 있는 데 그친다.

산악

산악이 다소 높은 것은 서북안인 해망(海望) 만수(萬壽) 천등(天登)의 세 산, 서안인 해운(海雲) 염불(念佛) 청명(晴明)의 세 산 및 그 남방 갑각에 있는 해운봉(海雲峰,

解雲峯이라고도 쓴다) 및 남동안에 있는 비봉산(飛鳳山) 등이라고 한다. 그리고 서안에 있는 해운, 염불 두 산은 과거의 봉수대로서 그 자리가 여전히 현존한다. 비봉산은 남양해의 안쪽 깊은 바로 읍하의 동남쪽에 솟아 있는데, 산중에 봉림사(鳳林寺)가 있다. 이러한 여러 봉우리는 모두 민둥산이며 높아도 해발 500피트를 넘는 것이 없다. 또한 일대에는 수림이 적다.

하천

하천은 지세를 따라서 모두 협소한 계류에 불과하다. 길이도 장대한 데 이르지 못하였고, 수량도 또 대단히 적다. 단지 북쪽에서 수원군 경계를 흘러 동군에 속한 빈정포의 남쪽으로 흘러 들어가는 것이 제법 크기는 하지만, 조류의 흐름을 이용하여 겨우 하구에만 작은 배를 수용할 수 있을 뿐이다.

경지 및 제언[堰堤]27)

지세가 이와 같고 물길도 또한 적으므로, 경지는 대체로 밭이며, 논은 많지 않다. 더욱이 가뭄 재해[旱害]를 입는 경우도 드물지 않다. 제언으로 제법 큰 것은 서안 북부의 수산면(水山面)에 기지(機池)라고 부르는 것이 있다. 둘레는 약 260칸, 담수(湛水)의 깊이는 3척 정도에 이른다. 이것이 본군의 유일한 관개용 저수지라고 한다.

연안

연안은 굴곡과 출입이 대단히 심하지만, 사방이 모두 갯벌이 널리 펼쳐져 있어서 배를 세우기에 적합한 곳이 없다. 다만 남양반도의 서남단과 대부도의 동남쪽에 의하여 형성된 만은 해도에서 이른바 마도(馬島) 묘박지라고 칭하는 곳으로, 중간에 한 줄기 물길이 통한다. 이곳에 큰 배를 정박시킬 수 있다. 그렇지만 바다와 육지가 연결되지 않으므로 단지 임시로 정박하는 곳에 불과하다. 그 남쪽인 남양해 입구는 일대가 깊이 들어간 만을 형성하고 있다. 이곳에도 역시 한 줄기 물길이 통하여 작은

---

27) 강·바다·계류 등의 일부를 가로질러 둑을 쌓아 물을 가두어 두는 구조물

배는 조류의 흐름을 이용하여 만 안까지 도달할 수 있으나, 큰 배는 들어갈 수 없다. 이 만 안부터는 군치인 남양읍과 가깝다. 그래서 상선의 출입이 빈번한 군의 집산구이다.

남양읍

남양읍은 별명을 당성 또는 익주(益州)라고 한다. 그러나 과거의 당성은 서여제면(西如堤面)에 있다. 읍은 남양반도의 연결부에 위치하며 남쪽으로 남양해구 안까지 17~18정, 동쪽 수원역까지 약 50리 정도이다. 이 도로는 서쪽 신기장을 통과하여 대부도에 면한 갑단에 이른다. 원래 본군으로부터 관찰부로 연결하는 간선도로이었기 때문에 도로 폭이 넓고 또한 평탄하여 차마의 왕래가 자유로운 것은 물론이고 경차도 또한 통행할 수 있다. 이와 같이 수륙 모두 교통이 편리하므로, 시가지도 잘 발달하여, 이 지방에서 유수한 집산지라고 한다. 호구는 500여 호 2,370여 명이며, 군아 외에 경찰서, 우편국 등이 있다.

장시

군내 장시는 읍하 이외에 청산(靑山), 기지, 구포(鳩浦)에 있으며, 그 개설일은 읍하음력 매 2·7일, 청산 매 4·9일, 기지 매 3·8일, 구포 매 1·6일이며, 그중 읍하장이 가장 활발하다.

구획 및 임해면

군내를 구획하여 분향(分鄕) 장안(長安) 초장(草長) 우정(雨井) 입정(鴨汀) 둔지곶(屯知串) 마도(麻道) 신리(新里) 서여제(西如堤) 송산(松山) 세곶(細串) 화척지(禾尺只) 미지곶(彌知串) 저팔리(楮八里) 팔탄(八灘) 쌍수리(雙守里) 음덕리(陰德里) 대부(大阜) 영흥(靈興)의 20면으로 삼았다. 그리고 저팔리 팔탄 쌍수리 음덕리 네 면을 제외한 나머지는 다소를 불문하고 모두 바다에 면해 있다. 다만 대부 영흥의 두 면은 모두 섬을 거느린다. 대부면은 대부를 주체로 하며 풍도(楓島) 불도(佛島) 감산(甘山)

및 기타 작은 섬이 이에 속한다. 영흥면은 영흥도를 주체로 하고 선재(仙才), 대이작(大伊作) 소이작(小伊作) 소홀(召忽) 및 기타 작은 섬이 이에 속한다. 육지의 연해에 위치한 각 면의 상황을 대략적으로 보면, 분향면은 수원군에 속한 공향면과 서로 접하고, 장안이 여기에 이웃하며, 이하 미지곶(彌知串)에 이르기까지 순차적으로 돌아서, 미지곶 최북단에 위치한 수원군의 송동면으로 이어진다. 그리고 화척지는 그 서쪽으로 이웃하여 북서부에 있는 깊은 만, 해도에서 소위 인페라트리스만의 남쪽을 이루며 안산군과 마주본다. 본군의 최북각의 땅이 바로 이곳이라고 한다.

군의 지세는 앞에서 밝힌 바와 같이 구릉이 많고 또한 삼면이 바다로 둘러싸여 있어서 주민은 자연히 어염에서 이익을 얻고 농상에 힘쓰지 않는다.

우정면(雨井面)

일동(一洞)・이동(二洞)・삼동(三洞)

우정면은 남양해구의 동쪽인 깊은 만(아산만 내의 한 만이다)의 서쪽에 위치하며 동북쪽인 초장면에, 서쪽은 압정면에 접한다. 연안은 일대가 갯벌이다. 그러므로 조석을 이용할 수 없으며 어느 곳에서도 배를 대기가 어렵다. 일동 이동 삼동은 본면 연해의 주요 마을로서 그 호수는 일동이 60호[28], 이동이 81호, 삼동이 125호이다. 어업은 각 마을 모두 활발하지 않으나 마을 앞바다에 어살을 건설하였고 또한 작은 그물을 사용하는 경우도 있다. 어살은 일동에 속하는 것은 소복포(所洑浦)에 한 곳, 삼동에 속하는 것이 팔라곶(八羅串)에 2곳이 있다. 어선은 일동에 1척, 이동에 2척, 삼동에 3척이 있다. 그 어획물은 숭어, 모쟁이(모치), 웅어, 새우 및 기타 잡어이다.

압정면(鴨汀面)

압정면은 우정면의 서쪽에 위치하며 남쪽으로 아산만을 사이에 두고 충청남도에 속하는 당진군을 마주 본다. 서쪽은 남양해구를 바라본다. 즉 본면은 남양해구와 그 동쪽

---

28) 원문은 人으로 되어 있으나 戶의 잘못으로 생각된다.

으로 깊게 들어온 만으로 이루어진 반도의 남단이다.

고온포

고온포(古溫浦)는 실로 그 최남각에 위치하는데, 이곳은 갑단에 위치하기 때문에 선박의 출입이 편리할 뿐만 아니라, 남단의 돌각이 서쪽을 막아주기 때문에 계선(繫船)도 또한 어느 정도 가능하다. 더욱이 육로로 수원군에 속하는 발안도를 거쳐 수원읍에 이르는 도로가 평탄하고 또한 양호하기 때문에 해륙 모두 교통이 불편하지 않다. 호구는 80호 380여 명이다. 대부분은 농업과 상업에 종사하지만, 어로를 영위하는 자도 또한 20여 호가 있으며, 어선 7척, 권망(捲網) 15통, 정치망 3곳이 있다. 곧 본포는 본군의 유수한 바닷가 포구인 동시에 이쪽 방면에서 유일한 어촌으로 간주할 수 있다. 본포의 서쪽에는 상도(上島), 하도(下島), 노수초(路水草) 등 작은 도서가 흩어져 있다. 그래서 이들 작은 도서는 곧 본포 사람들의 정치망 어장이라고 한다. 정치망은 여름철에 설치하여 주로 밴댕이[蘇魚]를 잡는데, 어획량도 제법 많다.

신리면(新里面)

신리면은 남양해구 서쪽 남단이다. 동 해구의 남서각에 솟아 있는 해운봉은 곧 남양해구의 목표가 되는 동시에 본면을 지시한다.

사관동 · 궁평동

사관동(仕串洞) · 궁평동(宮坪洞)은 해운동의 서북쪽으로 얕게 만입한 만에 면한다. 호구는 전자는 불과 9호, 후자는 29호로 모두 작은 한촌이다. 그러므로 어업도 본래 볼 만한 것이 없지만, 군의 보고에 따르면 전자에는 어선 1척, 권망 6통, 어살 1곳, 후자에는 어선 1척, 권망 1통, 어살 1곳이 있다고 한다. 이 두 말과 읍하의 거리는 전자로부터 30리, 후자로부터 40리 정도이다. 이 일대는 평지가 협소하여 농산물이 적지만 풍도 어장 또는 아산만의 어장에 출어하기에 편리하다.

서여제면(西如堤面)

서여제면은 신리면의 서쪽에 이어져 있으며, 그 서남각은 곧 해도에 소위 마산(馬山) 묘박지의 동쪽을 이룬다.

송교동

송교동은 이 갑각에 위치하며 동쪽을 향하여 신리면 사이로 얕게 만입한 만에 연한다. 본동도 또한 15호에 불과한 한촌이며, 어망 2통이 있으며 근해에서 숭어, 모쟁이, 새우, 잡어를 어획할 뿐이다.

제부도

송교동이 위치한 갑각의 서쪽 17~18정 거리에 떠 있는 섬으로 둘레가 약 10리이다. 섬의 서쪽에는 마산 묘박지의 물길이 있으며, 그 수심은 저조시에 5~6심 정도이다. 그러므로 대부분의 배는 기슭에 가깝게 정박할 수 있지만, 조류가 급격하면 안전하지 않다. 섬 정상은 불과 200피트에 불과하므로 경지가 비교적 많고, 섬 전체 주민은 27호 110여 명이다.

송산면(松山面)

송산면은 서여제면의 북쪽에 위치하는 본군 최서북의 반도로서, 북쪽으로는 제물포를 바라보고, 서쪽으로는 감선도 불도 및 기타 도서를 사이에 두고 대부도와 마주 본다. 본면 서쪽과 감선도 불도 등의 사이에는 한 줄기 물길이 있는데, 이 물길이 곧 제부도 서쪽에서 오는 것으로 북쪽 제물포로 통한다. 대부분의 선박이 통항하는 데 지장이 없다.

남경포

본면의 서쪽에 만이 하나 있는데, 남경포(南京浦)라고 한다. 그 앞은 감선도가 에워싸고 있어서 풍랑의 우려는 없지만, 갯벌이어서 계선하기 적합한 곳이 없다. 만 안에는 제법 넓은 평지가 있는데, 염전 개척에 적합한 곳이다. 본면과 서여제면 사이에 깊이 들어간 만이 있으며 그 안에 작은 섬들이 무수히 흩어져 있다. 그 사이로 좁은 물길이 통하기는 하지만, 굴곡이 복잡하여 포구로 들어가기 어렵다.

화량포

본만의 서쪽 갑단에 화량포(花梁浦)가 있는데, 왕년에 진을 설치한 곳으로, 당시의 석성이 여전히 존재한다. 그렇지만 진이 폐지된 이래 마을 사람들이 사방으로 흩어져 지금은 적막한 한촌이 되었다. ▲ 독지동 및 고잔동은 본면의 어촌으로, 군에서 보고한 곳이다. 그 호구는 독지동 160호 519명, 고잔동 81호 375명이라고 한다. 이로써 본면에서 손꼽을 만한 마을임을 알 수 있다. 어업을 주로 하는 호구는 전자는 8호이며 휘라망 2건, 소망 6건, 어선 1척이 있으며, 후자는 3호로 소망 3건, 어선 1척이 있다. 이 두 마을에서 읍하까지는 각각 30리 정도이며 왕래하기 편리하다고 한다. 그렇지만 이 지역은 미조사(未調査) 구역에 속하기 때문에 그 위치 및 개황 등은 설명할 수가 없다.

어도

어도(魚島)는 또한 얼도(㦥島)라고도 한다. 서해에 연하며 본면에 속한다. 아산만구에서 제물포로 통하는 물길의 동쪽에 있다. 작은 섬에 불과하지만 주민이 있고 그중에는 어업을 영위하는 자도 있다.

세곶면(細串面)

송산면의 동쪽에 위치하며, 그 북쪽과 동쪽에 만입이 있다.

율포 · 대건포 · 우음포

북쪽 곧 제물포에 면한 만입은 율포(栗浦)라고 하고 동쪽의 만입은 이를 대건포(大乾浦)라고 한다. 모두 갯벌만으로서 특히 대건포는 항상 반 이상 갯벌이 드러나 있다. 그리고 이 만의 동쪽 지역이 화척지면이다. 남양읍에서 신기장을 거쳐 군의 서단으로 통하는 큰길은 이 만의 남단을 통과한다. 만약 이 만을 매축하여 염전을 개척한다면 대단히 유리한 사업이 될 것이다. ▲ 본면이 속도로 우음도가 있다. 인가가 10여 호이며, 소망 4건을 가지고 숭어, 모쟁이, 새우 및 기타 잡어를 어획한다.

대부면(大阜面)

대부도를 주체로 하며 감산(甘山, 선감도仙甘島 또는 성감도成監島라고도 한다), 불도(佛島, 부도扶島라고 쓰기도 한다), 궤도(机島), 육도(六島), 풍도(楓島)[29] 및 기타 작은 도서를 아우르고 있다. 본면의 경역선을 그으면 대부도의 북서단 즉 영흥도 사이의 물길을 기점으로 하고, 동쪽을 향하여 제물포로부터 아산만구로 통하는 물길을 남하하여, 제부도의 서쪽을 거쳐 아산만구를 건너, 충청남도에 속하는 당진·서산 두 군 관내의 앞을 지나 장안퇴(長安堆)를 포함하고, 이곳에서 방향을 바꾸어 인천 동수도를 북동쪽으로 거꾸로 나아간다. 부도 등대를 좌측으로 삼고 다시 북동쪽으로 나아가, 대부도의 서쪽과 영흥군에 속하는 선재도 사이에 있는 좁은 물길을 통하여 기점과 합류하는 모양이 될 것이다. 이 섬들 중에서 큰 것은 대부도이고, 그 다음이 감선도이다.

대부도

대부도(大阜島, 디부동) 또는 대부도(大部島)라고 쓴다. 본면의 주섬인 동시에 본군의 속도 중에서 가장 큰 섬이다. 형상은 극히 부정형이며 사방의 출입과 굴곡이 현저하고, 특히 남부가 가장 심하다. 그래서 그 면적이 1.8방리에 불과하지만, 주위의 해안선은 장대하여 약 33해리에 이른다. 주변은 대체로 험한 해안으로 이루어져 있지만 요입부에 있어서는 그렇지 않은 장소도 적지 않다. 섬의 주위는 모두 썰물 때 드러나는 갯벌로 이루어져 있으며, 그 넓이는 대개 기슭까지 수 해리에 이른다. 섬 전체가 낮은 구릉으로 이루어져 있으며 그 최고점은 532피트인데 황금산이라고 하며 북부에 있다. 본도는 고래로 관(官)의 목마장을 설치한 곳이었다. 최근 광무 2년에 목동 8명[30], 목마 568마리에 이르렀다고 한다. 관설 목마장은 일찍이 폐지되었으나 도민은 여전히 말을 키우는

---

29) 원문에는 机島로 기록되어 있으나, 正誤表에 따랐다.
30) 원문에는 '牧童八百'으로 기록되어 있다. 목동 8명으로 번역한다.

경우가 적지 않다. 섬 전체에는 종현, 영전, 하동, 상동, 동심, 흘곶, 망선 등의 작은 마을이 있다. 그 개황은 다음과 같다.

종현동 · 여수포

종현동(鐘懸洞, **종현동**) 섬의 서북단에 있는 작은 만 안에 위치한다. 이 만입을 여수포(如水浦)라고 부른다. 포의 중앙에 작은 섬이 떠 있고, 그 서북쪽에 좁고 긴 섬 두 개가 가로놓여 있어 마치 여덟 팔 자를 거꾸로 놓은 것 같다. 포구는 이 두 섬으로 인하여 북서쪽 일대가 둘러싸여 염호와 같은 모습을 보이지만, 물이 얕다. 이 마을에는 인가 5호가 있다. ▲ 영전포 섬의 북동각에 있으며, 멀리 송산각과 마주본다. 인가는 11호가 있으며 부근에는 다소의 경지가 있다. ▲ 하동(下洞) 영전포와 언덕 하나를 사이에 두고 안팎을 이루고 있다. 감선도를 마주보며 깊이 들어간 만의 북쪽에 위치한다. 그 전면의 작은 요입부를 천항포(天項浦)라고 한다. 본동에는 인가가 10호 있다. ▲ 상동(上洞) 하동의 서쪽에 위치하며 앞에서 설명한 깊이 들어간 만 안의 북쪽을 향하여 만안의 한쪽 끝에서 서북으로 들어간 것을 흥성포(興成浦)라고 한다. 즉 본동의 포구이다. 인가는 모두 7호가 있다. 본동과 하동 사이에는 낮은 구릉이 가로놓여 있지만 거의 평탄하다. 그래서 그 양측은 평지이고 경지가 펼쳐져 있다. 이곳이 전도(全島) 제일의 평저지(平低地)라고 한다. ▲ 동심리(同心里)는 섬의 남단에 돌출한 갑각의 동쪽에 있다. ▲ 흘곶농(訖串洞) 동심리의 남서쪽에 위치하며 갑단에 만입한 작은 포구에 연해 있다. 이 포구는 고내포(古乃浦)라고 한다. 포구의 입구가 협소하고 안은 제법 넓어서 풍랑의 염려가 없기는 하지만, 포의 중앙에는 암초가 산재하고 있고 또한 물이 얕다. 본동에는 인가 10호가 있다. ▲ 망선리(望船里)는 흘곶동의 배후 즉 북쪽에 해당하며, 서남으로부터 북동쪽으로 깊이 들어간 만의 남쪽에 있다. 사방이 모두 산지이고 평지는 존재하지 않는다. 인가는 겨우 3~4호가 흩어져 있는 데 그친다. ▲ 전도의 마을은 이와 같으며 경지는 적다. 주민은 모두 어로로 생활할 수밖에 없다. 그러나 모두 자본이 없어서 단지 작은 그물을 사용하여 가까운 연안에서 어로를 하는데 불과하므로 그 빈궁함을 차마 보기 어렵다.

감산도 · 선감동 · 벌촌포

선감동(仙甘洞)은 감산도(甘山島)에 있는 마을이다. 감산도는 대부도와 육지인 송산면 사이에 떠있는 섬으로, 남동쪽에서 북서쪽으로 길며, 그 중앙부는 동서의 폭도 다소 넓고 굴절이 적어서 거의 마름모꼴을 이룬다. 그리고 동쪽 일대는 산자락이 바로 바다로 빠져들어 가파른 해안을 이루지만 서쪽은 경사가 완만하고 해변에 다소 평지가 있다. 이곳에 있는 마을이 바로 선감동이다. 마을 전면에 조금 들어온 만이 있는데 이를 벌촌포(筏村浦)라고 한다. 아산만구로부터 제물포에 이르는 물길은 섬의 동쪽을 지나지만 서쪽에도 또한 좁은 물길이 통하여 벌촌포 전면에 이른다. 그래서 저조 때에도 대부분의 어선이 왕래하는 데 지장이 없다. 본동의 인간은 모두 15호이며 모두 어호(漁戶)이다. 그렇지만 그 어업 상황은 앞에서 살펴본 대부도의 여러 마을과 같으며 겨우 작은 그물로 연안에서 어로를 행하는 데 불과하므로, 어획량은 적으며 모두 아주 빈궁하다.

풍도 · 불도

그 밖에 풍도와 불도에도 또한 마을이 있다. 그러나 그 상황은 모두 다른 마을들과 별 차이가 없다. 풍도와 불도의 앞바다는 본도에서 손꼽을 만한 어장이라는 점은 이미 본도의 개관에서 언급한 바이므로, 이에 대한 설명을 생략하고자 한다. 다만 갑오년 청일전쟁 개전 초기에 세간에 널리 알려진 풍도가 바로 여기에서 말하는 풍도라고 한다.[31]

영흥면(靈興面)

대부도의 서쪽에 떠있는 영흥도를 주도(主島)로 하고, 소홀, 대·소이작, 승황, 선재 및 기타 작은 섬이 이에 속한다. 본면의 경역선을 그어보면, 영흥도의 북쪽 해면을 기점으로 하여 선재도의 동쪽 즉 대부도 사이의 좁은 물길을 남하한 다음, 남서쪽으로 방향을 바꾸어 부도등대를 북쪽으로 바라보면서, 대공공도(大共拱島), 사도(沙島), 대이작

---

31) 1894년 7월 25일, 아산만 입구의 풍도 앞바다에서 일본 함대와 청의 함대가 충돌한 것을 계기로 청일전쟁이 발발하게 되었다.

도(大伊作島)의 남쪽을 지나 여기서 다시 북쪽으로 방향을 바꾸어, 소이작도·소홀도 등을 품고, 다시 동쪽으로 가서 기점과 합류한다. 그리고 본면의 여러 섬의 북쪽 및 서쪽에 바둑알처럼 펼쳐져 있는 많은 섬들은 모두 인천부의 관할이다.

영흥도

본군 속도 중에서 대부도에 버금가는 큰 섬으로서 면적은 100여 방리에 달하고, 그 연안선의 전체 길이는 약 24해리이다. 그 남동쪽은 굴곡이 많지만 대체로 대부도처럼 심한 부정형은 아니다. 섬 연안은 가파른 절벽 혹은 낮은 언덕이며 갯벌이 감싸고 있기는 하지만, 연안에서 멀리까지 갯벌이 펼쳐져 있는 곳은 남동쪽 일대이며, 북서안에서는 거리가 멀지 않다. 그리고 그 서안은 인천 동수도의 동쪽을 이룬다. 본도 부근은 앞에서 본 바와 같이 크고 작은 도서가 무리지어 있고 암초도 또한 적지 않으므로, 인천 수도 중에서 가장 통과하기 어려운 곳이다. 더욱이 인천항에 출입하는 큰 배의 항로는 단지 이곳뿐이다. 그래서 이 일대에 항로표지를 많이 건설하여, 친절하게 항해의 편익을 제공하고 있다. 본도의 북쪽에 팔미도 및 북장자서(北長子嶼)에 등대가 있고 남서쪽에 백암계등입표, 부도등대가 있다. 이들 등대 및 입표의 등화 등에 대해서는 이미 제1권에서 상세하게 기록하였으므로, 여기에서는 다시 다루지 않을 것이다. 도내에 내동, 외동, 어평(魚泙), 도장동(到張洞), 소장동(小張洞) 다섯 마을이 있다. 그 호구는 통틀어서 300호 성노이다. 경지가 비교적 잘 개간되어 있기는 하지만, 원래 도민을 먹여 살리기에 충분하지 않다. 따라서 그 생활은 어염의 이익에 의지하는 바가 크다.

선재도·선제동

영흥도와 대부도 사이에 떠있는 섬이다. 이 또한 갯벌 위에 위치하고 있으며, 동쪽인 대부도 사이에는 작은 물길이 지나갈 뿐이다. 선재도의 남동각은 대부도의 갑각과 아주 가깝게 붙어 있지만, 영흥도 사이에는 제법 넓은 물길이 지나가고, 그 수심이 저조시에 2~3심에서 7~8심에 이른다. 섬 안에 마을이 하나가 있는데 섬이름과 마찬가지로 선재 동이라고 한다. 군의 보고에 따르면 그 호수는 92호이며, 어호는 겨우 2호에 불과하다.

소홀도·소홀동

영흥도의 서쪽에 떠 있는 섬으로, 섬의 모양이 동서로 길고, 둘레는 10해리에 이르러, 본군 속도 중에서 세 번째로 크다. 북쪽 일대는 가파른 해안이지만 남쪽은 경사가 완만하며 갯벌이 펼쳐져 있다. 이곳에 마을이 있는데 소홀동이라고 한다. 군의 보고에 따르면 호수는 103호이고 이 섬도 역시 어호는 불과 2호뿐이라고 한다. 본도는 왕년에 안산군 소속이었고 당시 관의 목마장이 설치되었다. 따라서 그 인구는 다른 여러 섬에 비해서 많았으나 지금은 그렇지 않다. 이처럼 손바닥만 한 작은 섬에 과다한 인구가 살게 되면, 어염의 이익에 의존하지 않으면, 생활할 방도가 없는 것이 분명하다. 더욱이 이 근해는 본도 유수의 어장이기도 하다. 이 일대는 인천 근해이므로, 조사하기에 아주 편리하다. 그런데도 그 진상을 소개할 수 없는 것이 큰 유감이다. 조사가 성글어서 어떠한 자료도 손에 넣지 못하였으므로 부득이 의문을 남겨두고 후일에 보완할 기회를 기다리고자 한다.

승황도·대이작도·소이작도

이 세 섬은 소홀도의 남쪽에 해당하며 동서에 걸쳐서 늘어서 있다. 그리고 승황도는 동쪽에 위치하고 그 동남쪽 조금 떨어진 곳에 부도등대가 있다. 대이작도는 중간에 있고 소이작도가 가장 서쪽에 있다. 세 섬 중에서 승황도가 가장 크며 둘레는 약 5해리에 이른다. 대이작도는 둘레 약 4해리, 소이작도는 3.5해리이다. 그리고 승황도에는 마을이 있지만 다른 두 섬에는 마을이 없다. 섬 연안은 세 섬 모두 대체로 사빈 또는 낮은 언덕이며, 섬 안에는 모두 얼마간의 경지가 있다. 승황도의 주민이 이를 경작한다. 세 섬의 사방에는 작은 섬들이 흩어져 있고, 대이작도의 남서쪽에는 큰 모래톱이 펼쳐져 있다. 세 섬이 서로 가까이 붙어 있기 때문에 그 사이의 좁은 수로는 조류가 대단히 급하여 소용돌이를 치며 화살같이 흘러서 두려운 감이 드는 기세이다. 그러나 게류를 이용해서 배를 움직이면 고깃배를 묶어두기에 편리한 장소가 있다. 이 근해는 덕적도 어장의 일부이며, 본도 연안에서 유일한 도미 어장이다. 승황도의 주민 대부분은 어로에 의존하여 생을 영위한다.

제3절 안산군(安山郡)

개관

연혁

원래 고구려의 장항구현(獐項口縣)이었는데, 신라가 장구군(獐口郡)으로 고쳤으며, 고려가 지금 이름으로 고쳤다.

경역

북쪽은 인천부 및 시흥·과천 두 군에, 동쪽은 광주에 접하고, 남쪽에서 서쪽에 이르는 일대는 바다에 면하며, 남쪽의 일부가 겨우 수원군과 이어진다. 그 넓이는 동서 10리, 남북 50리 정도이며, 소속 도서로는 옥귀도(玉貴島), 돌출도(乭出島), 횡도(橫島) 및 도리서(桃里嶼), 쌍도서(雙島嶼) 등이 있다.

지세

과천군의 관악산은 남서로 달려서, 경부선의 안양역 부근에서 일단 평지를 이루었다가, 본군에 들어와서 다시 융기한다. 수리산(修理山) 연봉이 바로 이것이다. 이 연봉은 군중에서 가상 높은 산지로, 북동에서 남서로 달리며, 그 지맥이 군내에 종횡으로 뻗어 있다. 그렇지만 대체로 낮은 구릉이며 높은 산지는 아니다. 수리산 속에는 수목이 무성한 곳이 있다고 하지만 대체로 수목이 적다.

하천

하천으로는 개교천(介橋川) 및 포오천(浦吾川)이 있지만 모두 작은 계류에 불과하다. 개교천은 수리산에서 발원하여 군치인 안산읍의 서쪽을 흘러 남하한 다음, 본군과 남양군의 사이에 만입한 심입만(深入灣)32) 안의 한 지만(支灣)으로 흘러들어

---

32) 深入灣이 고유명사인지 깊이 들어간 만이라는 뜻인지 불분명하다. 앞부분에서는 남양해 안의 한

간다. 포오천은 군의 북부를 북서쪽으로 흘러 인천과 경계인 신오포(新吾浦)로 들어
간다.

경지

군내가 대체로 평탄한 낮은 구릉이지만, 평지는 군의 북부 포오천 연안 및 남부 개교
천 유역, 동쪽의 경부철도선에 연한 부근 또는 해안에서 다소 볼 수 있는데 불과하므로,
경지가 큰 것은 없다. 또한 관개의 이로움도 적다.

연안

연안은 남양군 사이에 있는 크게 들어간 만[深入灣] 안쪽에서 인천계인 신오포 안에
이른다. 그 해안선은 출입이 많기는 하지만, 갯벌이 넓게 펼쳐져 있어서 자연히 양호한
해구(海口)가 없다. 읍치의 남쪽인 성포(聲浦)는 해구로서 선박의 출입이 많다. 또한
와리면에 속하는 초지(草芝)는 왕년에 수군 만호가 설치된 곳이며, 지금도 여전히 다소
인가가 있다.

안산읍

군치 안산읍은 연성(蓮城)이라고도 한다. 그 동쪽에 해당하며 남북으로 이어져 있는
준령은 곧 수리산(산중에 사찰이 있는데 원당사元堂寺라고 한다. 과거에는 그 밖에도
정수암淨水庵이 있었지만 이미 퇴락하고 지금은 단지 그 터만 남아 있을 뿐이다)이다.
읍은 동쪽의 높은 산에 의해서 둘러싸여 있고, 북면과 서면도 또한 구릉으로 둘러싸여
있으며, 남서쪽 한 방향에 겨우 평지가 있을 뿐이다. 그래서 교통이 편리하지 않으므로
시가가 발달하기에 이르지 못했다. 군아 외에도 순사주재소 우체소가 있다.

군내에서 경부철도선에 연한 것은 단지 동쪽 광주 및 수원 두 군의 경계와 접하는
월곡면의 일부에 불과하다. 더욱이 군읍의 동쪽 일대에는 수리산이 이어져 있어서 종관
하는 도로 사이를 차단하여 육로의 교통이 생각보다 편리하지 않다. 안산읍에서 철도편

___

支灣이라고 하였고, 여기는 심입만의 한 지만이라는 표현을 쓰고 있다.

을 이용하고자 하면 북동쪽에 있는 안양역이 편리하다고 한다. 그 사이는 20리가 넘는다. 해로의 경우는 인천항으로 가는 것이 가깝고 또한 연해의 풍파가 없으면 그 사이를 작은 배로 왕래하기 용이하다.

구획

전군을 구획하여 군내, 성곶(聲串), 인화(仁化), 와리(瓦里), 대월(大月), 마유(馬遊), 초산(草山), 북방(北方), 월곡(月谷)의 9면으로 삼았다. 그중에서 해안에 접한 것은 군내 이하 초산에 이르는 7면이다. 그리고 군내·성곶·인화·와리 4면은 남쪽인 남양군 사이에 만입한 심입만에 면하며, 대월·마유 2면은 서쪽 제물포에, 초산면은 북쪽 인천부 경계인 신오포에 연한다.

장시

장시에는 반월장(북방면 팔곡 1리), 삼거리장(인화면 능곡리), 산대장(대월면 석곡리) 등이 있다. 그리고 그 개설일은 반월장 음력 매 5·10일, 삼거리장 매 2·7일, 산대장 매 3·8일이라고 한다. 모두 집산이 많지 않다.

물산

주요물산은 쌀, 보리, 콩, 식염 등이다. 수산물에 있어서는 숭어, 조기, 가오리, 민어, 농어, 은어, 낙지, 오징어, 새우, 굴, 긴맛[竹蟶], 맛[蟶], 소라, 대합, 바지락, 게 등이지만 그 산액은 적다.

염전

본군 연안에는 염전을 개척하게 적합한 곳이 적지 않다. 기성 염전은 약 30정보이며, 1년 제산량은 대략 336만 근일 것이다.

연해 각 면 및 어촌포구의 개황은 다음과 같다.

성곶면(聲串面)

북쪽은 군내면에, 동쪽은 북방면에 접하고, 남동쪽은 한 끝이 수원군에 속하는 송동 명과 서로 이어져 있다. 남서쪽은 바다에 연하며 남양군에 속하는 화척지면을 마주 본 다. 곧 본면 연해의 땅은 남양군 사이로 만입하는 심입만 안의 정면에 두출된 것이다. 그리고 속도로는 횡도(橫島)가 있다.

횡도

횡도는 곧 앞에서 언급한 만 안에 떠 있는 작은 섬이다. 본면은 전체적으로 평탄한 구릉 으로 경지가 많다. 그렇지만 평탄지가 적고 논도 적다. 바다에 면한 마을이 있다고 하지 만 어촌이라고 부를 만한 것은 없다. 다만 일리(一里) 및 본오리(本五里)의 마을 사람 중 한두 사람이 새우어업에 종사하는 경우가 있을 뿐이다. 새우의 종류는 백하, 보래새우 가 있지만 백하가 많다. 여기는 봄가을 두 철이며, 새우망을 이용하여 잡는다. 어획물은 많지 않으나 모두 마을 안에서 판매한다. 이 마을 부근의 장시는 본군의 북방면 반월장, 수원읍의 내장·외장, 과천의 군포장 등이 있다. 본군에는 염전이 있는데 모두 입빈식 (入濱式)이며 1년의 생산은 40만 근에 이른다고 한다. 그러나 새로 개척할 적지(適地) 가 없는 것은 아니다.

군내면(郡內面)

북쪽은 시흥군에 속하는 남면에, 북동쪽은 과천군에 속하는 하면에 접하고, 동남쪽은 본군의 북방 및 성곶 두 면에, 서쪽은 초산과 인화 두 면과 이어진다. 남쪽의 일부가 겨우 바다에 면한다. 본면에서 북동쪽 지역 즉 과천군 경계에 있어서는 수리산이 이어 져 있어서 지세가 험준하지만, 안산읍 이남 해안에 이르는 사이는 다소 넓은 경지가 있다. 그 중앙을 흐르는 물길을 개교천이라고 한다. 그리고 그 주변 경지는 군내에서 주요한 쌀 산지이다.

성포

개교천 하구의 좌안에 성포(聲浦)가 있는데, 또한 성곶포(聲串浦)라고도 한다. 총 호구는 121호 434명이며, 어로를 행하는 가구는 64호 280명(단 망주網主는 2호뿐이다)에 이른다고 한다. 즉 본면 유일의 집산구인 동시에 본군 유수의 어촌이라고 한다. 어업은 조기 중선, 새우 궁선 및 맛조개 채취 등이며, 조기는 봄철에 주로 잡고, 새우는 여름과 가을철, 맛조개는 봄 여름 가을 세 철에 걸쳐서 채취한다. 연안의 지선에서 맛조개가 풍부하게 생산된다. 오로지 맛조개 채위에 종사하는 어선이 6척에 이른다. 긴맛, 대합, 바지락 등의 생산도 적지 않다. 어채물 판매시장은 반월장, 수원 남문 내장·외장, 군포장 등이며, 그 거리는 반월장 10리, 군포장 20리, 수원읍까지 40리 정도라고 한다.

인화면(仁化面)

군내면의 서쪽에 이어져 있으며 북쪽은 초산면에, 서쪽은 마유·대월·와리 세 면에 접하고, 남쪽은 겨우 한 갑각이 바다에 면한다. 본면은 군의 서부 중앙에 위치하며 남북으로 길다. 바다에 면하는 남단의 한 갑각을 제외하고는 모두 낮은 구릉이며 대단히 평탄하다. 삼거리장은 면의 북부에 있으며, 그 부근에는 다소의 평지가 있다. 이곳은 본군 서북부의 집산지이며, 군의 북쪽인 만입 즉 신오포까지 10리가 되지 않으며, 도로가 평탄하여 왕래하기 편리하다. 남단인 갑각 연안 부근에 월피(月陂), 월립피(月立陂), 고잔(高棧) 등의 마을이 있지만, 어로에 종사하는 자는 없다. 그렇지만 그 지선은 맛조개 및 기타 패류가 풍부하여 부녀들이 이를 채취한다.

와리면(瓦里面)

북쪽은 대월면과 접하고, 동쪽의 일부는 인화면에 접할 뿐이며, 동남서 세 면이 모두 바다로 둘러싸여 있다. 그 남동각은 남양군의 화척지면과 마주하고 또한 남서단은 멀리 동군에 속하는 송산면을 바라본다. 본면은 고구려 당시에 장항현(㣾項縣)의 옛 땅이다.

성내·능내리

면의 거의 중앙 가까이에 성내(城內)라고 하는 마을이 있다. 이곳이 곧 과거의 성터이며 여전히 그 흔적이 어느 정도 남아 있다. 남쪽으로 능내리(陵內里)가 있는데 이곳도 또한 과거에 소릉(昭陵)이었기 때문에 붙은 이름이다. 이 부근에서 북쪽의 대월면 한쪽 끝을 거쳐 마유면에 이르는 일대는 모두 평지로서 일망무제라고 할 수 있다. 이곳이 본군 제일의 평탄지이지만, 관개용수가 부족하여 빗물에 의존하지 않을 수 없다. 그래서 한해를 입은 일이 잦다. 본군 임해 마을로는 원당포, 초지, 장종, 이목, 성두, 무곡, 적길리 등이 있다. 그 주요 지역의 개황은 다음과 같다.

원당포

원당포(元堂浦)는 본면과 인하면 사이에 있는 만입 안의 서쪽에 있다. 호구는 76호 276명으로, 이 마을은 바다에 연해있지 않으나, 조기잡이 중선(中船)을 보유한 이른바 망주(網主)라고 불리는 가구가 3호 있다. 봄 여름 경에는 주로 조기를 목적으로 충청 전라 또는 황해도 각 연안에 출어하고, 여름철에는 근해에서 민어 또는 새우를 어획한다. 그리고 그 어획물은 경성 부근의 마포 또는 군래 성포리에서 판매한다. 본포로부터 군읍에 이르는 육로는 20리 정도이며, 비탈길이 없어서 왕래가 불편하지 않다.

초지

초지(草芝, **됴지**)는 초지(楚芝)라고도 쓴다. 원당포의 남동에 있다. 과거에 진을 설치하였던 곳으로 그 성터가 지금도 남아 있다. 이곳은 바닷가에 위치하지만 어로에 종사하는 사람은 없다. 그러나 원당포 사람이 소유하고 있는 중선을 타고 그 종업자로서 출어하는 경우가 있다.

이목

이목(梨木)은 본면 남서단에 있으며 그 전면이 상당히 요입하여, 이곳에 어선을 묶어 둘 수 있다. 호수는 38호이며 어호가 6호 있다. 어선 2척, 새우그물 25부(部)가 있으며,

여름철경에 새우어업에 종사한다.

성두리

성두리(城頭里, 셩두리)는 이목의 서쪽에 위치하며 본면 서남단으로 만입한 작은 만에 면한다. 이곳은 과거에 있었던 성의 치소(治所)였던 당시에 해문(海門)이 있었기 때문에 붙은 이름이다.[33] 인가는 48호이며 어호가 6호 있다. 어선 3척 숭어그물 1부(部), 새우그물 3부, 잡어 그물 3부가 있다. 사철의 중요한 어획물을 보면, 봄철에 숭어, 여름철에 밴댕이 · 중하(中蝦), 가을철에 숭어와 중하 등이며, 겨울철에는 쉰다. 이 마을에서 군치인 안산읍까지 30리, 산대장까지 15리, 삼거리장까지 20리 정도라고 한다. 이목 및 성두 지방은 전체적으로 구릉지이며 지역이 좁고 또한 토지 생산력이 불량하다. 그래서 주민들이 경작할 토지가 없고, 생계는 주로 해산물의 이익에 의지할 수밖에 없다. 그러나 어업이 부진하며, 민도도 가장 낮고, 모두 빈곤할 따름이다.

적길리

적길리(赤吉里)는 본면과 서북쪽 마유면이 감싸서 이루어진 작은 만입의 남쪽에 위치한다. 호수는 모두 26호인데 부근에 평지가 많아서 마을 사람들은 모두 농업에 종사하고 어업을 영위하는 경우는 없다. 다만 연안에 어살 1곳이 있는데, 경성에 사는 사람이 소유하고 있다고 한다. 어살 건설기는 여름철이고, 어획물은 민어 밴댕이 준치 등이라고 한다. 이 마을에서 군읍까지 30리, 산대장까지 10리, 삼거리장까지 15리이다.

대월면(大月面) · 마유면(馬遊面)

대월면은 와리면의 북쪽에 위치하며 그 서쪽의 일부분이 와리면과 마유면과 서로 감싸서 이루어진 작은 만 안에 면하고 있을 뿐이다. 본면은 수산과 아무런 관계가 없지만, 토지가 평탄하고 농산물이 풍부하며 특히 그 중앙에 산대장이 있어서 본군에 있어

---

33) 현재 안산시 초지동에 별망성지가 있다. 이곳의 초지진이 강화도로 옮겨갔지만, 초지라는 이름은 그대로 쓴 것으로 보인다.

서 중요한 집산지라고 한다.

마유면은 대월면의 북쪽에 위치하며, 동쪽으로 인화면 및 초산면과 접하고, 북쪽과 서쪽 일대는 모두 바다에 면한다. 그리고 그 북쪽의 바다는 곧 인천부와 경계에 있는 신오포라고 한다. 본면은 그 해안선이 제법 장대하지만, 평지는 모두 평탄한 낮은 구릉 또는 평지이고 경지가 많아 마을 사람들이 모두 농사에 힘쓴다. 연해에 마을이 적지만, 연안에는 염전을 개척할 수 있는 적당한 땅이 많으며, 기성 염전도 모두 20정보 쯤 된다. 그리고 1년 제염량은 230만 근이라고 한다. 본면의 속도로는 옥귀도와 돌출도가 있다. 연안 마을 중에서 어업자가 있는 곳은 정왕포(正往浦) 뿐이다.

정왕포

정왕포(正往浦)는 면의 남쪽에 위치하며 와리면과 서로 마주본다. 인가는 88호이며 연해에 있는 큰 마을이다. 어업을 전업하는 가구도 4호 있다. 숭어그물 35부, 새우그물 7부가 있으며, 전면에 있는 갯벌에서는 낙지, 맛조개 및 기타 패류가 풍부하게 생산된다.

옥귀도

옥귀도(玉貴島, 옥긔도)는 오이도(烏耳島)[34]라고도 한다. 돌출도와 함께 갯벌 가운데 위치한다. 섬 전체 인가는 33호이며 어업을 전업으로 하는 가구도 20호 있다. 그러나 그 어업은 모두 소규인 밴댕이그물 또는 어살어업이며, 어획이 많지 않다. 갯벌은 이 섬에서 3~4해리 앞바다까지 펼쳐져 있으므로 이곳에 어살 또는 정치망을 대단히 활발하게 설치한다. 이 일대는 본도 연안 중에서 이러한 종류의 어장으로서 특히 유명하다. 그렇지만 이 섬 사람이 소유하고 있는 것은 섬 부근에 겨우 2곳이 있을 뿐이다. 주요 어획물은 봄철에는 숭어·중하·대합·굴이고 여름철에는 밴댕이·민어이고, 가을철에는 숭어·중하이며, 겨울에는 굴 등이다.

---

34) 한국수산지 원문에는 烏耳島로 되어 있다.

초산면(草山面)

마유면의 동쪽에 위치하며, 서쪽이 경우 신오포 안에 면할 뿐이다. 본면도 또한 평지가 많고, 특히 신오포 연안에는 논이 펼쳐져 있어서 군내의 주요 쌀산지이다. 따라서 어업자가 한 사람도 없다. 그러나 그 연안에서 염전을 볼 수 있다. 면적은 모두 약 6정보이고, 1년의 제염량은 67만 근을 넘는다고 한다.

제4절 인천부(仁川府)

개관

연혁

원래 고구려의 매소홀현(買召忽縣)인데, 신라가 소성(邵城)이라고 칭하고 율진군(栗津郡)의 영현으로 삼았다. 고려가 수주(樹州, 지금의 부평군)의 속지로 삼았으나 숙종 때 경원군(慶源郡)으로 승격시켰다. 인종대에 이르러 인주(仁州)라고 불렀고, 공양왕에 이르러 부로 칭하였다. 조선 태조 때 인주라고 하였으나, 태종에 이르러 군으로 삼았고, 지금도 그 이름을 쓰고 있다. 제물포가 개항되자 부로 승격되어 지금에 이른다. 현재 인천부의 관할은 곧 병합 전의 지역이라고 한다.

경역

북쪽은 부평군에, 동쪽은 시흥군에, 남쪽은 안산군에 접하며, 서쪽 일대는 강화만에 면한다. 그리고 그 넓이는 동서로 가장 넓은 곳이 대략 50리, 남북으로 가장 긴 곳이 55리에 이른다. 소속 도서도 많은데, 강화만에 떠있는 영종, 장봉, 용유, 대무의, 오무의, 팔미, 신불, 삼목, 월미 등의 여러 섬과 남양군 앞에 늘어서 있는 여러 섬의 앞바다인 덕적도, 문갑도, 선갑도, 울도, 백아도, 타도, 굴업도부터 그 남쪽으로 멀리 충청남도 서산반도의 북서쪽 앞바다에 있는 작은 도서에 이르기까지 모두 인천부의 소관이라고 한다.

지세·산악·하천

부내의 산악 중에서 높고 험한 것은 대단히 적고 대체로 낮은 구릉이며 평지도 또한 많다. 산악으로서 다소 높은 것은 부의 중앙 즉 사천장(蛇川場)의 북쪽에 솟아있는 소래산(蘇來山)이며, 이것을 부의 진산으로 삼았다. 그 밖에 구읍성의 남쪽에 이어져 있는 남산(南山, 일명 문학산文鶴山 또는 봉수산烽燧山이라고 한다)도 제법 높다. 하천은 모두 가는 물줄기뿐이다. 그중 이름이 있는 것은 동방천(東方川)으로 소래산에 발원하여 서쪽으로 흘러 바다로 들어간다.

지세의 개요가 이와 같이 평탄하므로 경지가 대단히 많고 토지 생산력도 또한 양호하다. 그렇지만 물줄기가 부족하여, 관개는 빗물에 의지하는 바가 크다.

연해[35]

인천부 연해 지역은 곧 강화만 안쪽 중앙에서 심입만을 품고, 그 중간에도 또한 다소 큰 요입을 포함하여, 자연히 큰 3대 갑각을 형성하여 마치 맨드라미와 같은 형상을 이룬다.

십정포

북쪽인 심입만은 부평군과의 경계로서 이를 십정포(十井浦)라고 한다. 북서쪽에서 남동쪽으로 만입한 깊이가 10리 20여 정이며, 만 내는 경인철도 노선에 연해 있는 주안에 도달한다. 만 내는 예로부터 염업이 성행한 곳으로 유명하다. 현재도 관영 주안천일제염소가 소재하고 있다.

신오포

남쪽인 심입만은 안산군과 경계를 이루는 것으로 이를 신오포(新吾浦)라고 한다.

---

35) 원문에는 소제목을 연혁(沿革)으로 기록하였으나, 연혁은 인천부 개관의 첫 번째 기록되어 있다. 내용에 따라서 연해로 번역하였다.

이는 그 안에서 두 개로 나누어져 한 줄기는 북동쪽으로, 한 줄기는 동남쪽으로 만입하는데 모두 10리 10여 정에 이른다. 본만도 또한 전자와 마찬가지로 고래로 저명한 제염지로서, 연안에는 곳곳에 염전이 분포하고 있다. 이 북쪽의 지만과 북쪽에 만입된 십정포는 그 안이 아주 가까워 겨우 50여 정 떨어져 있다. 더욱이 그 사이는 낮은 구릉 또는 평지이기 때문에 높은 곳에 오르면 두 만을 좌우로 볼 수 있다. 연안이 이처럼 해안의 굴곡 출입이 심하기 때문에 해안선의 길이가 대단히 길어서 약 550여 정 즉 150리 10정 정도에 이른다.36) 그러나 십정포의 만입에 의해서 이루어진 갑각 즉 북서 갑단 부근에서 남쪽 안산군의 지선에 이르는 일대는 갯벌이 해안에서 3해리 내지 5~6해리되는 먼 곳까지 펼쳐져 있으며, 특히 조석간만의 차이가 크기 때문에 간조 때에는 해저가 모두 드러나서 끝없이 이어진다. 다만 그 사이에 굴곡이 심하고 불규칙한 물길이 지나갈 뿐이므로, 배를 정박시킬 적합한 장소는 북서 갑단 외에는 찾을 수가 없다. 이 북서 갑단의 땅이 곧 조선 개항장 중 으뜸으로 번성하고 있는 인천항이라고 한다.

교통

부내 교통의 중심은 인천항이다. 경인철도 노선은 관내 북부의 한 구역을 통과하는데 불과하지만 관내 전체가 모두 낮은 구릉 또는 평지이며 이르는 곳마다 차마가 통행하는데 지장이 없다. 주요 도로는 철도 노선에 연하여 한강 변에 이른 것(마포 앞에 이른다)과 인천항에서 그 읍성을 거쳐 동쪽 과천의 안양역 또는 안산역으로 연결되는 것이다.

물산

물산은 물론 농산물을 중심으로 하지만, 멀리 여러 섬을 거느리고 있기 때문에 해산물도 또한 풍부하다. 그 종류를 열거하면, 농어, 가오리, 민어, 도미, 가자미, 조기, 준치, 밴댕이, 숭어[鰡], 문절망둑, 붕장어, 뱀장어, 낙지, 오징어, 대합, 긴맛, 맛, 새꼬막[うまのつめ], 게(여러 종류가 있다), 새우(참새우, 보리새우, 백하 등 여러 종류가 있다), 갯가재, 식염 등이라고 한다.

---

36) 1里가 3.6町이다.

부치

부치는 인천항에 있지만 이 지역은 본래 제물포라고 칭하던 어촌이었고, 인천읍은 따로 그 남동쪽 15리 정도 되는 곳에 있었다. 그 지역은 지금도 여전히 인천읍이라는 이름을 가지고 있지만, 제물포 개항과 동시에 부치를 옮겼기 때문에, 그 지역의 번영은 물론 그 이름까지도 현재 장소로 이전되었고, 과거의 인천읍은 도리어 그 소재지조차 알 수 없게 되었다. 구읍의 남쪽에 이어져 있는 것은 남산(문학산이라고도 한다)이라고 하며, 본부 산악 중 저명한 것이다. 산 위에는 과거의 성지가 있는데, 고구려 때는 미추홀성(彌鄒忽城)이라고 칭하였고, 신라 때는 소성(邵城)이라고 한 것이 바로 이것이다. 그 동문 바깥 100여 보 되는 곳에 높은 곳이 있는데, 마을 사람들이 이곳을 왜성이라고 부른다. 무릇 임진왜란 때 일본군이 이곳에 주둔하였기 때문에 전하는 이름이라고 한다.

행정구획

행정구획은 주안(朱安), 부내(府内), 다소(多所), 구읍(舊邑), 서면(西面), 남촌(南村), 조동(鳥洞), 신현(新峴), 전반(田反), 황등천(黃等川), 영종(永宗), 덕적(德積)이다. 그리고 주안, 부내, 다소, 구읍, 서면, 남촌, 조동, 신현의 8면은 연안을 따라 이어져 있고, 영종과 덕적 2면은 여러 섬을 거느리고 있다. 이들 9면은 모두 다소 어염의 이익을 누리고 있다. 그러나 각 면의 연해 마을에 관한 조사는 아직 손을 대지 못하였고, 다만 개괄하여 각 면의 위치 및 그 지세를 약술하는 데 그치고자 한다.

주안면(朱安面)

주안면(朱鴈面)이라고도 쓴다. 안(安)과 안(鴈)이 음이 같기 때문이다. 북쪽 부평군 경계에 위치하며 십정포에 면한다. 즉 북쪽에서 동쪽에 이르는 사이는 부평군에 속한 석곶(石串)과 동소정(同所井) 2면에 면하고, 남쪽은 인천부에 속한 조동, 구읍, 다소의 3면이다. 본면의 동부는 모두 산악지이며 경지는 단지 서반부에서 볼 수 있을 뿐이다. 그래서 농산물이 적기는 하지만 십정포 연안은 유명한 염업지이며 관영 천일제염전의 소재지이다. 천일제염의 개요는 이미 『제1권』에서 설명하였는데, 그 성적은 앞으로 점점 양호해 질 것이다. 관영 염전 면적 및 제염량을 제시하면 다음과 같다.

염전

염전 면적은 32정 6묘 9보이며 현재 공사 중인 것이 65정 4단 4묘 25보이다. 그리고 준공 예정시기는 명치 44년 5월이라고 한다. 염전을 처음 개설한 이후 43년에 이르는 각 연도의 제염량을 표시하면 다음과 같다.

연도	소금제조생산량[鹽製産額]			비고
	1등염(斤)	2등염(斤)	합계(斤)	
명치 40년	-	6,988	6,988	제1구 1정보 9월 이후 생산
명치 41년	18,607	114,146	132,753	제1구 1정보 전년 생산
명치 42년	24,580	179,033	203,613	제1구 1정보 생산 126,559근. 제2구 중 1정9단3묘 5월 이후 생산 75,490근
명치 43년	153,336	584,644	737,980	제1구 1정보 생산 92,786근, 제2구 4정5단8묘2보 생산 186,284근 제3구 10정1단7묘25보 4월 30일 이후 생산 141,025근, 제4구 16정3단12보 5월 13일 이후 생산 317,885근

판매 가격은 산염(撒鹽)인 상태로 주안 창고에서 인도 가격이 100근에 대하여 1등염 65진, 2등염 55전이며, 만약 일시에 10만근 이상 판매를 요청하는 경우에는 각등 모두 5전씩 할인하도록 규정되어 있다고 한다.

부내면(府內面)

본부의 3대갑 중 하나인 최북 갑단의 지역으로서, 현재 인천시가의 소재지가 바로 이곳이다. 원래 다소면에 속한 땅이었으나 제물포가 개항되면서, 부치를 이곳으로 옮겼으며, 이에 본면이 신설되기에 이르렀다. 본면은 삼면이 바다로 둘러싸여, 지역이 넓지 않지만, 인천시가가 있으므로 호구는 아주 많아 다른 여러 면에 비할 수가 없다. 소속 도서로는 월미도, 소월미도, 사도, 분도 등이 있다. 그리고 이 섬들은 모두 인천항의 전면에 떠있는 작은 섬이며, 월미도를 제외하고는 사람이 거주하지 않는다. 월미도에는 인가 40여 호가 있으며, 대부분 농업과 어업에 의지하여 생계를 꾸리지만, 또한 인천 시가에 나와서 노동에 종사하는 사람도 적지 않다. 섬 안에 살구나무가 많아서 봄철에 이르면 상춘객들이 끊이지 않는다고 한다. 인천시가는 본면의 갑각 서남쪽에 위치하며, 그 배후인 구릉을 넘어서 북쪽까지 팽창하였다. 그 개황에 대해서는 따로 인천부의 말미에 첨부하기로 하고 여기에서는 생략하고자 한다. 본면에는 염업지가 있으며, 1년 제염량은 32만 근을 넘는다고 한다.

다소면(多所面)

부내면의 동남에 위치하며, 동북쪽은 십정포에, 남서쪽은 제물포에 면한다. 그리고 그 남동쪽으로 연결되는 곳은 주안 및 구읍 2면이다. 속도는 신도(申島), 소도(小島) 및 능허대도(凌虛臺島)이다.

서면((西面)

본부의 3대갑 중 하나로 중앙에 있는 한 갑각 지역으로 북쪽 및 동쪽의 일부는 다소면 및 구읍 2면과 이어진다. 그리고 염업지가 일리, 이리, 삼리 등에 있다. 1년의 제염량은 23만여 근이라고 한다.

구읍면(舊邑面)

다소면의 동쪽, 서면의 북쪽에 위치하면, 왕년의 부치였던 인천읍의 소재지이다. 그리고 그 연안은 중앙갑과 남갑 사이에 있는 만의 안 쪽 지역이라고 한다. 염업지로 도장리(道長里)가 있다. 1년 제염량은 32만 정도라고 한다.

조동면(鳥洞面)

구읍면의 동쪽에 위치하며, 남쪽은 신오포의 북쪽 지만(支灣) 안에 면한다. 그리고 그 남서쪽 일부는 남촌면에 이어진다. 본면은 대단히 평지가 많아서, 본부에서 중요한 농산지이다. 연해에는 산정포리(山井浦里), 내리(乃里) 등의 제염지가 있다. 1년의 생산량은 66만 근을 넘는다고 한다.

남촌면(南村面)

이 또한 본부 3대갑의 하나로 남쪽으로 돌출한 반도 지역이다. 이 반도의 동쪽을 이루는 만입은 신오포이며, 갑단 만 입구를 사이에 두고 마주 보는 곳이 안산군에 속한 마유면이다. 본면은 완전한 반도이기는 하지만 한두 곳의 낮은 구릉을 제외하면 모두 평탄한 땅으로 경지가 많아서, 본부의 주요한 농산지이다. 그러나 관개는 빗물에 의존할 수밖에 없어서 그 경지의 대부분은 밭이다. 그리고 그 동쪽에 일리, 삼리 등의 염업지가 있다. 1년의 제염량은 190만 근을 넘는다고 한다.

신현면(新峴面)

조동면의 남쪽에 붙어 있으며, 이 또한 신오포 안에 면한다. 그리고 그 동남쪽 일부는 안산군에 속한 초산면과 접하는데, 이곳이 인천부의 남쪽 경계이다. 이 면은 동쪽으로 전반면(田反面)으로 이어지는데, 두 면이 마주 보며 넓은 평지를 이룬다. 이 평지가 곧 인천부에서 으뜸가는 쌀산지이자 동시에 경기도의 주요한 농업지대이다. 연안 지역은 신오포(新吾浦)의 중앙에 돌출되어 있으므로, 신오포를 남북으로 나눈다. 이곳 갑단에 제법 큰 마을이 있는데, 신포(新浦)라고 한다. 음력 매 1·6일에 시장이 열리는데 집산물이 제법 많다. 염업지로는 산정리(山井里)가 있는데, 1년 제산량은 60,000근 정도라고 한다.

영종면(永宗面)

영종면(永宗面)은 인천항의 전면에 떠 있는 영종도(永宗島) 삼목도(三木島) 신불도(薪佛島) 용유도(龍游島) 팔미도(八尾島) 작약도(芍藥島, 물류도勿溜島라고도 한다) 및 기타 작은 섬을 거느린다. 섬마다 모두 주민이 있는데, 특히 영종도에는 마을이 아주 많고, 그래서 주민도 또한 많다. 각 섬의 호구는 아직 자세히 조사하지 않았으나, 모두 합하면 대략 900호 4,000명 정도일 것이라고 한다. 영종도 삼목도 신불도는 모두 광대한 갯벌로 둘러싸여 있으며, 썰물 때에는 세 섬 사이를 도보로 서로 왕래할 수 있다. 용유도는 영종도의 서남쪽 3해리에 떠 있는데, 북서단은 장봉수도에 면한다. 동쪽으로는 좁은 물길이 지나므로, 영종도 삼목도 신불도를 에워싸고 있는 갯벌과 이어지지 않는다. 그리고 남각은 작은 섬을 사이에 두고 덕적면에 속하는 대무의도(大舞衣島)의 북각을 마주 본다. 여러 섬의 돌각 사이의 수도에 면한 지역에서는 건간망 어장에 적합한 곳이 적지 않다. 일본인으로서 이를 경영하는 사람들이 다소 있다.

작약도

작약도(芍藥島)는 영종의 동단에서 가까운 염하(鹽河)의 말단부에 떠 있는 작은 무인도이다. 이 섬은 등대가 있기 때문에 유명하다. 등대의 등화는 연섬백색이며 매 16초마다 세 차례 섬광을 발한다. 그 남쪽에 있는 부동 백색 등화는 북장자서(北長子嶼)의 괘등입표인데, 이 섬은 팔미도의 남쪽 2해리 정도에 위치하며, 덕적면에 속한다. 팔미도에서 인천항까지는 8해리가 넘는다. 영종 삼목 신불을 감싸고 있는 광활한 갯벌은 과거부터 맛조개의 산지로 저명하다. 인천에 재주하는 일본인으로서 생조개를 매입하여 건제(乾製)하는 사람이 있다. 이에 대한 조사 개요는 다음과 같다.

영종도 남안에서 생산되는 맛조개는 크기가 큰 것이 적지 않으며, 그 성장 정도는 3년된 조개가 일본 아리아케해의 2년된 조개에 상당한다. ▲채취시기는 음력 3~8월에 이르는 사이이지만, 5~6월 두 달은 농사일에 바빠서 도민들이 채취하는 경우가 적다. ▲채취량은 기왕의 사실은 알기 어렵지만 작년 명치 42년에는 생조개 약 1,200~1,300석(조선의 말이다. 조선 1되는 일본 되로 1되 2홉에 해당한다)에 이른 것으로 보인다. ▲건제할 경우 생조개 5되를 말려서 제품 약 1근을 얻는다. 즉 그 비율은 대체로 2할이다. ▲같은 해 인천 재주 해산물 상인이 취급한 제품은 일본 상인 15,000근, 중국 상인 6,000근 합계 20,000근37) 정도로 한다. ▲가격은 생조개 1말에 15전

---

37) 일본상인 15,000근과 중국상인 6,000근을 합하면 21,000근이다. 원문대로 기록하였다.

내외이며 건제품은 100근에 대하여 19원 내지 22~23원이었다. 동년 중 생산액은 생조개로 1,500~1,600원, 건제품으로는 4,000원 내외로 계산할 수 있다고 한다.

이와 같이 영종도 남쪽의 갯벌은 맛조개가 풍부하게 생산되지만, 크기가 크지 않은 결점이 있다. 무릇 이는 반드시 토질 때문만은 아니며, 여러 해에 걸쳐 남획한 결과도 그 원인일 것이다. 근년에 일본인은 양식을 계획하여 현재 출원한 자가 있다.

이하 주요 섬들의 개황을 기록한다.

영종도

영종도(永宗島)는 인천 외항 즉 제물포 묘박지의 서쪽을 막아주는 섬으로서 자연도(紫燕島)라고도 한다. 그 연안의 길이는 대개 26해리에 이를 것이다. 그러나 주변은 앞에서 설명한 바와 같이 갯벌로 둘러싸여 있기 때문에 밀물을 타지 않고서는 비록 작은 배라고 하더라도 섬기슭에 결코 도달할 수 없다. 섬의 최고점은 남안에 솟아있는 봉우리로 이를 백운봉(白雲峯)이라고 한다. 그 정상은 해발 846피트이다. 북안에도 또한 다소 높은 봉우리가 있다. 넓이는 200방리에 미치지 못하는 작은 섬에 이와 같은 높은 봉우리가 있다. 그러므로 그 경사가 자연히 완만하지 않다. 섬 연안도 또한 마찬가지이며, 평탄지는 동쪽에서 남쪽 해안에 이르는 사이가 중요하며, 그 밖에는 계곡 사이에 위치하고 있는 짓에 불과하여 대제로 숩다. 그렇지만 섬 안에는 백석포(白石浦), 내중촌(内中村), 외중촌(外中村), 돌촌현(乭村峴), 대비현(大碑峴), 송산(松山), 동강리(東江里) 답곡(畓谷), 소교리(小橋里), 남포(藍浦), 원전(元箭), 소당리(小唐里), 후소(後所), 구읍리(舊邑里), 신읍리(新邑里) 예주포(禮舟浦) 등 많은 작은 마을들이 흩어져 있어서 주민이 생각보다 많다. 그래서 자연히 토지가 잘 개척되어 경지를 가는 곳마다 볼 수 있다. 주작물은 보리와 기타 잡곡이라고 한다.

앞의 마을 중 중요한 것은 신읍리와 예주포(예호포 禮湖浦라고도 한다)인데, 구읍도 또한 섬의 역사와 함께 그 이름이 알려져 있다.

신읍리

신읍리(新邑里)는 남쪽 연안의 거의 중앙에 있는데, 북쪽과 서쪽 일대는 백운봉이 둘러싸고 있고 동쪽은 다소 평지가 있어서 섬 전체의 가장 넓은 경지가 있다. 그리고 이 마을은 인가가 즐비하고 시장을 형성하여, 섬 전체에서 가장 번성하다. 주민은 농상 공업, 어업, 염업 등에 종사하는 사람들이 있으며, 그 생활 상태도 상당히 복잡하다. 그러나 어업은 단지 어살 또는 어패 채취에 그쳐서 활발하지 않다. 이곳에는 일찍이 영종진(永宗鎭)이 설치된 적이 있다. 읍리의 이름도 아마 이에 기인하였을지 모른다.

예주포

예주포(禮舟浦, 례주포)는 섬의 북쪽에 있다. 부근 토지가 협소하고 경지가 극히 적어서, 농사에 있어서도 겨우 채소를 기를 뿐이다. 그러나 전면에는 좁은 물길이 통하며 간조시 도 또한 작은 배가 왕래하는 데 지장이 없어 편리하다. 그래서 자연히 어촌으로서 발전하 여, 중선 9척이 있으며, 섬 전체에서 가장 어업이 성한 곳이다(권두 사진 참조).

구읍리

구읍리는 섬의 동쪽 끝에 있으며, 원래 섬 연안에 가까운 작은 섬이었으나 제방을 쌓아 이어서 한 섬이 되었다. 마을을 북쪽에 위치하며 석성을 둘렀다. 무릇 과거에 수군 만호를 두었던 유적이라고 한다. 그 북방에는 작약도가 떠있고, 동쪽은 한강으로 통하 는 염하의 말단부와 면한다. 그래서 작은 배를 정박·계박하기에 편리할 뿐만 아니라, 저조시에는 대부분의 배가 왕래할 수 있다. 이곳은 곧 이 섬과 인천항을 연결하는 곳이 자 동시에 또한 본도의 중요한 나루 중 한 곳이다. 그리고 그 북쪽에 떠 있는 작약도 연해는 준치의 좋은 어장이라고 한다.

삼목도 · 신불도

삼목도는 영종도의 서안에서 4케이블 떨어져 있으며, 둘레는 약 6해리에 이른다. 섬 의 정상은 459피트이고 마을을 동쪽 끝에 위치하며 영종도와 마주본다. 이 섬도 또한 과거에 관의 목마장이 설치된 적이 있다. 그리고 섬 내에 다소의 경지가 있기는 하지만 협소하다. 그래서 주민들은 해산의 이로움으로 생활을 영위하는 사람이 많다. 서쪽 끝은 장봉수도의 한 갈래에 면하여 건간망의 적지이다. ▲ 신불도는 영종도의 남서단에서 4케이블 떨어져 있으며, 삼목도와는 약 1해리 거리이다. 둘레는 겨우 3해리 남짓이고, 인가는 두세 집이 있을 뿐이다. 모두 어업으로 생활한다.

용유도

용유도(龍遊島, 룡유도)는 영종도의 남서쪽에 떠 있으며, 그 동안은 영종도의 남서단에서 약 3해리 떨어져 있다. 섬 형태는 불규칙하며 좁고 길어서 둘레 약 20해리에 이르지만 그 면적은 약 150방리이다. 이곳 또한 과거에 목마장이었다. 섬 전체 마을로는 관청리(官廳里), 거잠리(巨蠶里), 옥산동(玉山洞), 삼목동(三木洞) 등이 있다. 그중에서 관청리는 가장 발달한 마을이며 섬 남쪽의 중앙에 있다. 무릇 그 이름은 말을 키우는 관청이 설치된 것에 기인한다고 한다. 도 전체의 호수는 200호 남짓일 것이다. 경지는 곳곳에 흩어져 있지만 그 중앙에 있는 곳은 제법 넓으며, 도민은 대개 농업에 종사하고 어업을 주로 하는 사람은 적다. 그러나 섬의 남동쪽 거잠리 부근의 연해에서 생산되는 바지락은 알이 크고 맛이 뛰어난 것으로 유명하다. 이 섬의 부녀 이외에 영종도 및 기타 부근의 여러 섬 주민이 와서 활발하게 채취한다. 또한 연안에는 소규모이지만 어살을 설치한 곳이 있다.

덕적면(德積面)

덕적면 영역은 인천항의 전면에 떠있는 대무의도 이남에서 남양군 및 충청남도 서산반도의 앞바다에 산재해 있는 여러 섬들이다. 여러 섬 중에서 이름이 있는 것을 열거하면, 대무의, 소무의(췌무의도라고도 한다), 덕적, 소야(蘇爺), 굴업(屈業), 악험(惡險), 오도(鰲島), 가도(加島), 가평(加平), 문갑(文甲), 선갑(仙甲), 타도(他島), 부도(缶島), 백아(白牙), 울도(蔚島) 등이며, 그중에서 마을이 있는 곳은 대·소무의, 덕적, 소야, 문갑, 굴업, 백아, 울도 등이다. 이들 여러 섬의 호구는 정확한 통계가 없지만, 본부의

면 단위 호구를 보면 합계 767호 3,730명으로 확인된다. 덕적도를 중심으로 한 근해는 본도의 주요한 어장이라는 사실은 도의 개관에서 언급한 바와 같다. 그러나 섬 주민의 어업은 소규모이고 아직 활발한 것에 이르지 못했다. 각 섬의 개요는 다음과 같다.

대무의도

대무의도(大舞衣島)는 인천항에서 남쪽으로 약 10해리에 위치하며, 그 남동당은 인천 동수도에 연해 있다. 즉 이 섬은 영종, 삼목, 용유 여러 섬과 더불어 제물포 묘박지의 북서를 감싸는 섬으로서, 그 최남단에 위치하는 것이다. 섬 형태는 남북으로 길고 동서로 좁다. 그리고 그 둘레는 대략 10해리에 이를 것이다. 그러나 연안의 출입이 많고 또한 남북에는 다소 높은 산 정상이 있기 때문에 평지는 두 봉우리 중간인 동쪽에서 볼 수 있을 뿐이다. 마을은 이 평지와 동북단의 만 안에 있다. 그 호수는 합계 60여 호 남짓일 것이다. 주민은 대부분 농업 및 뱃사람을 업으로 하며 어업에 종사하는 사람은 적다. 또한 그 어업도 대단히 유치하다. 이 섬도 또한 과거에 관의 목마장이었다. 그래서 주민 중에는 지금도 여전히 다소 말을 사육하는 사람이 있다.

천동

대무의도의 천동(泉洞)에는 조선해수산조합이 소유하고 있는 땅 2,000여 평이 있다. 어민 이주의 편의를 꾀하기 위하여 매수한 것이지만, 아직 아무런 설비도 하지 않았다. 이는 일찍이 오카야마현이 그 어민의 이주를 시도하였으나 실패한 곳이다. 당시 건설된 가옥은 1동 10호분이다. 오랫동안 풍우를 맞아서 지금은 훼손되어 다른 곳으로 옮길 것이라고 한다.

소무의도

소무의도는 췌무의도(贅舞衣島)라고도 한다. 대무의도의 동쪽에 떠있는 둘레 1해리에 불과한 작은 섬이다. 그렇지만 주민은 50호 200여 명에 이르고, 모두 어업에 의지하여 생활한다. 어선 6척이 있는데, 그중 4척은 횃불을 올려 고기를 잡는 배이고, 2척은 소금배이다. 섬의 동안 및 남안에는 주목(駐木) 어장이 있다. 봄 가을 두 철에 주로 소하를 잡는다. 여기에 30호가 종사하고 있다. 한 해 한 어기에 30~40원의 어획이 있다고 한다. 대무의도 사이의 수도는 소하의 좋은 어장이다. 그래서 해마다 그 계절이 들어서면 통진, 강화, 철곶, 시도, 덕적, 애포, 수원 등의 지방에서 어획하러 오는 사람이 많다. 항상 7~8척의 염선이 줄지어서 어획에 종사하여 대단한 성황을 보인다. 그리고 새우를 잡으러 온 배는 이 섬 주민에게 입어료로서 한 어기에 한 척당 1원 내지 1원 50전을 납입한다고 한다. 어획한 새우는 일부는 건제하지만, 대개는 소금을 뿌린다. 염선은 모두 소금 단지를 갖추고, 어획한 새우를 염장한다. 그래서 염선이라고 한다. 단지는 4말들이, 3말들이 두 종류가 있다. 4말들이는 소금 약 2말 5되가 들어간다. 소금은 대부분 중국 소금을 사용하는데, 그 가격은 1말에 15~20전 정도라고 한다.

망치도

망치도(芒致島)는 불치도(不致島)라고도 쓰며, 일본 어부는 면도(鮸島)라고 부른다. 대무의도와 덕적도 사이에 위치하는 세 무인도이지만, 근해는 민어의 어장으로 두루 어부들 사이에 잘 알려져 있다. 매년 음력 7~8월 경에 이르면 이 섬을 중심으로 북쪽으로는 무의도, 동남으로는 소홀도, 남쪽으로는 덕적도로 둘러싸인 바다에 뿔뿔이 흩어져 고기를 잡는 어선이 40~50척을 넘는다. 이와 동시에 또한 출매선(出賣船)이 왕래하여 대난한 성황을 이룬다고 한다. 다만 이 섬은 배를 대기에 편리하지 않다. 따라서 이 근해에 오는 어선은 덕적도 또는 소야도를 근거지로 하는 경우가 많다.

덕적도

덕적도(德積島, 덕적)는 본도 남단의 앞바다에 떠있는 큰 섬으로 인천항에서 남서쪽으로 약 37해리 떨어져 있다. 섬은 면적이 약 100방리 정도이며, 그 둘레는 총 18해리 정도이다. 섬의 높은 봉우리는 서안과 남안에 있는데, 서안에 솟은 것은 국수봉(國壽峯)이라고 하며 높이가 1037피트로 가장 높다. 그리고 남안에 솟은 것은 963피트이다. 섬 정상이 이와 같이 높고 험하기 때문에 섬의 경사는 대체로 급하고 평지가 극히 드물다. 따라서 섬 연안도 경사가 급해서 서쪽 연안은 대체로 험한 절벽이다. 그렇지만 그 나머지는 낮은 언덕이나 모래 해안이 반반이어서 도처에 배를 댈 수 있다. 그중에서 동남쪽의 한 만과 소야도 사이의 수도에 면한 장소는 배를 대기에 편리하여 어선이 정박하는 경우가 많다. 특히 여름철 민어 어기에 들면 출매선도 나타난다. 그래서 이 기간에는 해안에 주막을 개설하는 사람도 있어서 제법 번화하다. 마을은 북쪽에 2곳, 동쪽에 3곳, 남쪽에 3곳 정도로 점점이 흩어져 있는 것을 볼 수 있다. 그리고 경지는 남서쪽 일부에서 제법 잘 개척되어 있는 데 그치고, 대체로 아주 협소하다. 따라서 주민은 어업에 의지하여 생활하는 사람이 많다. 이 섬도 또한 과거에 관의 목장을 설치하였던 곳이다. 마을 사람들 중에서 말을 기르는 사람이 다소 있다.

소야도

소야도(蘇爺島, 소아도)는 덕적도의 동쪽에 가로놓인 섬으로 둘레 약 6해리이다. 섬은 중앙이 좁아서 북서와 남동으로 나뉘는데, 북서쪽 섬의 정상은 제법 높지만 대체로 완경사이며 경지가 다소 있다. 인가는 북서쪽인 덕적도 사이의 수도를 따라서 만입부에 산재한다. 이곳은 배를 대기에 다소 편리하며, 풍향에 따라서 대안인 덕적도로 피할 수 있는 편리함이 있다. 그래서 본도 부근에서 북쪽의 무의도에 이르는 근해에 출어하는 어선은 대개 이곳에 배를 댄다. 이 섬과 덕적도 근해에는 민어 이외에도 농어도 또한 많이 난다.

이들 이외의 여러 섬은 조사가 완료되지 않아서 특별히 언급할 내용이 없다. 그래서 다만 그 위치와 넓이를 보이는 데 그치고자 한다. 문갑도는 덕적도의 남쪽 약 2해리에 떠있는 섬으로 그 둘레는 4.5해리이다. ▲ 선갑도는 문갑도에서 남쪽으로 4해리 정도 떨어져 있으며 둘레는 약 5해리이다. ▲ 울도는 선갑도의 남서쪽 약 5해리에 위치하며 좁고 긴 섬으로 둘레는 약 5해리이다. ▲ 백아도는 울도의 서북쪽에 떠 있는 섬으로 그 둘레는 약 5해리이다. 그래서 선갑, 울도 백아 세 섬은 솥발의 형세를 이룬다. 그 중간에는 타도와 부도 및 그 밖에 작은 섬들이 무수히 떠 있다. 울도는 본도의 남단이다. 이 섬에서 남서쪽 10리 안팎에 밴갈섬이라는 작은 섬들이 점재하지만 중요하지 않다. 그렇지만 이 작은 섬 또는 울도 근해는 상어 어장으로서 멀리 충청남도 여러 섬에서 내어하는 경우도 적지 않다. ▲ 악험도는 덕적도의 북서각 가까이 떠 있는 무인도로 그 둘레는 약 4해리이다. ▲ 굴업도는 또한 굴차도라고도 쓴다. 덕적도에서 서쪽으로 약 5해리에 위치하는 좁고 긴 섬으로 그 둘레는 대개 약 4해리이다. 앞에서 언급한 것처럼 문갑, 선갑, 백아도 세 섬과 마주 보며 그 중간에 가도, 가평과 같은 작은 섬이 늘어서 있고, 타도, 부도를 거쳐 울도에 이른다.

인천항

본부의 3개 갑각 중에서 북각에 해당하는 곳으로 위치는 동경 126도 32분, 북위 37도 29분에 해당한다(관측소의 소재지에 의거한 것이다). 본항은 경성의 관문으로서 중요한 지점일 뿐만 아니라 일본 또는 청나라 각 항구와 연결하는 해상교통의 중심으로서, 통상무역에 있어서는 물론이고 군사적인 관계에 있어서도 아주 중요하다.

항만의 형세는 시가의 전면에 월미도, 소월도, 사도 및 기타 작은 섬들이 떠 있어서 서쪽을 막아주고, 다시 영종, 삼목, 용유, 대·소무의, 팔미 등의 여러 섬이 북쪽에서 서남쪽으로 이어져 멀리 외곽을 이루기 때문에 저절로 내항과 바깥 묘박지를 형성한다. 규모 또한 대단히 광대하며, 바깥 묘박지는 월미도의 서남쪽 염하의 말단부로서 강폭이 1해리 남짓에 이르고, 수심은 4~9심이다. 닻을 내리기에 아수 좋은 안전한 묘박지이지만, 이곳에서 인천 부두까지는 약 2해리이기 때문에, 수륙의 연락이 아주 불편한 결점이 있다. 내항은 수심이 얕고 다만 고조 시에 흘수 12피트 이하의 선박만 겨우 진입할 수 있을 뿐이다. 더욱이 조석의 차이가 31피트 이상에 이르기 때문에 지조 시에는 작은 배라도 육안에 접근하기 어렵다. 이전부터 육상의 설비와 함께 물길 중 얕은 곳을 준설하고 있으나 지금도 여전히 공사중이다. 육상 설비 등의 개요는 다음과 같다.

매축

매축은 영국 영사관이 있는 언덕 아래 부근부터 인천 정차장에 이르는 사이에서 두

구역으로 나누어지는데, 한 곳은 15,800여 평, 다른 한 곳은 3,000평으로 합계 18,800여 평에 이른다. 호안석축은 물론 하역장[荷揚場] 등의 축조도 전부 완공되었다. 그래서 부두와 인천 정차장의 연결은 물론 거류지 시가와의 교통도 또한 편리해지기에 이르렀다. 또한 앞으로 인천 정차장에서 철도 노선을 이곳까지 연장함으로써 해륙 운수의 연결을 편리하게 할 계획이라고 한다. ▲ 잔교는 쇠다리 길이 60칸 폭 32척 2인치 되는 것 1기(基), 목조 길이 42칸 폭 3칸 되는 것 2기, 길이 39칸 폭 3칸 되는 것 2기, 모두 5기가 있다. 쇠다리 42칸 되는 1기는 주로 승객이 오르내리기 편리하도록 하는 것이고, 다른 3기는 주로 범선이나 정크선 화물의 하역에 사용한다. ▲ 하역장은 2곳이 있다. 한 곳은 길이 96칸 남짓, 폭 8칸 남짓, 면적이 800평이고, 다른 하나는 길이 45칸 남짓, 폭 6칸 남짓, 면적 300평이다. 모두 적당한 경사를 가지며 끝부분을 둥그스름하게 처리하였다.[38] ▲ 계류장[繫船岸] 호안석축 및 잔교의 양쪽은 모두 범선이나 정크선을 계류할 수 있는데, 그 길이는 830칸에 이른다. ▲ 헛간과 창고[上屋倉庫][39], 여러 동을 모두 합해서 2,226평을 계획하였는데 이미 헛간 5동 1,260평 및 임시 장치장 1,444평이 준공되었다. 이것은 모두 매축지에 건설된 것으로 시가의 상업지구에 연결되어 있다. ▲ 그 밖의 건축물은 이미 건설된 세관청사 2동 111평 남짓, 여객수하물 검사장 1동 55평, 각 부속건물 7동 130평 남짓, 창고 12동 985평, 그 이외에 신설 여객수하물 검사장 30평이 있다. ▲ 준설 공사는 명치 42년 12월부터 준설선 2척으로 착수하였다. 예정계획은 소월미도의 남남서 약 155칸 떨어진 장소, 즉 외항에서 내항으로 들어오는 입구 지점(그 폭은 140칸, 길이 130칸) 및 이곳에서 내항으로 통하는 수로를 쇠다리 잔교를 향해 일직선으로(그 폭은 약 33칸, 길이 300칸), 이어서 잔교의 끝부분에서 호안석축과 나란하게 대체로 평행사변형(폭 130칸, 길이 300칸)으로 준설하여, 완성되면 간조 시에도 10척의 수심을 유지할 수 있을 것이다. 그렇지만 일시에 깊이 10척을 준설하기는 쉽지 않으므로 일차는 깊이 6척에 그치고 다시 공사를 거듭해서 예정한 깊이에 도달할 계획이며, 이미 대부분 준설하였다고

---

38) 원문에는 龜腹工이라고 하였다. 기단부나 주춧돌의 끝부분을 둥그스름하게 가공하는 공법을 말한다.
39) 벽체를 만들지 않거나 일부에만 만든 개방구조로 이루어진 헛간 형태의 창고를 말한다.

한다. 다만 본항은 조석간만의 차이가 아주 심하고 이에 따라 조류가 급격하기 때문에 공사의 진척을 크게 방해할 뿐만 아니라, 매년 토사가 침전되는 것이 일대 평균 5~6촌에 달하는 상황이므로, 예기한 결과를 거두는 데 곤란함이 있을 것이다.

시가는 원래 제물량영(濟物梁營)을 두었던 곳이며 북동쪽으로 구릉을 등지고, 서남쪽을 바라본다. 갑단에 위치하기 때문에 지역이 협소하지만, 또한 조망과 배수가 편리하다. 또한 기후는 온화하여 건강에 적합한 곳이다. 그리고 모든 기관이 갖추어지지 않은 것이 없으며, 그 번화함과 무역량 모두 모든 항 중에 제일이다.

호구

호구는 명치 43년 5월 말 현재 내외인을 아울러 6,882호[40] 25,167명이다. 그 내역은 일본인 2,917호 11,125명(남 5,916, 여 5,209), 조선인 3,515호 11,904명(남 6,667, 여 5,237), 청국인 349호 2,069명(남 2,007, 여 62), 기타 외국인(영, 미, 불, 독, 러 및 포르투갈·그리스) 31호 71명(남 37, 여 34)이다.

거류 외국인 중 청국인은 대개 상인이며 따로 한 거리를 이루고 있지만, 구미인 중 상업을 영위하는 사람은 그리스인 1명, 포르투갈이 1명, 영국인 1명에 그친다. 그 이외에는 영사관 직원 또는 선교사이다. 그래서 시가는 과거부터 이미 거의 완전히 일본인 마을을 이루고 있으나 소수이기는 하지만 구미인의 상점도 있기 때문에, 본항에도 또한 군산, 목포, 진남포 등과 마찬가지로 각국 거류지의 기관으로서 거류지회가 있다(이곳의 거류지회는 지방관 및 거류지 내에 토지를 소유한 사람이 있는 조약국의 영사 및 외국 관리가 의정한 방법에 의거하여 각 지주로부터 선기로 뽑힌 지주 3명으로 조직한나). 그래서 명치 42년 12월 27일 선거를 통하여 그 역원이 된 사람 중에서 의장은 독일 영사 크루겔씨, 부의장 겸 명예서기역에 영국 영사 히씨, 명예회계역에 타운젠트씨, 행정위원에 당시 인천 이사관 시노부 쥰페이(信夫淳平)[41] 및 타운젠트씨, 베네트씨 등이었다. 거

---

40) 일본인 2,917호, 조선인 3,515호, 청국인 349호, 기타 외국인 31호를 합하면 6,812호이다. 원문대로 기록하였다.

41) 信夫淳平(1871~1962)는 법학자이자 외교관. 1897년 외교관 시험에 합격하여 경성에 영사관보

류지 경찰은 개항 당초부터 일본경찰에 위임하였으며, 거류지회는 특별히 그 기관을 설치하지 않았다. 현재 본항에서 영사관을 설치한 것은 영국, 독일, 러시아, 청 등 여러 나라이다.

일본인은 개항 첫해부터 자치단체를 조직하였다. 지금의 자치구는 각국 거류지 경계로부터 사방 10리인데, 그 기관에 의원 정원 20명, 사무집행기관에 유급 민단장 이하 이원(吏員) 약간 명이 있다. 그 기원은 개항 첫해 즉 명치 16년 서무계를 두면서 시작되었다. 이어서 명치 20년 당시 영사관이 발표한 민회규칙에 의거하여 단체를 조직하였고, 후일 명치 29년 동 규칙의 개정과 더불어 조직을 바꾸었고, 이어서 명치 39년 8월 15일 민단법의 실시 시기에 이르렀다. 민단의 회계는 입출금 합계 100,000원을 내려가지 않는다. 그리고 명치 41년에는 실로 244,000원을 초과하였다. 아마도 그해는 민단법 실시와 인구 격증에 의하여 제반 설비를 급히 갖출 필요가 있었기 때문일 것이다. 그리고 한 사람당 부담액은 해마다 5원 이상일 때도 있고, 6원 이상일 때도 있다. 이곳에 재주하는 일본인은 이러한 과대한 부담을 감당하면서 여러 시설을 마련해 왔으며, 현재에도 여전히 이를 운영하고 있다.

개항 이래 일본인 호구 통계를 제시하면 다음과 같다.

로 부임하였다.

연도	호수	인구		합계
		남	여	
명치 16년	75	281	67	348
동 17년	26	95	21	116
동 18년	109	398	164	562
동 19년	116	452	254	706
동 20년	121	557	298	855
동 21년	155	911	448	1,359
동 22년	167	941	420	1,361
동 23년	255	1,068	548	1,616
동 24년	338	1,569	762	2,331
동 25년	388	1,667	873	2,540
동 26년	426	1,530	974	2,504
동 27년	511	2,193	1,008	3,201
동 28년	709	2,608	1,540	4,148
동 29년	771	2,335	1,569	3,904
동 30년	792	2,385	1,664	4,049
동 31년	973	2,463	1,838	4,301
동 32년	985	2,468	1,750	4,218
동 33년	990	2,333	1,882	4,215
동 34년	1,064	2,564	2,064	4,628
동 35년	1,131	2,864	2,272	5,136
동 36년	1,340	3,720	2,713	6,433
동 37년	1,772	5,666	3,818	9,484
동 38년	2,853	7,394	5,317	12,711
동 39년	3,067	7,216	5,721	12,937
동 40년	2,922	6,341	5,125	11,466
동 41년	2,984	6,046	5,137	11,183
동 42년	2,917	5,916	5,209	11,125
동 43년	2,880	5,670	5,073	10,743

교통

정차장은 인천역 이외에 유현역이 있다. 전자는 수륙의 연락을 후자는 시가와 각역의 연락을 주로 한다. 경인철도는 조선 최초의 철도인데, 처음에는 명치 30년 경 미국인

모스씨에 의하여 기공되었으나, 동 32년 봄 경인철도주식회사가 설립되고 그 권리 일체를 물려받았다. 그해 9월 인천-영등포 사이를 이어서 다음해 5월 전선로를 개통할수 있었다. 각 역은, 인천 유현 이외에 부평 소사 오류동 영등포 노량진 용산 등이 있다. 전선 즉 인천역 및 경성 남대문역 사이는 25마일 남짓이며, 인천 영등포 사이는 18마일이 넘는다. 영등포는 경부선과 연결되는 곳이다. 경인 각역 간 및 주요지에 이르는 기차요금 등은 다음과 같다.

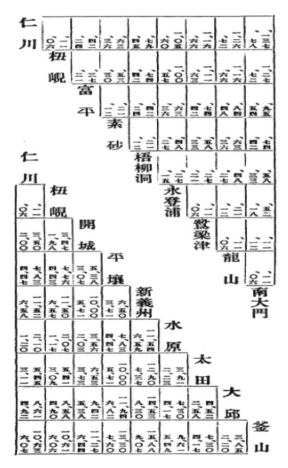

경인 각역 간 및 주요지역에 이르는 기차요금

명치 42년 중 인천과 유현 두 역에서 취급한 여객은 승차 120,204명, 하차 149,474명, 계 269,678명, 화물은 발송 80,760톤, 도착 19,782톤, 계 99,542톤[42]이다. 동년 내에 도착한 각종 곡물의 수량은 8,701톤인데, 그 내역은 경의선 각 역에서 3,027톤, 경부선 각 역에서 5,674톤이다. 곡물 중에서 가장 양이 많은 것은 콩이고, 경부선에서 3,701톤, 경의선에 2,181톤, 계 5,881톤[43]이다.

해로(海路)

각 지역 간의 해로 연락은 오사카상선회사의 오사카-인천선(오사카를 기점으로 하고 고베 모지 부산 목포 군산에 기항하고 인천을 종점으로 한다), 오사카-안동선(오사카를 기점으로 하고 고베 우지나宇品 모지 인천 진남포에 기항하고 안동을 종점으로 한다), 일본우선회사의 고베-우장牛莊선(고베를 기점으로 하고 모지 나가사키 부산 인천 대련 태고에 기항하고 우장을 종점으로 한다), 요코하마-우장선(요코하마에서 욧카이치四日市 고베 모지 인천 대련을 거쳐 우장을 종점으로 한다), 아마가사키기선회사의 오사카-인천선(모지 부산 목포 군산을 거쳐 인천을 종점으로 한다), 하카타기선회사의 가라츠-인천선(이마리伊萬里 이즈하라嚴原 부산 목포 군산에 기항하고 인천을 종점으로 한다), 아와공동기선회사의 인천-지부(之罘)선 외에 기무라합자회사, 게이타 리키치(慶田利吉), 가와무라 다네키치(川村種吉), 다테이시 간(立石幹), 시바타 마고베이(柴田孫兵衛), 대한공동기선회사, 김경문(金敬文) 등이 각각 경영하는 연안선이 있다. 일본 간의 연락은 부관연락선이 생긴 이후 여객 화물 모두 감소하였지만, 지부 또는 대련 간의 항로나 연안 항로는 앞으로도 희망이 없지 않다. 각지 사이의 승객 및 화물의 요금은 대체로 다음과 같다.

---

42) 화물의 발송과 도착을 합하면 100,542톤이다. 원문대로 기록하였다.
43) 경부선 3,701톤과 경의선을 2,181톤을 합하면 5,882톤이다. 원문대로 기록하였다.

大阪商船株式會社

	神戸大阪	長崎	宇品	郷之浦	門司	嚴原	釜山	馬山	木浦	群山
仁川	一六、〇〇 / 一〇、〇〇	八、三〇 / 五、〇〇	七、〇〇 / 四、七〇	七、〇〇 / 四、五〇	六、〇〇 / 三、六〇	六、〇〇 / 三、六〇	九、五〇 / 五、五〇	八、〇〇 / 五、〇〇	四、〇〇 / 二、五〇	二、〇〇 / 一、〇〇
鎮南浦	一〇、〇〇 / 一〇、〇〇	九、〇〇 / 九、〇〇	八、〇〇 / 八、〇〇	六、〇〇 / 六、〇〇	六、〇〇 / 六、〇〇	五、〇〇 / 五、〇〇	一〇、〇〇 / 六、〇〇	六、〇〇 / 六、〇〇	五、〇〇 / 五、〇〇	三、〇〇 / 三、〇〇
龍岩浦・新義州・安東縣	三〇、〇〇 / 二〇、〇〇	一〇、〇〇 / 九、五〇	九、〇〇 / 八、〇〇	九、〇〇 / 六、〇〇	八、〇〇 / 六、〇〇	七、五〇 / 七、五〇	一〇、〇〇 / 五、〇〇	六、〇〇 / 一〇、〇〇	—	—
大連	三〇、〇〇 / 二〇、〇〇	一〇、〇〇 / 九、五〇	九、〇〇 / 八、〇〇	九、〇〇 / 六、〇〇	八、〇〇 / 六、〇〇	七、五〇 / 七、五〇	一二、〇〇 / 六、〇〇	一〇、〇〇 / —	—	—

大阪商船會社にては十二歳未満一人を限り無賃他は手荷物は一等船客百五十斤又は十五斤迄二等船客百二十斤又は十二斤迄三等船客六十斤又は六才迄し十二斤又は一才を増す毎に十五錢を申受く、半額四歳未満一人に限り無賃他は四分の一（但し往復切符を發行し其有効期限半額さす（但し往復切符は適用せす）三箇月さす（但し神戸、下關、門司、長崎、釜山、仁川、大連間に限り三等船客の望みにより復航運賃二割減有効期限二箇月の往復切符を發行す）

日本郵船會社にありては小見十二歳未満半額四歳未満一人に限り無賃他は四分の一（但し往復切符には適用せず）

日本郵船株式會社

	釜山	長崎	下ノ關	神戸	四日市	橫濱
仁川	八、〇〇 / 二、〇〇	一四、〇〇 / 七、〇〇	一二、〇〇 / 七、〇〇	一九、〇〇 / 九、五〇	二三、〇〇 / 一一、〇〇	二五、〇〇 / 一二、〇〇
大連	一三、〇〇 / 六、五〇	一〇、〇〇 / 一〇、〇〇	二〇、〇〇 / 一〇、〇〇	二一、〇〇 / 一〇、〇〇	二七、〇〇 / 一三、〇〇	三〇、〇〇 / 一五、〇〇
大沽（天津）	一二、〇〇 / 五、五〇	三六、〇〇 / 一五、五〇	三三、〇〇 / 一五、五〇	三六、〇〇 / 一七、五〇	三九、〇〇 / 一九、〇〇	四二、〇〇 / 二〇、〇〇
營口（牛莊）	一二、〇〇 / 五、五〇	三六、〇〇 / 一五、五〇	三三、〇〇 / 一五、五〇	三六、〇〇 / 一七、五〇	三九、〇〇 / 一九、〇〇	四二、〇〇 / 二〇、〇〇

승객 및 화물의 요금

(승객 및 화물의 요금-표 안)

오사카상선회사에서는 12세 미만 반액, 4세 미만 1명에 한해서 무임, 나머지는 ⅕ 가격이다. 수하물은 일등 선객 150근, 또는 15사이(才)까지, 이등 선객은 120근, 또는 12사이까지, 삼등 선객은 60근 또는 6사이까지 무료이고, 10근 또는 1사이가 늘 때마다 15전을 받는다.

일본우선회사에는 소아 12세 미만 반액, 4세 미만 1명에 대해서 무임, 나머지는 ⅕ 이다(단 왕복표에는 적용하지 않는다).

일등·이등 왕복표를 발행하며, 그 유효기한은 3개월로 한다(단 고베 시모노세키 모지 나가사키 부산 인천 대련 사이에는 삼등 선객의 희망에 따라 돌아오는 배편의 운임을 2할 할인하며 유효기간 2개월인 왕복표를 발행한다).

인천-일본(內地) 각항 간의 화물[荷物]운임표

일본우선주식회사 인천지점
오사카상선주식회사 인천지점

명치 40년(1907년) 현행

품명	단위	門司 下關	神戶	大阪	長崎	鄕之浦	嚴原	橫濱	東京
1등품	1才	.18	.20	.20	.20	.20	.20	.25	.27
2등품	1才	.16	.18	.18	.18	.18	.18	.23	.25
3등품	1才	.14	.16	.16	.16	.16	.16	.21	.23
소하물 최저 운임	1個	.60	.60	.60	.60	.60	.60	1.00	1.00
원가계산[原價取]	百圓	.70	.70	.70	.70	.70	.70	1.00	1.00
곡물	百石	45.00	45.00	45.00	45.00	45.00	45.00	67.00	71.00
쌀겨[糠]	개당 百斤	.18	.18	.18	.18	.18	.18	.28	.32
철물류	百斤	.42	.48	.48	.48	.48	.48	50	.55
황동(荒銅)	同	.40	.40	.40	.40	.40	.40	.50	.55
소가죽	同	.65	.65	.65	.65	.65	.65	.90	1.00
소뼈 [牛骨瓜]	同	.40	.40	.40	.40	.40	.40	.50	.55
우랍(牛蠟)	百斤	.45	.50	.50	.50	.50	.50	.60	.65
밀랍(蜜蠟)	同	.60	.60	.60	.60	.60	.60	.80	.85
김[布海苔]	同	.60	.60	.60	.60	.60	.60	.70	.70
유리조각[硝子屑] ボロ類	1才	.10	.12	.12	.12	.12	.12	.18	.20
오배자(五倍子)[44]	百斤	.80	.80	.80	.80	.80	.80		
야려피(野呂皮)	1才	.15	.15	.15	.15	.15	.15		
보화(寶貨) 삼백원 미만	1口	1.35	1.50	1.50	1.20	1.20	1.20		
同 삼백원 이상~오백원 미만	1口	2.25	2.50	2.50	2.00	2.00	2.00		
同 오백원 이상~오천원 미만	百圓	.45	.50	.50	.40	.40	.40		
同 오천원 이상~이만오천원 미만	同	.36	.40	.40	.32	.32	.32		
同 이만오천원이상~오만원 미만	同	.32	.35	.35	.28	.28	.28		
同 오만원 이상~십만원 미만	同	.27	.30	.34	.24	.24	.24		
同 십만원 이상	同	.22	.25	.25	.20	.20	.20		
한화(韓貨)	1貫目	.50	.50	.50	.50	.50	.50		
	2貫目	.90	.90	.90	.90	.90	.90		
금괴(金塊)	百圓	.10	.10	.10	.10	.10	.10		

---

44) [한의] 붉나무에 생긴 혹 모양의 벌레집. 타닌산(tannin酸)이 많이 들어 있으며, 약재 및 잉크나 염료 등의 제조에 쓰인다.

인천에서 도달한 청국·한국의 각 항구 및 포구의 소금화물운임표

품명	단위	용암포 신의주 안동현	진남포	군산	목포	마산 부산	대련	원산	성진 포염	우장 牛莊	천진	홍콩	상해
1등품	1才	.17	.12	.12	.12	.16	.13	.22	.28	.20.	.25	.35	.28
2등품	1才	.15	.10	.10	.10	.14	.10	-	.26	.18	.23	.32	.26
3등품	1才	.13	.08	.08	.08	.12	.08	-	.24	.16	.21	.31	.24
소하물 최저 운임	1個	.60	.40	.40	.40	.45	.36	.70	1.00	1.50	1.50	1.50	1.50
원가계산[原價取]	百圓	.70	.50	.50	.50	.60	.50	1.20	1.30	1.00	1.30	1.50	1.30
곡물	百石	50.00	25.00	25.00	25.00	33.00	40.00	65.00	80.00 100.00	60.00	70.00	-	-
쌀겨[糠]	百斤	-	-	-	-	-	.15	-	-	-	.31	-	-
간장 작은통[醬油小樽]	1挺	.15	.12	.12	.12	.12	.12	.22	-	.21	.24	.35	.25
同 큰통[大樽]	1挺	.52	.40	.40	.40	.44	.40	.80	-	.60	.80	1.30	1.00
소가죽	百斤	.60	.45	.45	.45	.50	.50	-	1.20	.70	1.00	-	1.00
오배자(五倍子)	百斤	-	-	-	-	-	-	-	-	-	1.20	-	-
한국 돈	20원(個) 40원(個)	-	.25	.45	.45	.30 .55	-	.36 .70	-	-	-	-	-
철물류[金物類]	百斤	.40	.27	.27	.27	.37	.30	-	.60	.48	-	.85	-
청주 큰통[淸州大樽]	1挺	.65	.50	.50	.50	.55	.60	1.00	-	-	-	-	-
우랍(牛蠟)	百斤	.50	.35	.35	.35	.40	.40	-	-	-	-	-	-
소금	同	-	-	-	-	.16	-	.30	.35	-	-	-	-
석유	1個	.17	.12	.12	.12	.15	.18	-	-	-	-	-	-
명태	5才建[45] (個)	.55	.35	.35	.35	.50	.50	-	-	-	-	-	-
설탕	百斤	.35	.24	.24	.24	.30	.30	-	-	-	-	-	-
옥양목(洋金巾)	25단(個)	.90	.70	.70	.70	.84	-	-	-	-	-	-	-
同	50단(個)	1.80	1.40	1.40	1.40	1.68	-	-	-	-	-	-	-
일본목면 [紡績和金巾]	8재건(個)	1.20	.80	.80	.80	.96	-	-	-	-	-	-	-
보화(寶貨) 삼백원 미만	1口	.90	.75	.60	.60	.90	-	-	-	-	-	-	-
보화 오백원 미만	1口	1.50	1.25	1.00	1.00	1.50	-	-	-	-	-	-	-
同 오백원 이상 ~ 오천원 미만	百圓	.30	.25	.20	.20	.30	-	-	-	-	-	-	-
同 오천원 이상 ~ 이만오천원 미만	同	.24	.20	.16	.16	.24	-	-	-	-	-	-	-
同 이만오천원 이상 ~ 오만원 미만	同	.21	.17	.14	.14	.21	-	-	-	-	-	-	-
同 오만원 이상 ~ 십만원 미만	同	.18	.15	.12	.12	.18	-	-	-	-	-	-	-
同 십만원 이상	同	.15	.12	.10	.10	.15	-	-	-	-	-	-	-

---

45) 각 변이 1척인 입방체 형태로 만든 물품 단위이다.

인천 – 지부(之罘) 사이

　　승선 운임 : 1등 12원, 3등 4원 50전

　　화물 운임 : 1사이[才] 8~15전, 1톤 4~6원

인천 – 용당 사이

　　승선 운임 : 상등 3원 50전, 하등 2원

　　화물 운임 : 1사이[才] 7전 내외, 1톤 2원 80전~3원

인천 – 한진(漢津)·부리포(富里浦)·둔곶(屯串)·구도(舊島)·대호지(大湖芝) 사이

지명	승객 운임(円)	화물 품명	화물 운임(円)	비고
한진	1.00	옥양목[金巾] 20단 들이	.50	기타 잡화는 1사이 평균 6전 수준 상기 5개소와도 화물 운임은 동일 적용
부리포	1.20	방적사	.40	
둔곶	1.30	석유	.12	
구도	1.20	간장·청주 큰통	.40	
대호지	1.00	성냥	.20	

통신

　인천우편국은 관할 사무분장국으로서 관구(管區)에 속하는 우편국소는 본도의 개관에서 다루었다. 본항에 있어서 제국(帝國)의 우편사무를 개시한 것은 개항한 다음해 즉 명치 17년 4월 1일이며, 전신사무는 명치 27년 12월 1일(단 군용 전신사무는 명치 21년 7월 10일부터 개시하였다), 전화교환사무는 명치 35년 6월 1일이다. 다만 그 무렵 한국 정부는 본항에 우체사(郵遞司) 및 전보사(電報司)를 두었으나, 이들은 병합 전 즉 명치 38년 4월 1일에 조인된 한일통약[日韓通約]에 의하여 그 사무 일체를 제국우편국에 인계하였다. 현재 시내에서 우편사무를 취급하는 곳은 본국 이외에 화정(花町), 화방정(花房町), 경정(京町) 3개 소에 우편소가 있다. 단 화정우편소에서는 전신 및 전화통신사무, 경정우편소에서는 전화통신사무도 함께 취급한다. 또한 전보는 인천 및 유현(柚峴)역에서 의뢰할 수 있어서 편리하다. 전화 가입자는 588명이며, 시가 통화지는 경성

영등포 수영 용산 마포 천안 성환 온천리 평양 진남포 등이다. 시내전화선의 총길이는 가공 나선(架空裸線) 750리 3정 35칸, 가공 케이블 10리 5정 7칸, 가공 심선(架空心線) 1,130리 4정 13칸으로 합계 1,880리[46] 7정이라고 한다.

교육

본항의 교육기관은 민단이 경영하는 곳으로 인천심상고등소학교, 고등여학교, 상업학교, 유치원 등이 있다. 조선 아동을 교육하는 곳으로 인천보통학교 및 사립학교 9개교가 있다. ▲ 민단이 경영하는 것은 모두 일본인 아동을 교육하는 곳인데, 그중 소학교는 개항 당시 본원사(本願寺) 승려에 의해서 창립되었다. 명치 21년 거류민회가 만들어지자 그 공금의 일부를 나누어서 교육비를 보조하고 있지만 아직 민회가 스스로 이를 경영하고자 하는 분위기에 이르지 못했다. 명치 25년 말에 이르러 드디어 전임교사를 고용하였고 이에 비로소 거류민의 사업으로 만들 수 있게 되었다. 지금은 이 학교 이외에 분교장을 2곳에 개설하여, 학생 수는 1,200여 명이다. 다만 그중에는 부평 소사 오류동 등의 각역에서 통학하는 경우도 다소 있다. ▲ 고등여학교는 명치 41년에 창립한 것이며 42년 6월부터 문부성령에 의한 정식 여학교가 되었다. 현재 학생은 80명 정도이다. ▲ 상업학교는 원래 사립위생교육회 부속 야학교였던 것인데, 민간의 경영으로 바뀐 것은 명치 42년이다. ▲ 유치원은 명치 33년 5월에 창립되었는데, 원래 이는 동궁전하의 경사를 봉축 기념하는 것으로 설치된 것이라고 한다. 그리고 그 원아는 현재 100여 명이다.

위생

본항은 건강에 좋은 곳으로 특히 풍토병이 없다. 전염병으로는 봄철에 성홍열, 여름철에 장티푸스, 이질[赤痢] 등이 발생하는 일이 있었지만 일찍이 맹렬하게 유행한 적은 없다. 환자가 가장 많은 것은 위장병, 성병[花流病]이고 그 다음이 호흡기병, 각기병, 말라리아 등이다. 민단이 경영하는 인천병원은 명치 37년에 관련 기관으로부터 교부된

---

46) 합계는 1,890리인데, 원문대로 기록하였다.

46,000여 원을 기초로 하여 명치 38년 12월에 기공, 동 39년 9월에 준공되었다. 부지는 1,740평, 건물 평수는 약 270평, 공사비 총액 35,000원이 들었다. 모든 설비를 완비하였으나 환자실은 겨우 38명을 수용할 수 있을 뿐이다. 그 분원으로 피병원(避病院)이 있다.

음료수

음료수는 지금은 수도가 생겨서 유감이 없다. 이 수도는 명치 39년 11월에 기공, 명치 43년 9월에 준공하여 개통하였다. 원래 민단의 청원에 의하여 당시 한국정부가 시설하였는데, 공사비 약 2,420,000원이 들었다고 한다. 수원지는 한강이며, 저수지는 경부선 노량진의 동쪽 근처이고, 배수지는 인천의 동쪽 200척되는 고지인 송림산(松林山, 송림리의 북쪽에 솟아 있다)의 정상에 있다. 노량진의 저수지로부터 송림산의 배수지에 이른 총길이는 약 70리 18정이며, 송수용 철관은 내경(內徑) 500mm 짜리를 사용하였다. 배수지는 3구역으로 나누었는데, 각 구역의 면적은 약 450평, 유효수심은 12피트이며, 수량 560,000 입방척을 충분히 수용한다. 장래 급수구역의 확장을 예상하여 수요인구를 70,000명으로 간주하고 1일 한 사람이 필요로 하는 양을 40입방척 즉 6말 1되 7홉이라고 하면, 70,000명의 하루 사용량은 28만 입방척 즉 43,190석이 되기 때문에 이틀 분을 저수하는데 충분하도록 설계하였다고 한다.

공원

공원은 해안의 남서각에 있다. 그 면적은 약 5천평이다. 원래 일본공원이라고 칭하였던 것으로 민단이 이를 관리한다. 공원 내에는 대신궁(大神宮)을 모셨다. 명치 33년 관련 기관의 허가를 얻어 조영한 것이다. 지금은 본항의 인구가 증가하여 이 협소한 공원으로 만족할 수 없는 상황에 이르렀다. 그래서 현재 제2공원지를 선정 중이라고 한다.

상업회의소

일본인의 상업회의소는 민단 사무소와 동일한 구내에 있다. 명치 19년에 창립되었으며, 의원은 24명이다. 회두와 부회두 각 1명, 상임의원 7명을 호선하며, 따로 서기장과 서기 약간 명이 있다. 그 경비는 의원선거권을 가진 사람이 부담하는 것을 원칙으로 하지만, 본항에 일시 체류하거나 또는 정박 중에 상거래를 하는 사람에 대해서도 동일하게 이를 부담시킨다고 한다.

각종 회사

현재 본항에서 본사를 가진 회사는 주식회사 6곳, 합자회사 4곳이다. 그 밖에 일본 또는 다른 지방에 본사를 두고, 지점 혹은 출장소를 설립한 경우도 적지 않다. 이를 제시하면 다음과 같다.

명칭	소재지	창립년월	조직	자본	
				총액(円)	불입액(円)
韓國勸農會	山手町	명치 38년 7월	주식	100,000	50,000
仁川米豆取引所	本町	同 31년 6월	同	45,000	45,000
日本醬油株式會社	京町	同 38년 11월	同	200,000	100,000
仁川水産株式會社	海岸町	同 40년 12월	同	300,000	75,000
仁川電氣株式會社	松坂町	同 38년 6월	同	150,000	125,000
萬石洞埋築株式會社		同 40년 10월	同	300,000	-
秋田商會	本町	同 34년 9월	합자	500,000	500,000
仁川紳商會社				-	-
日英貿易合資會社	海岸町	同 38년 2월	합자	100,000	100,000
仁川木材合資會社	萬石町	同 40년 8월	同	200,000	200,000
木村組	花町	同 41년 10월	同	180,000	180,000
七合資會社仁川支店	(本店堺市)	同 39년 7월	합명	500,000	500,000
藤本合資會社仁川支店	海岸町(本店 大阪)	同 34년 3월	합자	20,000	20,000
漢城共同倉庫株式會社出張所	海岸町(本店 釜山)	同 40년 3월	주식	2,000,000	500,000
三井物産合資會社仁川出張所	海岸町(本店 東京)	同 35년 7월	합명	1,000,000	1,000,000
長醫商會仁川出張所	(本店 佐世保)	同 40년	합자	10,000	10,000
十佐紙合資會社仁川出張所	新町(本店 高知)	同 39년	同	370,000	370,000
東亞煙草株式會社仁川出張所	(本店 東京)	同 40년 10월	주식	1,000,000	350,000
日本郵船株式會社仁川支店	海岸町(本店 東京)	同 19년 7월	同	22,000,000	22,000,000
大阪商船株式會社仁川支店	海岸町(本店 大阪)	同 17년 5월	同	16,500,000	16,500,000
內國通運株式會社仁川出張所	花房町(本店 東京)	同 5년 6월	同	1,250,000	781,250
第一銀行仁川支店	本町	同 21년 9월	同	-	-
韓國銀行仁川支店			同	-	-
第十八銀行仁川支店	本町	同 21년 9월	同	-	-
百三十銀行仁川支店	同	同 25년 7월	同	-	-

그 밖에 해상보험회사 대리점으로 동경해상보험회사 대리점(제일은행 취급), 일본 해상운송화재보험 대리점(경전조慶田組 취급), 원성공사(源盛公司, 이태잔怡泰棧 취급), 제국해상보험회사 제일대리점(백삼심은행百三十銀行 취급), 제국해상보험회사 제이대리점, 고베해상운송화재보험회사 대리점(협동조協同組 취급) 등이 있다.

인천 미두거래소(米斗去來所)는 앞의 표와 같이 자본금 45,000원의 주식회사로서 1주는 25원인데, 일본인이 아니면 주주가 될 수 없다. 거래 물건은 쌀, 콩, 옥양목, 석유, 명태, 방적사 등 여러 종류라고 규정하고 있지만, 현재는 미곡 한 종류만 다룬다.

시장으로는 인천곡물시장, 인천수산주식회사 부속 어시장이 있다. 그리고 조선인이 경영하는 인천수산회사 부속 어시장이 있다.

각종 조합으로는 인천곡물협회, 인천수출곡물상조합, 인천상품중매조합, 인천송함(松函)석유전매조합, 가마니[繩叺]개량조합 등이 있다. 이런 조합은 상인 상호 간의 이익을 증진하는 데 힘쓰며 본항 상공업의 진보에 도움이 되는 바가 적지 않다. 또한 어업자의 편익을 도모하기 위하여 설치된 조선해수산조합 지부가 있다.

본항은 지세상 각종 공업을 경영하기에 적합하지만, 아직 상업시대이므로 제조업의 발흥을 보는 데 이르지 못하였다. 공장으로서 전기력 또는 증기력 및 석유발동기를 사용하는 곳은 다음과 같다.

명칭	소재지	창립 또는 개업 년월	자본금	직공	원동력	생산품 금액
濟物浦精米所	京町	명치 41년 1월	20,000	26	증기(蒸氣)	24,000
力武精米所	同	同 38년 1월	15,000	44	전기력 또는 열기	15,000
中上精米所	宮町	同 41년 4월	2,000	14	석유발동기	2,000
松尾精米所	仲町	同 31년 7월	10,000	12	열기	93,500
山口鐵工場	濱町	同 33년 3월	5,000	14	석유발동기	20,000
仁川鐵工場	同	同 37년 9월	30,000	25	同	40,000
兒玉水飴製造所	松坂町	同 39년 3월	1,500	4	열기	2,400
仁川電氣株式會社	同	同 38년 7월	125,000	21	同	62,463
仁川ラムネ製造所	桃山町	同 39년 4월	3,600	11	석유발동기	6,561
日本醬油製造株式會社	京町	同 40년 4월	200,000	30	열기	17,200

각 공장은 이처럼 크게 볼 만하지 않지만 주조업은 비교적 활발하다. 현재 이를 업으로 삼고 있는 것은 택합명회사(宅合名會社), 다카노 슈사브로(高野周三郎), 후카미 가츠사브로(深見勝三郎), 요시오카 후쿠타(吉岡福太), 오모리 지츠타로(大森實太郎) 등이 있다. ▲ 택합명회사의 창립은 명치 39년이고 매년 주조량은 1,900석이며 2,000석을 넘은 적도 있다. ▲ 다카노 슈사브로는 명치 34년에 창업하였는데, 창업한 해는 겨우 200석에 불과하였으나 지난 명치 42년에는 무려 580석을 양조하였다. ▲ 후카미 가츠사브로는 인천항에서 주조업을 가장 먼저 시작한 사람으로 그 창업은 실로 명치 26년 11월이다. 그리고 당초에는 양조액 100~200석에 불과하였으나 점차 주조량이 증가하여 지금은 1년에 500석 정도를 양조하며, 800석 정도를 양조할 수 있는 설비를 갖추었다고 한다. ▲ 요시오카 후쿠타의 창업은 명치 38년이며 처음에는 200석을 시험 양조하였으나 지난 명치 42년에는 450석을 양조하였다. ▲ 오모리 지츠타로도 역시 명치 38년에 창업하였으며 첫해는 겨우 50석을 시험 양조한 데 불과하였으나, 지난 명치 42년에는 400석을 양조하였다고 한다.

이로써 보면 본항의 주조량은 도합 연 3,600석보다 적지 않다. 본항은 원료 수집에 용이한 동시에 제품을 반출하기에도 편리하다. 더욱이 공기가 청정하고 기후 변화가 적어서 양조에 대단히 적합하다고 한다. 그러므로 이 사업은 전도가 대단히 유망하다고 할 수 있다.

본항에 재주하는 일본인 어부는 40호 147명(남 77명, 여 70명)에 불과하지만 다른 지방에서 모여드는 사람들이 다수인 것은 물론이고, 매년 봄철의 어기에 들어서면 어선이 폭주하여 성황을 이루는 것이 큰 어항을 보는 느낌이다. 그리고 예선(曳船), 운반선, 기선이 함께 왕래하므로 그 성황을 짐작할 수 있을 것이다. 본항에서 상주하는 어부의 출어 구역은 북쪽으로는 황해도의 장산곶부터 남쪽으로는 충청남도의 칠산탄에 이르는 사이지만, 때로는 북쪽으로 장산곶을 넘어서 서조선해만으로, 남쪽으로 죽도 연도 부근에 이르는 경우도 있다. 본항 근해에 있는 일본 어부들의 어로에 대해서는 연혁 또는 어류판매기관의 경력 및 업태 등은 이미 제1권에서 상세히 언급하였으므로 생략할 것이다. 매년 출입하는 어선의 총수는 통계가 없기는 하지만, 그래도 일본 어선은 조선해수산조합 인천지부가 조사한 것이 있는데, 다음과 같다.

　조선해수산조합 지부는 해안 쪽의 빈정(濱町)에 있다. 출어자를 위한 각종 편의를
도모하는 동시에 아울러 석유발동기선을 가지고 항상 연안을 순라(巡邏)한다. 부원(部
員) 중에는 기수(技手), 서기 약간 명 이외에 촉탁 의사가 있다.
　외국 무역은 항상 수입이 많고 수출이 적은데, 일본의 요코하마항과 서로 비슷하다.
위치 관계에 있어서도 비슷하며 이는 본항의 특색이라고 한다. 개항 이래 무역액을 표
시하면 다음과 같다.

연도	수입품 총금액	수출품 총금액	합계
명치17년	452,482	578,149	1,030,631
동 18년	987,816	154,898	1,142,714
동 19년	1,325,431	216,764	1,542,195
동 20년	1,466,550	313,673	1,780,223
동 21년	1,677,840	367,726	2,045,566
동 22년	1,823,173	395,570	2,218,743
동 23년	2,571,832	1,423,946	3,995,778
동 24년	2,164,507	1,543,374	3,707,881
동 25년	4,598,485	2,443,739	7,042,224
동 26년	3,880,155	1,698,116	5,578,271
동 27년	5,831,563	2,311,215	8,142,778
동 28년	8,088,213	2,481,808	10,570,021
동 29년	3,709,383	1,913,814	5,623,197
동 30년	5,868,605	3,739,890	9,608,495
동 31년	7,785,651	2,410,670	10,196,321
동 32년	6,287,985	1,655,473	7,943,458
동 33년	6,888,421	4,343,963	11,232,384
동 34년	9,183,883	2,870,077	12,053,960
동 35년	8,071,466	2,735,396	10,806,862
동 36년	10,265,107	3,653,723	13,918,830
동 37년	16,598,779	2,931,888	19,530,667
동 38년	16,803,678	2,928,827	19,732,505
동 39년	14,135,494	2,386,029	16,521,523
동 40년	20,751,854	4,905,283	25,657,137
동 41년	17,892,584	2,554,220	20,446,804
동 42년	13,350,584	3,316,498	16,667,082
동 43년	10,650,280	4,055,204	14,705,484

이처럼 본항의 무역은 개항 이래 점차 발전을 이루고 있다. 그런데 근년에 이르러 현저하게 퇴보한 것은 수치가 보여주는 바이다. 무릇 큰 전쟁 이후 일시적으로 발전했던 반동과 교통 이전의 결과일 것이다. 다음에 명치 42년 중의 무역품 및 액수를 제시함으로써 본항의 무역 내용을 나타내고자 한다.

외국무역

수출		수입	
종목	금액(円)	종목	금액(円)
내국품	2,771,186	내국품	
곡물류	1,388,995	**외국품**	13,350,584
쌀	354,885	곡물류	62,591
보리	748	쌀	10,624
밀	138,499	땅콩(落花生豆)	10,134
콩	739,220	콩류	4,782
팥	11,546	참깨(胡麻子)	31,654
기타	109,335	기타 곡류	5,397
들깨·참깨(荏胡麻子)	19,790	수산물	211,940
기타 종자	14,972	식염	63,724
수산물	21,504	염장어[鹹魚]	114,055
건어(乾魚)	480	다시마	12,864
염장어[鹹魚]	10	건어(乾魚)	2,117
굴	14	가다랑어포[鰹節]	5,620
기타	5,806	생선통조림[魚罐詰]	6,616
건새우	1,310	기타	6,944
산어 시느러비	63	차(茶)	15,007
풀가사리	1,189	밀가루 및 곡분	80,280
건해삼[海參]	11,797	된장 및 식초	5,699
기타수산물	835	간장	40,788
채소과일 및 핵과[核子]	217	과일 및 핵과류[核子類]	69,080
청주	5,478	채소류	19,621
간장	3,783	통소림 및 병조림	68,959
기타 음식물	2,374	기타 음식물	156,149
약재 및 유랍(油蠟)	861,969	설탕 및 사탕류[糖菓類]	272,657
포백(布帛) 및 제품	2,179	주류	269,216
금광(金鑛)	14,000	약재 및 염료·도료	327,298
동광(銅鑛)	30,000	유류 및 밀랍[油及蠟]	689,929
기타 금속 및 제품	124,043	밧줄[絲縷繩索]류 및 재료	274,917
모피	9,199	면포(綿布)	2,991,847
소가죽 및 소뼈	183,455	마포(麻布)	1,323,983
기타 피모각아류(皮毛角牙類)	30	모포(毛布)	114,322
연초(煙草)	12	견포(絹布)	842,258

종이	46,451	각종 포백 및 제품	167,095
소	840	의복 및 부속품	243,783
목재 및 합판	298	종이 및 종이제품	340,048
땔감 및 목탄	24,867	철강 및제품	1,074,632
콩비지[豆糠]	32	동(銅) 및 기타 금속제품	110,940
쌀겨(糠)	34,215	차량 및 선박 각종 기계	769,591
기타 비료	773	연초(煙草)	502,411
기타 잡품	16,472	석탄 및 코크스(コークス)[47]	518,022
외국품	545,312	기타잡품	1,787,521
계	3,316,498	계	13,350,584
합계			16,667,082

표에서 알 수 있듯이 관계국은 수출무역에 있어서는 일본, 청국, 홍콩, 러시아령 아시아, 필리핀제도, 영국, 미국, 독일, 벨기에, 수입 무역에 있어서는 이들 국가 이외에 영령 인도, 영령 해협 식민지, 네덜란드령 인도, 이탈리아, 네덜란드, 러시아, 스페인, 투르키에, 이집트 등이라고 한다.

나아가서 이들 여러 나라 중 중요 관계국에 대하여 수출입액의 비율을 살펴보면 다음과 같다.

단위: 할(割)

국가[國別]	수출	수입
일본	5.43	3.33
중국	4.25	2.20
영국	0.15	3.08
미국[北米合衆國]	0.03	0.77
독일	0.11	0.25
프랑스	0.02	0.04
기타 각국	0.01	0.33
	10.00	10.00

---

47) 석탄을 고온에서 건류해 휘발성분을 제외한 흑회색, 금속성 광택이 있는 다공질의 고체.

다음으로 같은 해의 연안 무역 상황을 보면 다음과 같다.

연안무역

이출		이입	
종목	금액(円)	종목	금액(円)
내국품	94,755	내국품	708,210
곡물 및 종자	15,470	곡물 및 종자	495,869
음식물	24,083	음식물	34,522
약재 및 유랍((油蠟)	3,694	약재 및 유랍((油蠟)	9,996
실 및 포백[絲縷布帛]	12,339	실 및 포백[絲縷布帛]	84,572
광물 및 금속	318	광물 및 금속	1,337
기타 잡품	38,851	기타 잡품	81,914
외국품	2,620,549	외국품	66,399
곡물 및 종자	1,021	곡물 및 종자	–
음식물	72,219	음식물	2,051
설탕 및 사탕류	9,245	설탕 및 사탕류(糖菓類)	482
주류	11,702	주류	1,189
약재 및 염색 도료	56,033	약재 및 염색 도료	3,875
유랍(油及蠟)	214,316	유랍(油及蠟)	1,870
밧줄[絲縷繩索] 및 재료	76,111	밧줄[絲縷繩索] 및 재료	521
면포(綿布)	609,994	면포(綿布)	15,844
마포(麻布)	131,194	마포(麻布)	1,112
모포(毛布)	3,364	모포(毛布)	–
견포(絹布)	108,727	견포(絹布)	1,289
각종 포백 및 제품	11,373	각종 포백 및 제품	683
의복 및 부속품	49,828	의복 및 부속품	4,011
종이 및 종이제품	23,049	종이 및 종이제품	793
철 및 동	315,702	철 및 동	2,471
기타 금속	139	기타 금속	375
금속 제품	25,364	금속 제품	2,160
차량 및 선박	1,690	차량 및 선박	465
학술기(學術器) 및 기계	179,292	학술기(學術器) 및 기계	1,785
연초	85,107	연초	1,010
잡품	635,079	잡품	24,413
계	2,715,304	계	774,609
합계		3,489,913	

표에 대해서 살펴보면, 무역총액은 3,489,913원 중에서 이출액이 2,715,304원인데도 불구하고, 이입액은 겨우 774,609원으로, 대외무역에 있어서 수출입과 정반대이

다. 이러한 현상은 무릇 본항이 중계수입항이라는 사실을 유감없이 증명하는 것이라고 한다. 그 중요 관계지역은 군산 목포 진남포 부산 원산 청진 경성 용당포 용산 해주 마포 평양 안주 용암포 구도(舊島) 용호도(龍湖島) 등이며, 그중에서 거래액이 많은 곳은 이출에 있어서 군산 경성 목포 용당포 진남포 해주 등이고, 이입에 있어서는 군산 목포 마포 용산 진남포 부산 용당포 등이라고 한다. 원래 한국 탁지부에서 조사한 무역요람을 보면, 이출입가액을 개항지와 미개항지로 구분하여 계산하고 있는데, 그 일부를 뽑아서 보이면 다음과 같다.

단위: 원(円)

지명	이출			이입		
	내국산품	외국산품	계	내국산품	외국산품	계
개항지	72,372	1,391,524	1,463,896	432,508	54,322	486,830
미개항지	22,383	1,229,025	1,251,408	275,702	12,077	287,779
합계	94,755	2,620,549	2,715,304	708,210	66,399	774,609

또한 이를 각도별 한 것은 다음과 같다.

단위: 원(円)

도별(道別)	이출			이입		
	내국산품	외국산품	계	내국산품	외국산품	계
경기48)	14,273	815,336	829,609	184,790	10,837	195,627
충청	507	3,870	4,377	14,317	–	14,317
전라	50,818	1,066,884	1,117,702	325,284	21,861	347,145
경상	12,702	93,241	105,943	50,688	22,292	72,980
황해	6,959	373,997	380,956	63,669	1,240	64,909
평안	5,777	217610	223,387	60,150	8,229	68,379
함경	3,719	49,611	53,330	9,312	1,940	11,252

앞에서 제시한 모든 표는 단지 1년의 상황에 불과하지만 이로써 본항에 있어서 연안무역의 현황을 살필 수 있다.

---

48) 원문에는 京城으로 기록되어 있으나, 正誤表에 따랐다.

제5절 부평군(富平郡)

개관

연혁

원래 고구려의 주부토군(主夫吐郡)이며, 신라가 장제(長堤)라고 고쳤다. 고려 초에 수주(樹州)로 삼았고, 의종 대에 이르러 도호부를 두고 안남(安南)이라고 칭하였다. 고종 때 계양(桂陽)이라고 고쳤고, 충렬왕은 길주(吉州)라고 하고 목을 두었다. 충선왕 때 여러 목을 혁파하고 부로 삼았는데, 이때 비로소 지금의 이름인 부평이라고 칭하였다. 그 후 여러 차례 변화를 거듭하지만 치소 및 그 이름은 고치지 않았으며 지금에 이른다.

경역

북쪽은 김포군에, 동쪽은 양천군에 접하고, 남쪽은 시흥군 및 인천부과 경계를 이루며, 서쪽 일대는 강화만에 면한다. 그 넓이는 동서 50리, 남북 85리 정도이다. 소속 도서에 난지도(蘭芝島), 청라도(菁蘿島), 세어도(細於島), 응도(鷹島), 호도(虎島), 장도(獐島), 일도(一島), 정관도(鼎冠島), 공암도(孔岩島), 장부도(長缶島), 흡도(吸島), 사도(蛇島), 자치도(雌雉島), 웅치도(雄雉島), 대문지도(大文之島), 소문지도(小文之島), 소응(小鷹), 거첨암도(巨簷岩島, 이상 모월면毛月面에 속한다), 율도(栗島), 목도(木島), 능내(陵內), 무치도(無雉島) 등이 있으며, 그 수는 대단히 많다. 그러나 모두 작은 섬이고 둘레 2해리 이상은 정라도 하나뿐이다.

지세

군의 서부 즉 연해 지방에 있어서는 산악과 구릉이 오르내리지만, 동부 일원은 남쪽의 인천 경계로부터 북쪽 한강 하안에 평지가 펼쳐져 있다. 금성 및 양천 두 군에 이어지는 평지와 연속되며, 본도 유수의 농산지이다. 이처럼 군의 지세는 대체로 남쪽이 높고 북쪽이 낮다.

산악

산악 중 저명한 것은 계양산과 원적산(元積山)이다. 계양산은 부평읍의 북서쪽에 솟아 있는 것으로 인천 경계에 있는 소래산(蘇來山)과 같은 지맥이다. 원적산은 그 남서쪽으로 이어져서 연해에 솟은 것이다. 그리고 이 두 산의 지맥은 모두 서북쪽으로 달려 해안에 이른다. 그래서 연해지방은 자연히 고지를 이루며 평지가 없다. 계양산은 안남산(安南山)이라고도 하며, 군의 주산이다. 그래서 한발을 만나면 마을 사람들이 올라가서 비를 기원한다. 그 동쪽 기슭에 두 곳의 성터가 있는데, 고산성(古山城)이라고 한다. 고니시 유키나가(小西行長)이 쌓은 곳으로 석축 둘레 1,927척에 이른다. 그렇지만 지금은 퇴락하여 겨우 그 터가 남아있을 뿐이다.

하천

하천은 군의 평지를 관류하는 대교천(大橋川)이 중심 하천이다. 원적산의 남동쪽 기슭에서 발원하여 계양산 및 동쪽 양천군의 여러 산에서 흘러나오는 세류를 모아, 북쪽으로 흘러 김포군을 지나면서 굴포천(掘浦川)으로 불리며 제진(濟津)에 이르러 한강으로 들어간다. 이 강은 길이 50리에 미치지 못하지만, 그 유역 일대에는 좋은 경작지가 펼쳐져 있어서 관개에 이로운 점이 적지 않다.

연안

연안은 남쪽의 십정포(十井浦)의 북안인 가좌동(佳佐洞) 부근이 인천부와 경계를 이루고, 북쪽으로는 백석리의 북쪽인 작은 만입 안이 김포군과 경계를 이룬다. 해안선은 수많은 작은 굴절을 이루지만, 전 연안이 모두 갯벌로 덮여 있기 때문에 선박이 출입할 수 있는 적지가 없다. 그중에서 괜찮은 곳은 남쪽에 가정리(佳亭里) 및 북쪽에 백석리(白石里)가 있지만, 굴곡이 심하고 좁은 물길이 통할 뿐이다. 그러므로 처음 항해하는 경우는 가는 곳마다 용이하지 않다. 그렇지만 가정리는 원적산 남동쪽 기슭을 거쳐 부평읍에 이르는 20리가 되지 않는다. 도로도 또한 제법 양호하여 차마의 왕래에 지장이 없다. 그래서 군의 농산물은 이곳에서 반출되는 것이 적지 않다. 연안의 개관은 이와 같으므로 어촌이라고 부를 만한 것이 없다. 그렇지만 염전 개척의 적지가 많다. 예로부터 염업이 활발한 곳으로 손꼽을 수 있는 곳이다. 십정포에 있는 주안 천일제염전은 본군의 소관 지역까지 이어진다. 군내에 민유 염전은 무릇 28정보이며, 1년 제염량은 2,676,000근 정도라고 한다.

교통

운수교통은 군의 어느 곳을 가도 불편하지 않다. 경인철도 선로는 군의 남부를 통과하여, 부평 소사 오류동의 세 역은 곧 본군의 소관지이다. 다만 부평역이라고 부르는 곳은 소정면(所井面)에 속하는 대정리(大井里)에 위치하며, 부평읍은 역으로부터 북쪽으로 10리 정도 떨어져 있다.

통신

통신은 교통과 더불어 큰 불편이 없다. 그렇지만 그 기관으로서는 소사(素砂)에 우편소 전신취급소 및 부평읍에 우체소가 있을 뿐이다.

장시

장시는 황어면(黃魚面)의 장기리(場基里)에 있다. 황어시(黃魚市) 또는 발아장(發阿場)이라고 한다. 개시일은 음력 매 3·8일이며, 집산화물은 포목, 엽초, 과일, 쌀, 콩, 녹두, 보리, 짚신, 소, 철기, 종이류, 어류, 닭, 계란, 자리 등으로 시황은 제법 활발하다.

물산

해산물은 식염을 주로 하고 그 밖에 숭어 농어 민어 맛 긴맛 낙지 새우 게 등이 있다.

군치

부평읍은 안남 또는 계양 길주라고 하며, 계양산의 남동쪽 기슭에 있다. 그 동쪽 및 남북에는 평야가 일대에 펼쳐져 있어서 전망이 대단히 좋다. 예로부터 치소였기 때문에 시가가 제법 발달하였지만, 사방으로 이어지는 요충지는 아니다. 그러므로 일본인 거주자는 아직 별로 많지 않다. 군아 바깥에 순사주재소, 우체소 등이 있다. 이곳은 부평역에서 멀지 않고 도로도 평탄하다. 계양산 기슭에는 사적이 있다. 만약 용기를 내어 정상에 오르면, 북으로 한강, 서쪽으로 염하를 바라볼 수 있으며, 염하(鹽河)에 바둑알처럼 흩어져 있는 무수한 섬들을 볼 수 있다. 그러므로 경성 부근에서 한가롭게 노닐 수 있는 곳으로 주목할 만한 가치가 있다고 하겠다.

구획

전군을 구획하여 주화곶(注火串), 상오정(上吾亭), 하오정(下吾亭), 수탄(水呑), 옥산(玉山), 석천(石川), 동소정(同所井), 마장(馬場), 석곶(石串), 모월곶(毛月串), 황어(黃魚), 당산(堂山), 동면(東面), 서면(西面), 군내(郡內)의 15면으로 나누었다. 그리고 모월곶 황어 당산의 세 면은 북쪽의 김포군 경계에, 주화곶, 하오정의 두 면은 동쪽 양천군 군계에, 수탄, 옥산, 석천, 동소정의 네 면은 인천부 경계에 있다. 단 수탄면은 남쪽 인천부와 접하는 동시에 그 동쪽은 시흥군과 만난다. 그 밖에 동면 서면 군내 마장 세 면은 중부에 위치하며, 바다에 연하는 것은 모월곶 및 석곶 두 면이다.

석곶면(石串面)

석곶면은 연안 남부 지역으로 원적산이 해안 가까이에 자리잡고 있어서 평지가 적다. 가정리는 본면 연안의 중앙에 위치하며 군의 집산구라는 사실은 앞에서 언급한 바와 같은데, 제법 큰 마을이고 객주를 영위하는 자가 있다. 본면에 속하는 섬으로는 율도 무치도 목도 능내도 등이 있다. 율도에는 주민이 있는데 호구는 17호 50여 명이며 어호가 3호 있다. 준치 그물 4건(件), 어살 1곳이 있다.

모월곶면(毛月串面)

모월곶면은 연안 북부에 위치하며 북쪽 경계는 김포군에 속하는 검원면(黔圓面)인데 이곳에 백석리(白石里)가 있다. 이 또한 전군에서 유수한 바다 포구이다. 본면도 또한 대체로 구릉지이기는 하지만, 석곶면에 비해서 다소 평탄하다. 특히 백석리 부근에는 다소의 경지가 있음을 볼 수 있다. 본면에 속하는 섬은 청라 난지 세어 웅도 거첨암 소응 대문지 소문지 웅치 자치 사도 흡도 잡부 공암 영관(影冠) 일도 장도 호도 황산 등이다. 그리고 청라 난지 세어 웅도 등에는 주민이 있다. 호구는 청라 27호 70여 명이고, 난지도도 거의 비슷하다. 세어도는 24호 60여 명, 웅도는 3호 10여 명이다. 각 섬에 모두 어로를 영위하는 자가 있다. 그중에서 활발한 곳은 청라도이며, 어호가 많은 곳은 세어도이다. 어업은 모두 새우그물 및 준치그물을 주로 한다. 세어도의 경우는 어민의 대부분이 패류 또는 어류의 포채에 종사한다.

제6절 양천군(陽川郡)

개관

연혁

종래 제차파의현(齊次巴衣縣)[49]의 일부였다. 신라 경덕왕 때 이를 공암(孔巖)이라고 고쳐서 율진(栗津, 지금의 시흥군)의 영현(領縣)으로 삼았다. 고려 현종에 이르러 수주(樹州, 지금의 부평군)에 합하였고, 후에 다시 금양(衿陽, 지금의 시흥군)에 합하였다. 그 후 혹은 제양(齊陽) 혹은 파릉(巴陵) 양평(陽平) 양원(陽原)으로 불렸으며, 그 변천과정이 단순하지 않다. 지금처럼 양천이라고 불리기에 이른 것은 고려 충선왕 때이며, 조선이 이를 따라서 지금에 이른다.

---

49) 한국수산지 원문에는 齊次邑衣로 잘못 기록되어 있다.

경역

동쪽은 시흥군에, 남쪽은 부평군에, 서북쪽은 김포군에 접하여, 동북 일대는 한강에 면한다. 한강에 면한 지역은 동쪽으로 양화도(楊花渡) 부근에서 서쪽으로 굴포천(堀浦川) 동쪽에 위치하는 개화리(開花里) 부근까지 무릇 30리에 이른다.

군의 서부는 부평 평지와 이어지며, 제법 경지가 풍부하지만, 중앙에는 높은 언덕이 이어져 있는데 남북으로 달리며, 동쪽에는 낮은 황무지가 많다.

구획

군내 구획은 5면이며, 삼정(三井) 군내(郡內) 남산(南山) 세 면은 한강변에 위치하고, 가곡면(加谷面)은 남서쪽에, 장군소면(將軍所面)은 남동쪽에 있다. 모두 부평군에 접한다. 그리고 장군소면의 한 끝에 경인철도선로가 지나간다.

양천읍

강변의 주요 지역으로는 양천읍 공암리(孔巖里) 염창리(鹽倉里) 양화도이다. 양천읍은 서부인 평지 한 끝에 위치하며 대안인 고양군에 속한 행주(幸州)에 이르는 나루가 있다. 읍은 군치의 소재지로서 상업을 영위하는 사람이 있지만 활발하지 않다. 군아 이외에 순사주재소 우체소 등이 있다.

공암리

공암리는 군내면에 속하며 읍에서 가깝다. 호수는 30호이고 그중에 어업자는 3호 10명이 있다. 어선은 3척, 어망은 예망 3부(部)가 있다. 그리고 그 어획물은 숭어, 농어, 잉어, 붕장어, 볼락, 황어[いだ], 뱅어 등이 있다고 하지만 그중에서 황어가 많이 생산된다.

염창리

염창리는 양천읍의 동쪽 30정 정도에 위치하며 남산면에 속한다. 동쪽에서 남쪽으로 구릉으로 둘러싸여 있으며, 북쪽은 한강에 면한다. 서북쪽은 좁고 긴 평탄지를 이루며 양천읍 부근의 평지로 이어진다. 인가는 32호이고 그중에서 어호는 5호 10여 명이 있다. 어선 5척, 예망 1부(部), 고망(罟網) 4부가 있다. 어획물은 공암리와 동일하다.

양화도

양화도는 남산면에 속하며 군의 동쪽 끝에 있는 시흥군 경계와 가깝다. 대안에 이르는 나루로서 과거에는 대단히 중요한 지역이었으나, 경인철도 개통 이래 여객의 왕래가 현저하게 감소하였고, 이 곳의 번영은 대안에 있는 양화도(고양군에 속한다)로 옮겨가서, 위축되고 부진한 한촌이 되기에 이르렀다. 마을 사람들이 어로를 행하지만 전업자는 없다.

제7절 김포군(金浦郡)

개관

연혁

고구려 낭시에는 검포라(黔浦羅) 또는 장제(長堤)라고 하였고, 조선 초에 지금의 양천군과 더불어 1현을 이루어 김양(金陽)이라고 하였으나, 후에 양천 땅이 금천(衿川, 지금의 시흥군)에 본군은 부평군에 병합되었다. 태종 때 다시 현으로 삼았고, 다시 군이 되어 지금에 이른다.

경역

군의 경계는 서북은 통진군에, 동남은 양천·부평 두 군에 접하며, 동북은 한강에, 서남은 염하에 면한다. 그래서 그 넓이는 동서 최장 50리, 남북 최장 30리 정도이다. 소속 도서로는 율도(栗島), 길무도(吉舞島), 홍도(紅島), 독도(獨島) 등이 있다. 단 율도 및 길무도는 염하에 떠 있는 작은 섬이고, 홍도와 독도는 한강 하안에 있는 삼각주이다. 홍도에는 마을이 있는데 홍도평(紅島坪)이라고 한다.

지세

부평군의 주산인 계양산의 줄기는 본군으로 와서 가현(歌絃), 봉황(鳳凰), 천등(天登), 냉정(冷井), 북성(北城), 운유(雲遊), 중봉(重峯), 백석(白石), 야미(夜彌) 등의 여러 산으로 융기한다. 그러나 모두 낮은 봉우리이고 험준한 것은 없다. 그리고 이들 봉우리의 대부분은 서북 해안 지역에 위치한다. 그래서 서부는 전체적으로 구릉지에 속하지만 동남부에서는 대부분 평탄하다. 즉 이러한 지세는 서부의 해안이 높고 동부 한강 연안에서 점차 낮아진다. 따라서 물길도 또한 이와 더불어 바다로 들어가는 것이 적고, 대개 동북쪽으로 흘러서 한강으로 들어간다. 그중에 제법 큰 강은 부평군에서 오는 대교천(大橋川)이다. 본군에 있어서는 이 강을 굴포천(堀浦川)이라고 하며, 제진리(濟津里)에 이르러서 한강으로 들어가는 것이다. 그 밖에 군치의 좌우에도 각각 물길이 있는데 모두 한강으로 들어간다. 이 세 하천의 유역은 모두 얼마간의 평지가 있고, 경지도 제법 볼 만한 것이 있다.

해안

해안은 남쪽 백석리에서 북쪽 좌동(佐洞)에 이르는 사이인데, 그 구역은 대단히 협소하다. 더욱이 해안에는 암초가 흩어져 있고 또한 모두 갯벌이다. 그중에서 그나마 배를 댈 수 있는 곳은 남각(南角)에 위치한 안동포(安東浦)이고, 그다음 가는 것이 북쪽 경계인 좌동의 남서쪽에 위치하는 오리동(五里洞)이라고 한다. 그 전면에 암초가 무수히 산재해 있지만 좁은 물길이 마을 앞까지 도달한다. 좌동 부근에는 다소 넓은 평탄지가 있다. 한강 하안은 동쪽 굴포동 대안부터 북쪽 운양리(雲陽里) 부근에 이르는 사이이며, 그 강 연안의 길이는 40리 10여 정에 이른다. 강안에 위치한 마을이 대단히 많으며, 군치도 또한 강변에 위치한다. 조석을 이용하면 도처에 배를 댈 수 없는 곳이 없다.

도로

군의 주요도로는 양화도에서 양천 및 본군을 거쳐 통진을 통하여 강화도의 전안인 도선장에 이르는 것이다. 즉 본도로는 예로부터 경성 강화 사이를 연결하는 것으로, 한강의 강변을 따라 개설된 것인데, 도로 폭이 넓고 또한 평탄하다. 그 밖에 부평읍과 연락하는 것도 또한 평탄하여 대체로 괜찮은 편에 속한다. 군의 주요 농산지는 한강 강변에 위치하기 때문에 운수는 조금도 유감스러운 바가 없다. 만약 작은 배를 타고 조석을 이용하면 순식간에 용산포 사이를 왕래할 수 있다.

군읍

김포읍은 한강의 강변에 위치하지만 그 전면에 큰 삼각주가 가로놓여 있고 그 한쪽 끝은 읍의 동쪽에서 육지와 접속하기 때문에, 배를 대기에 불편하다. 이곳은 오래도록 치소를 두기는 하였지만 요충지라고 할 수 없으므로, 성곽을 만들지 않았고 시가도 발달하기에 이르지 못했다. 군치 외에 우편국 경찰서 금융조합 등이 있다.

군의 각 면은 임촌(臨村), 고란대(高蘭臺), 고현내(古縣內), 군내(郡內), 석한(石閑), 마산(馬山), 검단(黔丹), 노장(蘆長)의 8면이다. 그리고 임촌 이하 석한에 이르는 5면은 차례로 한강에 면하고, 검단면은 홀로 서쪽의 염하에 면한다.

강안과 해안에 모두 마을이 있지만 어촌이라고 할 수 있는 것은 없다. 다만, 검단면에 속하는 안동포에는 호구 40호 170여 명 중에 어로를 영위하는 사람이 10호 40여 명이 있다고 하지만, 겨우 어선 2척, 권망 2건(件)을 가지고 있을 뿐이다. 그리고 그 어채물은 숭어, 준치, 새우, 낙지, 게, 굴 등이라고 한다. 염업은 비교적 활발하여 염전 면적은 27정보 남짓에 이른다. 1년의 제염량은 내개 1,282,000근을 웃돈다고 한다.

제8절 통진군(通津郡)

개관

연혁

본래 고구려의 평회압현(平淮押縣)이었는데, 신라 때 지금의 김포 및 부평군과 합하여 장제군(長堤郡)으로 삼았으나, 고려가 다시 나누어 현으로 삼고 지금의 이름으로 고쳤다. 조선이 그대로 따랐으며, 후에 군으로 삼아서 지금에 이른다.

경역 넓이 및 소속 도서

본군은 한강 및 그 말단부의 한 지류 염하 사이에 돌출된 가장 끝부분의 땅으로, 동쪽에서 북쪽을 거쳐 서쪽에 이르는 일대가 모두 강과 바다로 둘러싸여 있고, 육지와 접하는 부분은 오직 남쪽뿐이다. 그리고 연결되는 땅은 곧 김포군이다. 강을 건너서 북쪽에 있는 곳이 풍덕군, 동쪽에 보이는 곳이 교하군이고, 서쪽으로 좁은 물길을 끼고 서로 마주보는 것이 강화도이다. 넓이는 동서 20리 남짓, 남북 대략 30리 남짓이다. 소속도서로는 말도(末島), 유도(留島), 와서(瓦嶼), 신기(新岐), 도도(陶島), 백마도(白馬島), 황산도(黃山島), 고리곶도(古里串島), 부래도(浮來島), 손석서(孫石嶼) 등이다.

지세

군이 위치하는 지역이 이러하며, 그 최북단에는 산악이 자리잡고 있고 서쪽에도 또한 구릉이 오르내리므로 자연히 지형의 기복이 심하다. 그렇지만 동쪽 일부에는 다소의 평지가 있다. 이처럼 그 지세는 북쪽이 높고, 동남쪽이 낮다.

산악

산악으로 중요한 것은 문주산(文殊山[50], 비아산比兒山이라고도 한다), 안산(鞍山),

---

50) 한국수산지 원문에는 文珠山으로 되어 있으나, 현재는 文殊山으로 하고 있다.

월옹산(月瓮山, 모두 읍의 북쪽에 있다), 연화산(蓮花山, 북쪽 강변에 있다), 동성산(童城山, 동쪽 강변에 있다), 남산(南山), 수안산(守安山), 영유산(靈遊山, 세 산 모두 읍의 남쪽에 있다), 발산(鉢山, 군의 동남단 강변에 있다) 등이며 그중 유명한 것은 문주산이다. 이 산은 읍의 북쪽 염하 언저리에 솟은 봉우리로서 높이도 여러 산 중에서 가장 높다. 만약 작은 배를 타고 염하를 거슬러 올라가면 동쪽 연안에 해당하는데, 석성이 강변에 자리 잡고 있으며 산봉우리의 높은 곳을 에워싸, 멀리서 보아도 대단히 두드러진 요해지를 볼 수 있다. 이것이 곧 문주산이며 성도 산 이름과 마찬가지로 문주산성이라고 한다. 과거에는 이쪽 지역 해문(海門)을 지키는 중요한 진이었다. 정상에는 높은 대가 있는데, 장대(將臺)라고 한다. 유사시에 군사를 지휘하기 위하여 설치한 곳이라고 한다. 대에 오르면 사방의 전망이 대단히 잘 내려다 보이며 참으로 상쾌하기 그지없다.

하천

하천은 지형 때문에 큰 강이라고 할 수 있는 것은 없다. 그중에서 제법 큰 것은 동성산(童城山)의 남쪽 기슭을 돌아가 한강으로 합류하는 것이다. 이 강은 원류가 두 줄기로 나뉘는데 그 지역은 제법 평지가 펼쳐져 있다. 그 밖에는 북류하여 조강포(祖江浦)에 이르러 한강에 합류하는 것과 서북쪽으로 흘러 포내포(浦內浦)의 북쪽에서 합류하는 것이 있지만 모두 짧고 작다.

연안

연안의 형세는 동서 양쪽 모두 대체로 낮은 언덕이지만 갯벌이 이어져 있어서 간조시에는 언안에서 수 정(町) 거리가 드러난다. 그리고 그 북안에 있어서는 높은 언덕으로 이루어진 강 연안에 험준한 절벽을 이루는 곳이 적지 않다. 특히 조석간만의 영향을 대단히 크게 받아서 조류의 흐름도 또한 대단히 급격하므로 자연히 안전하게 정박할 수 있는 적합한 곳을 이루지 못했다. 다만 동성산의 남쪽 기슭을 감도는 작은 하천은 조석을 이용하여 수 정 사이를 거슬러 올라갈 수 있다. 그래서 본군의 물산은 대부분 이곳으로 반출되어 용산 등 다른 곳에 이른다. 연안에 있어서 김포군과의 경계는 동쪽에서는 발산의 남쪽, 서쪽에서는 황포리(黃浦里)의 남쪽이다. 그리고 이 두 곳을 기점 및 종점으로 하는 둘레는 무릇 140리에 이르며, 이것이 본군 연안선의 총길이이기도 하다.

운수 교통

운수 교통은 주변이 강과 바다로 둘러싸여 있어서, 밀물 때를 이용하면 도처에 배를 댈 수 있는 곳이 있으므로 전체적으로 편리하다고 할 수 있다. 주요 도로는 문주산성의 성내리(城內里)부터 읍의 남쪽을 지나 김포 양천을 거쳐 영등포에 이르는 것이다. 통진 읍에서 김포읍까지 40리, 동읍 및 양천읍을 거쳐 영등포에 이르는 데 90리이다. 이 도로 가 우편선로이기도 하다. 북쪽에는 대안인 풍덕군에 이르는 나루가 2곳이 있는데, 한 곳은 조포강이고 다른 하나는 강녕포(康寧浦)이다. 이 두 포구의 전면은 한강 및 임진강 의 공동 하구이며, 강 폭이 광대하기는 하지만, 밀물 썰물 때 모두 흐름이 특히 급격하므 로 계류 때가 아니면 강을 건너는 것은 불가능하다. 그리고 이 두 곳은 나룻배가 조류를 기다리기 위하여 머무르는 경우가 많다. 강화도와의 연락은 북쪽에서는 성내리, 남쪽에 서는 마당포(麻唐浦)에 가능하다. 그리고 강화읍으로는 성내리에서 건넌다. 강화읍까 지는 25정 남짓이다.

물산

농산물 주요한 것은 쌀 보리 콩 옥수수 등이다. 생산이 많지는 않지만 그래도 관외로 이출할 양이 있다. 대부분은 용산과 인천으로 운반된다. 수산물로는 농어 숭어 민어 뱀장어 붕장어 새우 웅어[葦魚] 묘세어(卯細魚)[51] 등이 있다. 그러나 그 생산은 아주 적다. 식염은 예로부터 주요 물산으로 여겨져 온 것이다. 1년의 제염량은 370여만 근에 이른다.

---

51) 어사일람표에는 卵細魚라는 물고기가 기록되어 있는데 현재 어떤 물고기인지 알 수 없다. 다만 細魚는 사요리(학꽁치)를 말한다. 원문대로 기록한다.

장시

장시는 음력 매 2·7일에 동남부에 있는 양릉면 오라리(吾羅里)에서 열린다. 본장은 본군의 유일한 장시이며 집산이 비교적 많다. 그렇지만 북부의 마을에서는 강화읍이 가깝기 때문에 보통 강화군 시장에 나간다. 그 개설일은 오라리 장과 마찬가지로 2·7일이다.

통진읍

통진읍은 문주산성의 동남쪽 근처에 있다. 둘레가 산으로 둘러싸여 있고 기후가 온화하여 건강에 좋은 곳이다. 군아 이외에 우체소 순사주재소 등이 있다. 강화읍까지 10리, 김포 및 영등포까지 거리는 앞에서 설명한 바와 같다. 그리고 성내리에서 염하를 내려가서 인천항까지는 18해리이다. 염하는 배가 다니기 위험한 장소가 많지만 적당한 조류를 타고 항해하면 상쾌하기 그지없다. 인천 사이는 불과 몇 시간 안에 도달할 수 있을 것이다. 그래서 인천과의 왕래가 빈번하다.

구획 및 임해면

본군에는 양릉(陽陵) 하은(霞隱) 봉성(奉城) 소이포(所伊浦) 질전(迭田) 월여곶(月余串) 보구곶(甫口串) 고리곶(古里串) 대파(大坡) 상곶(桑串) 이촌(伊村) 군내(郡內)의 12면이 있다. 그리고 양릉 이하 상곶에 이르는 10면은 동쪽 김포군 경계로부터 차례로 강변에 접하며, 이촌과 군내면은 각 면의 중앙에 있다.

각 면에 있어서 어촌의 정황은 조사가 완료되지 않았다. 그래서 군의 보고 및 기타 자료를 보고 다만 그 개요를 기록하는 데 그치고자 한다.

상곶면(桑串面)

서쪽 남단에 있는 곳이다. 연해에는 구릉이 이어져 있지만, 북쪽 일대는 평지로서 동쪽에 있는 군의 주요 평지와 이어진다. 그 해안은 만입을 이루고 있지만 사방이 모두 갯벌이고 더욱이 작은 섬과 암초가 곳곳에 자리잡고 있다. 그래서 좁은 물길이 통하기는 하지만 왕래하기에 대단히 위험하다. 연해에는 황포리 향모리(香毛里) 음달리(音達里) 등의 마을이 있고 제염업이 제법 활발하다. 염전 면적은 약 20정보이고 솥은 24곳이 있다. 1년의 제염량은 대개 90만 근이라고 한다.

대파면(大坡面)

상곶면의 서북쪽에 이웃하고 있으며, 다소 남쪽으로 돌출되어 있다. 소속 도서로는 황산도(黃山島) 백마도(白馬島) 도도(陶島)가 있지만 모두 사람이 살지 않는 작은 섬이다. 연안에 흩어져 있는 마을로 대파리(大坡里) 어모포(魚毛浦) 능동(陵洞) 약산리(藥山里) 적암리(赤岩里) 등이 있다. 그리고 이들 마을은 모두 제염지이다. 그렇지만 어모포와 적암리에는 어로에 종사하는 자가 있다. 다만 그 어로는 극히 소규모로 포망(捕網) 각 1건이 있을 뿐이며 앞에 있는 바닷가에서 고기를 잡는 정도이므로 어획량은 대단히 적다. 염업은 제법 활발하며, 염전은 각 마을을 통틀어 약 18정보가 있다. 1년의 제염량은 대개 190만 근을 넘는다고 한다. 본면의 서쪽은 강화도에 마주하며, 그 중간에 황산도가 떠있다. 그리고 물길은 섬의 동쪽과 본면의 서쪽 사이를 지나며, 그 폭은 대단히 좁기 때문에 자연히 요해지를 이룬다. 이 때문에 과거에 덕포진(德浦鎭)을 두었다. 이곳은 한강에 있어서 제2의 관문이라고 한다. 황산도 사이의 물길을 조금 북상하면 동쪽에 본면의 적암리가 있으며, 서쪽에는 강화도의 초지진이 있다. 이 주변은 양쪽 기슭이 아주 가깝고 강폭도 점차 좁아진다. 더욱이 가장 좁은 곳에는 암초가 동서에 가로놓여 있으며, 통로는 겨우 20~30칸에 불과하다. 아울러 조류도 또한 극히 빨라서, 대단히 통행이 위험하여, 한강 항로 중에서 최난소라고 한다.

고리곶면(古里串面)

대파면의 북쪽에 붙어 있으며, 서쪽으로는 좁은 물길을 끼고 강화도와 마주본다. 연안에 흩어져 있는 마을로는, 대명촌(大明村) 상신리(上新里) 마당포(麻唐浦) 쇄암리(碎岩里) 등이 있다. 이들은 모두 제염지이고, 상신리와 쇄암리에는 어로를 영위하는 사람이 있다. 상신포에는 어선 2척 휘망 1건, 쇄암리에는 어선 1척 새우그물, 고망(罟

網) 각 1건, 어살 1곳이 있다. 제염지는 여러 곳에 있지만 염전은 불과 3정보이며, 솥은 6곳이다. 1년의 제염량은 35만 근 남짓에 불과하다고 한다.

군내면(群內面)

고리곶면의 북쪽에 위치하며, 그 연안 구역을 넓지 않다. 따라서 강에 연한 마을은 포내포(浦內浦)뿐이다. 그러나 본포의 북쪽에는 일대가 평탄지이며 그 중앙에는 작은 하천이 흘러, 자연히 염전 개척의 적지가 많다. 그래서 염업도 제법 활발하여, 염전 4정보 6단보 남짓에 이르며, 솥 6곳이 있어서 1년의 제염량이 50만 근을 넘는다고 한다.

보구곶면(甫口串面)

본군 북서단의 지역으로, 북쪽과 서쪽 두 방면은 강으로 둘러싸여 있고, 동남쪽의 접경지는 월여곶 및 군내면이다. 연안에 위치하는 마을은 4곳으로, 강녕(康寧) 동막(東幕) 고양(高陽) 성내(城內)인데 두 곳은 포구이다. 북단에서부터 열거한 순서로 위치하고 있다. 강녕포 동쪽에는 마을이 없다. 그 일대가 산악이 강으로 빠져들어가는 곳으로 험한 절벽을 이루기 때문이다.

성내리

성내리(城內里, 셩니리)는 문주산성 내에 있는 마을이다. 이곳은 과거에는 해방(海防)의 중심적인 진(鎭)이었지만 지금은 강화읍과 연결되는 곳으로 여객이 왕래할 뿐이다. 강안의 형세는 바위 절벽이 돌출되어 있으며 갯벌도 또한 많다. 그래서 물길은 서안 즉 강화도 쪽으로 접근하여 통한다. 이곳은 한강의 분기섬에서 가까우며 또한 양 기슭의 굴절이 많기 때문에 조류가 기슭에 부딪혀 소용돌이를 이루며 흐른다. 특히 썰물 때에는 그 형세가 아주 맹렬하여 보는 사람의 간담을 서늘하게 만든다. 무릇 한강 항로 중 난소의 하나로 기억해야 할 장소라고 할 것이다.

동막리

동막리(東幕里)는 북서 갑단에 있는 마을로 인구는 30호 109명이며 궁선 한 척을 가지고 새우잡이에 종사하는 사람이 있다. 이 마을의 북쪽은 곧 한강의 본류인데 강폭은 넓어서 광대한 호수를 보는 것 같지만, 곳곳에 커다란 사주가 생겨서 항로를 알기 어렵다. 더욱이 물이 빠지면서 수로가 바뀌기 때문에, 이곳을 한강 항로의 난소 중 한 곳으로 일컫고 있다. 이 부근은 항로 표지가 설치되어 있기는 하지만, 주의를 요한다.

강녕포

강녕포(康寧浦)는 동막리의 동쪽 근처에 있으며 강안에 인가가 점재하고 있는 것이 이곳이다. 호구는 모두 93호 350여 명이지만 어로에 종사하는 사람은 겨우 3호이며, 어선 3척 권망과 포망 각 1건을 가지고 근안에서 눈어 숭어 새우 및 기타 잡어를 포획하는 데 불과하다. 마을의 동쪽에는 작은 개울이 있는데 마치 작은 만처럼 보인다. 밀물을 타면 수 척의 어선을 이곳에 넣을 수 있지만, 썰물 때에는 완전히 바닥이 드러나고 갯벌이 깊어서 걷기도 어렵다. 이 포구는 대안인 풍덕군에 이르는 나루인 동시에 왕래하는 선박이 조류를 기다리는 장소이다. 그래서 주막과 보행객주(步行客主)가 있어서 연안에서 번화한 곳 중 하나이다. 본포와 동막리 사이의 연해에는 작은 두 섬이 있는데, 큰 것은 유도(留島)라고 하고 작은 섬은 유도(杻島)라고 한다. 그리고 이 부근은 암초가 흩어져 있어서 한강 항로 중에서 경계구역이라고 칭하는 곳이다. 또한 본 포구의 전면 및 작은 만입의 동쪽에도 암초가 있다. 이 주변 항로의 표지는 본포 동안에 있는 입표 이외에 또한 강 가운데도 부표가 있다고 한다.

월여곶면(月餘串面)

북쪽 중앙의 땅으로 동쪽은 소이포면, 서쪽은 보구곶면이다. 본면의 강변에는 산악이 이어져 있고, 그 자락이 강 속으로 빠져든다. 따라서 강변은 모두 험한 절벽을 이루며 마을이 존재할 수 없다. 그렇지만 연안의 거의 중앙에 개울이 흘러들어 가는 곳이 있는데, 계곡 사이에 다소 완경사를 이루는 곳에 하나 있는데, 이곳을 조강포(祖江浦)라고 한다. 이 포구는 연안 유일의 마을인 동시에 대안인 풍덕군으로 가는 데 가장 가깝고, 또한 강 속에 장애물이 적어서 건너기에 편리하다. 그리고 왕래하는 선박의 조류 대기소이므로 저절로 발달되어 호구는 90호 390여 명이 있다. 어로에 종사하는 자도 또한 비교적 많아 8호 30여 명이며, 어선 8척, 권망 6건, 궁망 2건을 가지고 있다. 이 포구의 남쪽에 울내리(蔚內里, 筐內라고도 쓴다)가 있는데, 산 속에 위치하지만 마을 사람 중 어로에 종사하는 자가 2호이고 궁망 2건이 있다.

소이포면(所伊浦面)

소이포면(所伊浦面)은 군의 동북단에 위치하는 곳이며, 서쪽은 월여곶면, 남쪽은 봉성면(奉城面)이다. 강변에는 구릉이 가로놓여 있지만 대체로 평탄하기 때문에 강변 부근에 마을이 적지 않다. 그리고 어업자가 있는 곳으로는 가작(柯作), 금포(金浦), 마조(麻造), 마근(麻近), 불지(佛只), 서시(西柿), 동시(東柿) 등이다. 그중에서 큰 것은 마근 50호, 마조 41호이며, 그 밖에는 20호 이하 10호 내외의 작은 마을이다. 모두 궁망 권망 포망 휘리망 등을 2~3장(張)에서 4~5장을 가지고 있으며, 어선은 있는 곳도 있고 없는 곳도 있다. 어선이 많은 곳은 마근의 4척, 서시의 3척이다. 그리고 또한 가작 및 불지는 어살이 각각 1곳씩 건설되어 있다.

봉성면(奉城面)・하은면(霞隱面)・양릉면(陽陵面)

세 면은 서로 이웃하며, 양릉면은 남쪽 김포군의 석한면과 서로 붙어 있다. 강변은 낮은 구릉 또는 평지이며 제법 높은 산은 하은면의 동성산이다. 또한 봉성산이라고도 한다. 과거에 동성산성이 소재한 곳으로 지금도 자취를 볼 수 있다. 이 세 면은 그 서쪽 중부에 있는 이촌(伊村) 일전(迭田) 두 면과 함께 군 가운데 중요한 평지에 속하며, 모두 농업이 활발하기 때문에 마을이 강변에 위치하고 있지만, 어업을 영위하는 사람은 극히 드물다. 다만 봉성면에 속하는 석탄(石灘) 및 전류(顚流) 두 포구에는 어업자가 있다. 석탄포는 80호 마을로 그중에 어업자가 9호, 어선 3척, 휘라망 2장, 궁망 7장, 어살 2곳이 있다. 전류포는 40호의 마을로서 그중에 어업자가 5호이며 어선 2척, 궁망 4장, 포망 2장을 보유하고 있다.

제9절 고양군(高陽郡)

개관

연혁

본래 고구려의 달을성(達乙省), 개백(皆伯)이라는 현이었는데, 신라 경덕왕 때 달을성현을 고봉(高峯)으로 고치고 교하군의 영현으로 삼았다. 개백현을 우왕(遇王, 王逢이라고도 한다)이라고 이름하고 한양의 영현으로 삼았다. 고려에 이르러 우왕을 행주(幸州)라고 고쳤으며, 두 현 모두 양주에 속하게 되었다. 조선에 이르러 태조 3년 비로소 고봉 감무를 두고, 행주 및 부원(富原)의 황조향(荒調鄉, 부원 황조향은 원래 과천 용산처龍山處였다. 고려 충렬왕 11년 부원 황조향이라고 고쳤다. 원래 부평군에 속했는데 지금은 경성부에 속한다) 등을 그 소관에 넣었다. 태종에 이르러 고봉과 행주 두 현을 합하여 비로소 이름을 고양이라고 불렀다(행주는 덕양德陽이라고 한다. 그래서 한 자씩 따서 고양이 되었다고 한다). 당시 여전히 감무를 두었으나, 성종 때 경릉과 창릉이 있기 때문에 군으로 승격시켰고, 지금에 이른다(창릉은 조선 예종의 능, 경릉은 덕종의 능이다).

경역

북쪽은 파주군에, 동쪽은 양주군에, 남쪽은 경성부에 접한다. 서북 일부는 교주군에 접하며, 서쪽은 한강에 면한다.

지세

군의 동북부는 양주의 고령산(高嶺山, 최고 높이는 615미터이다)에서 오는 산맥이 이어져 있고 그 지맥이 종횡으로 달리기 때문에 자연히 산지를 이루며 평지가 없다. 그러나 서쪽은 구릉지이고 특히 한강 연안에는 제법 넓은 평지를 형성한 곳이 있다. 이곳이 본군의 주요한 농산지이다.

하천

군내를 흐르는 하천에 송강천(松崗川)이 있다. 근원은 삼각산에서 발원하며 서쪽으로 흘러, 교하군에 들어간다. 여기서부터 방천(坊川)이라고 불리면 한강으로 흘러들어 간다. 이 강은 평소에 물이 없는 모래땅이며 물이 흐른 흔적도 찾을 수 없으나, 일단 많은 비가 내리면 빗물이 계곡에서 폭류를 이루어 쏟아져 내려오기 때문에 토사를 사방으로 운반해 와서 큰 피해를 입히는 이외에 아무런 도움이 되지 않는다. 그 유역의 양안 일대는 거친 모래가 펼쳐져 있고 불모지가 교하군 경계까지 이른다. 아마도 이는 근년의 범람에 기인하는 것이라는 인상을 가지지 않을 수 없다. 또 하나의 유해한 하천은 경성 서대문에서 얼마 떨어지지 않은 곳에서 광대한 모래밭을 드러내고 서쪽으로 고산리(古山里)에 이르고, 이곳에서 제법 넓은 뻘밭을 이루고 한강으로 들어가는 것이다. 이 강은 길이가 아주 짧기는 하지만 그 피해는 예상보다 크다. 그리고 이러한 종류의 피해는 사방의 민둥산이 모두 푸른 숲이 되는 날이 아니면 피할 수 없을 것이다. 삼림 보호는 이 나라에서 최대 급무라는 사실은 물론이지만, 실상을 한번 보고 나면 그 이로움이 얼마나 큰 것인지를 깨달을 수 있을 것이다.

고양읍

고양읍은 경성에서 의주가도를 40리 정도 나아간 곳에 있다. 사면이 험준한 산과 높은 언덕으로 둘러싸여 있어서, 평지는 남북으로 통하는 의주가도에 연하여 얼마간 존재할 뿐이다. 이곳의 위치가 이와 같으므로 과거에는 실로 왕성의 관문으로 대단히 중요한 곳 중 하나였다. 시기는 의주가도에 연한 것과 그 중앙에서 서쪽을 향해서 열려있는 것이 있다. 거의 T자형을 이루며, 인가의 조밀한 것이 부근 여러 지역에서 볼 수 없는 바이다. 무릇 경성에서 가깝고 또한 과거에는 경성 이북에서 재주(在住)하던 조신(朝臣)은 도성에 들어가기 전에 그 북쪽 수 정(町)되는 벽제역(碧蹄驛)에서 반드시 하루를 묵고 가는 것이 관례였을 뿐만 아니라, 또한 행궁(行宮)도 읍성 내에 있었다. 그러므로 이러한 것들이 원인이 되어 자연히 발달하게 되었을 것이다. 그러나 이런 지역이 경의철도 개통 이래 점차 쇠퇴하기 시작하여 시가의 번영은 지금은 과거의 이야기가 되기에 이르렀다. 현재 존재하는 관아는 군아 이외에 경찰서 우체소 등이 있다. 그리고 최근에 일본 상인으로서 점포를 개설한 사람이 있다. 그러므로 이들로 인해서 상황이 얼마간 만회되었다고는 하지만 과거의 성황을 이루었던 때와는 비교할 수 없다.

벽제역

벽제역(碧蹄驛)은 지금 벽제리라고 불린다. 임진왜란 때 유명했던 곳 중 하나이다. 일본 전쟁사에서 벽제관(碧蹄館)이라고 한 것은 이곳에 객관이 있었던 데 기인한 것이다. 역은 혜음령(惠陰嶺)의 남쪽 기슭에 있다. 그래서 의주가도는 이 고개를 넘어가는데 높이는 133m이다. 그래서 이 고개는 의주가도의 난관 중 하나이다. 여기서부터 경성에 이르는 사이에는 다시 가파른 언덕이 없다. 이 또한 조신들이 도성에 들어가기 전에 반드시 하룻밤 머무는 관례를 만든 이유일 것이다. 전쟁사(한국의 전쟁사)에 의하면 적이 대군을 숨겼다고 하는 여석산(礪石山)은 지금은 이를 분명히 밝힐 수는 없지만, 고령산(高嶺山)으로부터 오는 산맥은 의주가도에 접하여 구릉을 이루고, 그 남북 양쪽에는 동북을 향하여 통하는 갈림길이 있다. 그 안으로 들어가 보면 각각 능히 1만 명의 병사를 숨길 수 있는 여지가 있다. 당시 고바야카와 타카카게(小早川隆景)가 명군을 기다리며 그 병사를 숨겼다고 하는데, 과연 어떠했는지 그 당시의 상황은 역사가의 연구에 맡길 따름이다. 이곳에서 경성까지는 불과 40여 리이며, 서대문 바깥에서 마차도 왕래하여 경차(輕車)도 또한 빌릴 수 있다. 여유롭게 하루 노닐면서 사적을 찾아보는 것도 또한 묘미가 있을 것이다.

교통

군의 동북부는 산악이 끊임없이 중첩되지만, 중앙에는 의주가도가 종관하고 서부에는 경의철도 선로가 뚫고 지나가며, 서쪽 일대는 한강에 연한다. 그러므로 대체적으로 말하자면 그 교통은 오히려 편리한 쪽에 속한다. 본군에 있어서 경의선 정차장은 일산역(一山驛)이 있을 뿐이다. 그러나 남쪽에는 군 경계에 접하여 경성부에 속하는 수색역

(水色驛)이 있다. 그리고 이 두 역 사이의 거리는 10마일이다.

장시

장시는 백석(중면에 속한다) 및 일산(중면에 속한다)에 있으며, 개시일은 백석이 음력 매 5·10일, 일산은 매 3·8일이라고 한다.

물산

물산은 농산을 제외하고는 한강에서 생산되는 어류뿐이다. 단란(葭蘭)은 예로부터 본군의 토산물로서 국가의 수요를 충당하였으며, 지금도 여전히 얼마간 생산된다.

구획 및 임해면

군의 구획은 신혈(神穴) 이대(里大) 원당(元堂) 구이(九耳) 송산(松山) 기포(己浦) 중면(中面) 구지도(求知道) 하도(下道)의 9면이다. 신혈은 양주군(楊州郡)에 이대는 파주군(坡州郡)에 구이는 파주 및 교하군(交河郡)에 접하며, 송산 이하는 차례대로 한 강 연안을 따라 이웃한다. 송산면은 북쪽 교하군의 석곳면(石串面)에, 하도면은 경성부 의 북부와 만나며, 원당면만 홀로 군의 중앙에 있으며 각 면으로 둘러싸여 있다.

연안 및 임해 마을

남방 경성부 경계에 있는 행주(幸州) 부근부터 북방 교하군에 속하는 심악산(深岳 山)의 남쪽 기슭 구산리(九山里)에 이르는 사이는 대개 55리에 이른다. 그 사이에서 구릉이 강에 면하는 것은 행주 부근 및 그 북쪽에 있는 작은 하천의 북안 행주 분지[52]의 연안에 그친다. 그 나머지는 모두 평탄지이다. 그리고 그 연안에는 하도면에 난지도(蘭 池島), 구지도면에 삼성리(三星里), 중면에 백석도(白石島)와 중리(中里), 기포면에 이산포(二山浦) 법곳리(法串里), 추산면에 삼동(三洞) 구산리(九山里)와 같은 마을이

---

52) 원문에 分地로 되어 있다. 행주 일대는 분지 지형이 아니기 때문에 무슨 의미인지 정확히 알 수 없다.

점점이 흩어져 있다. 모두 농업을 활발하게 영위하는 곳이다. 그러나 각 마을 모두 다소의 어업을 행하는 마을이 있는데 그중에서 제법 활발한 곳은 난지도리 및 행주 두 마을이라고 한다.

난지도리

난지도리(蘭池島里, 랑지도)는 상하 두 마을로 이루어진다. 행주의 전면에 있는데 원래 삼각주로 이루어진 섬이었다고 한다. 그 호구는 합계 132호 559명에 이르며, 그중에는 어가 15호 60여 명이 있다고 한다. 어선은 9척, 고망 9장을 가지고 있으며 웅어 뱅어 및 새우를 활발하게 어획한다. 이곳에서 백석장까지 20리, 일산장까지 30리, 읍성까지 40리이며, 읍성에 가는 이외에는 교통이 용이하다.

행주

행주(幸州, 힝쥬)는 또한 덕양이라고 한다. 행주현의 옛터이다. 마을은 내외상하의 여러 마을로 나누어지며, 호구는 모두 172호 660명 정도에 달하며, 그중에는 어가가 52호 200여 명이다. 어선은 32척, 예망 24장(張), 고망 8장 게망 몇 조(條)가 있다. 이 마을은 본군에서 손꼽을 만한 큰 마을인 동시에 군내에서 어업이 활발하기로 제일가는 곳이다. 농사일이 바쁠 때를 제외하고는 사철 모두 어업을 영위하여 숭어, 농어, 복어, 준치, 밴댕이[さっば], 웅어, 게 등의 어획이 제법 많다. 다만 웅어는 음력 4~5월 경, 게는 7~9월 경, 숭어는 8~9월 경을 어기로 한다. 모두 생선인 채로 경성 남대문시장에 내다 판다. 이곳에서 백석장까지는 10리, 일산장까지는 20리, 읍성까지는 40리, 용산까지는 25리, 경성까지는 35리이다.

제10절 교하군(交河郡)

개관

연혁

본래 고구려의 천정구현(泉井口縣)이었는데, 신라 경덕왕 때 이 지역이 강이 서로 만나는 곳에 위치한다는 이유로 비로소 지금의 이름인 교하(交河)라고 불렀다. 고려 때는 양주에 속하였으며, 조선에 이르러 감무를 두고, 한양의 속현인 심악(深岳), 원평(原平)의 속현인 석천(石淺)을 나누어 본현에 편입시켰으나, 태종 14년에 석천을 원평부(지금의 파주군)로, 심악을 고양현으로 옮겼으나, 후에 다시 복귀시켰다. 숙종 때 읍에서 죄인이 나왔기 때문에 이를 폐지하고 파주의 속지로 삼았으나, 4년 후에 다시 현으로 되돌렸다. 영조 9년에 장릉(長陵)을 옛 치소인 검단산(黔丹山) 동쪽 기슭으로 옮기자 승격시켜 군으로 삼아 지금에 이른다.

경역

북동쪽으로는 파주군에, 남동쪽은 고양군에 접하며, 서쪽 일대는 한강과 임진강 두 강에 면한다. 곧 그 북서쪽을 감싸고 있는 것은 임진강이고 서쪽을 감싸고 있는 것은 한강이다. 그래서 그 내안인 서쪽에 보이는 것은 통진군이고, 북서쪽으로 향해 보이는 곳은 풍덕군이라고 한다.

지세

군의 남주에 작은 물길이 있는데, 이를 방진천(坊津川)이라고 한다. 경성의 북쪽에 솟아 있는 삼각산의 서쪽 기슭에서 발원하여 고양읍의 남쪽을 통과하여 오는 것이다. 상류는 고양군에서 언급한 바와 같이 평소에는 전혀 물이 없어서 거의 강의 모습을 갖추지 못하지만 일단 큰 비가 내리면 강물이 폭발적으로 흘러넘쳐 토사를 운반하고 큰 피해를 입히는 것 이외에는 전혀 도움이 되지 않는 강이다. 그러나 본군에 이르면 그 피해가 줄어들고, 하류 약 10리 정도 사이는 조석간만의 영향을 받기 때문에 밀물을 타면 작은 배로 교하읍 부근까지 도달할 수 있다. 그래서 본군에 있어서는 본군 연안의 평지로서 주요한 경작지를 이룬다.

강안(江岸)

강안에 있는 구역은 산남리(山南里) 부근(석곶면에 속한다)을 남쪽 한계로 하고, 낙가진(洛柯津)을 북쪽 한계로 한다. 그리고 그 주변의 총길이는 대체로 30리 정도에 이른다. 한강 임진강이 합류한 곳은 강이 대단히 광대해져서 마치 큰 만을 보는 것 같다. 이곳으로 약간 돌출하여 뚜렷한 봉우리를 이루는 곳을 오두산(鰲頭山, 신오면에 속한다)이라고 한다. 과거에는 산성이 있었던 요해지였다. 그리고 산꼭대기는 실로 한강 항로의 항해 표지 중 하나라고 할 수 있다. 그 산록의 남쪽을 돌아서 다소 만입한 곳이 곧 방진천이 한강에 합류하는 곳이다. 남쪽 고양군 경계 가까이에 한 언덕이 강으로 빠져드는데 이것을 심악산(深岳山)이라고 한다. 이는 곧 심악현의 옛땅으로, 왕년에는 이곳 역시 요해지의 한 곳이었다. 한강은 이 부근에 심악강이라고 부르는 경우가 있다.

구획 및 강에 면한 면

군의 구획은 8면이며 강 연안에 있는 곳은 남쪽 고양군 경계에 석곶면이 있고 차례로 북쪽으로 돌면서 청암(淸巖), 현내(縣內), 신오(新吾), 탄포(炭浦)가 이웃하여 모두 5면이다. 그리고 탄포면의 북쪽은 곧 파주군에 속하는 오리면(烏里面)이다. 다른 3면 은 남쪽 고양군 경계에 있는데, 미동면(尾洞面)이 그 북쪽에 지석(支石) 아동(衙洞) 순으로 늘어서 있다. 그리고 아동면의 북쪽은 또한 파주군의 조리면(條理面)이라고 한다.

군치는 지석면의 서쪽 끝 즉 방진천 평지의 거의 중앙에 있다. 지금은 교하라고 부르고 있지만 원래는 오율포(杇栗浦)에 속한 지역이었다(오율포는 읍의 북쪽에 있다). 이곳에 치소를 설치한 것은 조선 건국 346년 즉 지금부터 161년 전이며, 그전 치소는 금성리(金城里, 금성역 부근)였다. 지금의 치소는 북으로 방진천이 감싸 돌며, 남으로는 장명산(長命山)이 솟아 있어서 자연스럽게 경관이 뛰어난 곳을 이룬다. 그러나 치소로서는 아직 그렇게 오랜 시간이 지나지 않았고, 또한 강 연안의 벽지이기 때문에 아직 시가로서 발달을 이루지 못하였다. 그렇지만 이 지역의 교통은 수륙 모두 대단히 편리하다. 수운은 방천(坊川)을 거슬러 올라가 군치 부근에 이를 수 있고, 육지로는 동쪽 10리에 김포역이 있다. 본읍에는 장시가 개설되지 않으나, 석곶면의 삽장(揷場)은 음력 매 1·6일에 열리고, 아동면의 수유현(水踰峴)에도 마찬가지로 매 1·6일에 장이 열린다. 그 밖에 이웃한 문산에서는 매 5·10일에 열린다.

강 연안 마을

강 연안에 있는 마을이 적지 않지만, 오로지 농업에 힘쓰고 어업에 종사하는 사람은 극히 적다. 석곶면의 현우(峴隅) 및 서패리(西牌里), 서암면의 신촌(新村) 송촌(松村), 현내면의 구포(舊逋), 신오면의 대동리(大洞里), 탄포면의 낙가진(洛柯津) 등에는 어업을 영위하는 사람이 있다. 그중에서 제법 활발한 곳은 대동리이며, 총 호수 60호 250여 명인데, 그중에 어로를 영위하는 사람은 7호 30여 명이며 어선 7척, □망[53], 새우망을 아울러 7장이 있다. 또한 어살을 설치하였다. 다만 이를 설치할 수 있는 장소는 입석진부터 석진에 이르는 사이이며, 그 수는 해에 따라서 일정하지 않다. 본포에서 파주군의 문산포까지 30리, 교하읍까지 40리이다. ▲ 대동리에 이어서 어로가 활발한 곳은 서패리이다. 이 마을의 총 호수는 30호이며 그중에서 어호가 3호인데, 어선 3척, 웅어그물 3, 새우 그물, 숭어 그물 1, 기타 잡어 그물 4, 합계 10장을 보유하고 있다. 이곳에서 용산까지 90리, 일산역까지 20리, 교하읍까지 15리이다. 그 밖에는 모두 10호 내외의 작은 마을이고, 어호도 또한 1·2호에 불과하다. 다만 현우에는 그물 어업 이외에 어살을 설치한 사람이 있다. 장소는 마을의 앞쪽 연안이지만 모래톱의 위치가 항상 변화하기 때문에 자연히 어살의 위치도 일정하지 않으며 그 수도 또한 일정하지 않다. 여러 마을의 호수 및 읍치 또는 장시와의 거리 등은 권말에 첨부한 어사일람표를 참조하기 바란다.

---

53) 원문에는 木+豕網으로 기록되어 있는데 木+豕라는 한자를 찾을 수 없으므로 어떤 그물인지를 알 수 없다. □망으로 기록한다.

제11절 파주군(坡州郡)

개관

연혁

원래 파평(坡平)과 서원(瑞原)의 두 현이었다. 파평현은 고구려의 파해평사현(坡害平史縣, 액련額蓮이라고도 한다)이었는데, 경덕왕 때 파평으로 고치고 내소현(來蘇縣, 지금의 양주군)의 속현으로 삼았다. 고려 현종 9년에 장단에 속하게 하였고, 문종 17년에 개성부에 직예(直隸)시켰다. 조선도 이에 따랐다. 서원군은 본래 고구려의 술이홀현(述尔忽縣)이었는데 신라가 봉성(峯城)으로 고쳐 교하군의 영현으로 삼았다. 고려 현종 9년 양주에 속하게 하였고, 명종 때 고쳐서 서원현으로 삼았다. 조선 태조 2년 두 현을 합하여 군으로 삼고 원평(原平)이라고 하였으나, 세종 6년에 승격시켜 목으로 삼고, 비로소 지금의 이름인 파주라고 칭하기에 이르렀다. 그 후 다시 여러 차례 변화과정이 있었으나 이름을 고치지 않았고, 건양개혁 때 군으로 삼아 지금에 이른다.

경역 및 넓이

북쪽에서 동쪽에 이르는 사이는 적성·양주와 만나면, 남쪽에서 서쪽에 이르는 사이는 고양·교하와 접한다. 서북쪽의 일부는 임진강이 장단군과 경계를 이룬다. 그 넓이는 동서 최장 30리 20여 정, 남북 최장 60리 10여 정으로 본도에서 큰 군 중 하나이다.

지세

군의 북쪽 적성군 경계에는 파평산(높이 463미터) 및 만월봉(滿月峰) 등의 높은 봉우리가 솟아 있으며, 동쪽 양주군 경계에도 또한 만만치 않은 높은 봉우리가 솟아 있는데, 그 지맥이 군내를 종횡으로 뻗어 있다. 그래서 동북부 즉 구 의주가도 동쪽 일대의 땅은 모두 산악지라고 할 수 있다. 그리고 평지는 문산포의 서쪽에 있어서 임진강에 합류하는 하천 유역에서 볼 수 있을 뿐이다. 그래서 그 경역이 광대함에도 불구하고 경지는 대단히 적어서 논 948정보, 밭 853정보에 불과하다.

하천

하천으로 주요한 것은 앞에서 설명한 평지를 구성하는 것으로, 이 강은 근원이 동쪽 양주 고령산(高嶺山)의 북쪽인 계곡에서 발원하여 북서쪽으로 흘러, 의주가도를 가로 지른 다음, 그곳에서 서쪽으로 방향을 바꾸어 교하군으로 들어간다. 현암리(絃岩里)의 남쪽에서 북쪽으로 방향을 바꾸어 문산포(汶山浦)에 이르러 다시 서쪽으로 흘러서 임 진강으로 흘러들어 간다. 그 길이가 다소 길고 또한 굴절이 심하므로, 군내의 여러 물길 이 자연히 이 강으로 모여드는 것이 많지만, 강폭은 그다지 넓지 않고, 수량도 또한 적다. 그렇지만 하구는 조석의 영향을 크게 받으므로, 만조 시에는 하구에서 10정 정도 되는 문산포까지 대부분의 배가 거슬러 올라갈 수 있다.

파주읍

군치인 파주읍은 의주가도에 연하며, 북쪽으로 임진진(臨津鎭)까지 약 20리, 서북쪽 으로 문산포(汶山浦)까지 10리 남짓, 남쪽으로 고양(高陽)까지 45정도이다. 과거에는 도성의 관문으로서 대단히 중요한 곳 중 하나였으나, 교통로 이전의 영향은 이곳에도 미쳐서, 지금은 단지 군치이기 때문에 그 명맥을 유지하는 데 그치고 있다.

구획

군의 구획은 파평(坡平) 천현(泉峴) 광탄(廣灘) 조리(條里) 자암(紫岩) 오리(烏里) 마정(馬井) 신속(新屬) 운천(雲泉) 칠정(匕井) 주내(州內) 백석(白石)의 12현이다. 그중 파평 신속 마정 오리 네 면은 임진강 연안에 늘어서 있으며, 파평은 북쪽 적성군 경계에, 오리는 남쪽 교하군 경계에 있다. 기타 여러 면의 배열을 개관하면 천현 광탄 조리 자암의 각 면은 파평의 남쪽에서 양주 고양 교하 세 군의 경계 방향으로 차례로 이웃하고 있으며, 서남쪽 강 연안에 위치하는 오리면에 이른다. 즉 파평 이하 오리의 여섯 면은 북쪽에서 동쪽을 거쳐 서남으로 돌면서 동시에 다른 군과의 접경 지역을 이룬다. 운천 칠정 주내 백석의 네 면은 여러 면에 의하여 둘러싸여 있다. 그리고 운천면은 북쪽의 신속 마정 두 면과 접하고, 칠정 주내 백성 세 면은 그 남쪽에 이웃하고 있다. 의주가도로 통하는 것을 나열해 보면, 신속 칠정 주내 광탄 4면이고, 광탄의 남단, 고양군 경계에는 혜음령이라는 험지가 있다. 신속의 북쪽 끝 강 연안에는 임진진이라는 관문이 있다. 또한 경의철도 선로가 통하는 곳을 열거해 보면, 마정 칠정 백석 자암 4면이며, 마정면에는 임진강역, 칠정면에는 문산역이 있다. 여러 면 중에서 농산물이 풍부한 것은 칠정 백석 오리 방면이고, 토지가 가장 험준한 것은 파평 천현 방면이라고 한다.

강 연안의 개황

강 연안에 있는 각 면은 앞에서 설명한 네 면이며, 그 남북 양쪽 끝 지역을 개관하면, 오정면의 추동리(楸洞里) 부근은 남쪽 끝이며, 파평면의 장파리(長坡里) 부근은 북쪽 끝이다. 이 일대에서 강은 대단히 구불구불하게 흐르므로, 그 연안선은 대단히 길어서, 대략 60리 10여 정에 이른다. 임진강은 물이 얕고 흐름이 빨라서 선운[航運]의 이로움이 많지 않지만, 평저(平底)이어서 흘수가 얕은 작은 기선은 밀물을 타고 장파리의 상류인 대안 장단군 고랑포(高浪浦)까지 거슬러 올라갈 수 있다. 이 강에서 얼마간 하천어업을 영위하고 있기는 하지만, 지금 그 상황을 자세히 언급하지는 않을 것이다. 종래 군의 물산으로서 열기된 것을 보면, 숭어, 게, 웅어, 은어 등이다. 그러나 그 산액이 많지 않을 것이라는 점은 강의 형세를 보면 상상할 수 있을 것이다. 더욱이 이 군을 이 책에 기재한 것은 단지 강 연안에 면한 집산지로서 소개하기 위한 것일 따름이다.

문산포

본군의 집산구인 동시에 경의선 선로 가운데서도 중요 지역이다. 부근의 농산물은 물론이고 유명한 장단군의 콩도 이곳에 집산되는 것이 대단히 많다. 따라서 고랑포 또는 인천과의 거래도 활발하게 행해져서, 일본 상인으로 이곳에 거주하는 사람도 또한 적지 않다. 음력 매 5·10일에 장시가 개설되며 집산액이 제법 많다. 그 밖에 본군의 장시로는 조리면의 조리동(條里洞)에서 매 2·7일, 파평면의 유림(楡林)에서 매 4·9일에 개설된다. 각 장시의 집산화물은 대개 비슷한데, 그 종류는 포목 비단 면사 미곡 염건어 철기 연초 과일 초물(草物) 석유 소 닭 계란 등이다.

문산역

문산포의 동쪽 10정쯤에 있다. 본역에서 용산역까지 29.4마일, 개성까지 17.1마일이며, 그 승차 요금은 용산 3등에 90전(錢), 개성까지 95전이다. 또한 본역에서 파평읍까지는 10리쯤이며, 적성읍까지는 50여 리이다. 그리고 적성 이동의 북마전(北麻田) 연천(漣川) 등을 거쳐 강원도 철원읍에 이르는 우편선로는 본역에서 철도와 연결된다. 즉 본역은 경원선이 개통되는 날까지는 앞에서 언급한 지역 외에 삭녕읍 및 황해도의 토산, 강원도의 안협(安狹) 이천(伊川) 등과 교통하는 주요한 연락 지점이라고 한다. 역의 동쪽 약 30정 거리에 마을이 있는데 대덕리(大德里)라고 한다. 이곳에 두 능이 있는데, 하나는 조선 천고의 괴걸(怪傑) 대원군의 능이고, 하나는 대원군 부인의 능이다. 최근에 경성의 공덕리(孔德里)에서 옮겨 왔다고 한다. ▲ 임진강역(臨津江驛, 림진강역)은 강 연안에 있으며 원래 가교 공사 중인 가설 역이었으나, 출하(出荷)가 비교적 많기 때문에 공사가 끝난 다음에도 여전히 철폐하지 않고 있다. ▲ 임진진(臨津鎭, 림진진)은 역의 동쪽 약 10리에 있으며, 의주가도 중 강 연안의 관문으로서 강변에 석성을 쌓았는데 누문도 설치한 대단한 요새 중 한 곳이다. 이곳도 또한 임진년의 사적으로서 저명한 장소라고 한다.

제12절 장단군(長湍郡)

개관

연혁

원래 고구려 장성현(長城縣)이었는데, 신라 경덕왕이 지금의 이름으로 고쳐 우봉군 (牛峰郡)의 영현으로 삼았다. 고려 목종 4년에 승격시켜 단주(湍州)라고 하였고, 현종 9년에 다시 장단현으로 삼았다. 문종 16년 개성부의 직할로 삼았다. 조선 태종 14년에 임강현을 합하여 장단이라고 하고, 후에 다시 장단을 임진에 합하여 임단현(臨湍縣)이 라고 불렀다. 후일 세종에 이르러 다시 장단현으로 삼았으나, 세조 2년 장단 임강을 임진에 붙여서 임진현으로 삼았다. 그러나 오래 지나지 않아서 임강 임진을 장단에 합 치고 이에 다시 장단이라고 칭하기에 이르렀다. 그 후 군으로 삼았고 다시 도호부로 승격시켰으나, 건양개혁 때 다시 군으로 삼아 지금에 이른다.

경역

사방 경역은 북쪽으로 삭녕군(朔寧郡)에 동쪽으로는 연천(漣川) 마전(麻田) 두 군 에, 동쪽은 임진강으로 적성(積城) 파주(坡州) 교하(交河) 세 군과 경계를 이루며, 서 남쪽은 풍덕군(豊德郡)에, 서쪽은 개성군(開城郡)에, 서북쪽은 황해도의 금천군(金川 郡)에 이른다. 그 넓이는 대단히 넓어서, 동서 약 60리, 남북 약 100리에 이를 것이다.

지세

지세는 읍지(邑誌)에 기록된 바에 의하면, 동북쪽에 산이 많은데 이를 노상(路上)이 라고 하며, 서남쪽에는 들이 펼쳐져 있는데 이를 노하(路下)라고 한다. 대체적으로는 이와 같은 상황이다. 그러므로 경지는 서남부에 있으며 동북부에는 많이 보이지 않 는다. 다만 노상 노하라는 호칭은 종관가도의 상하를 의미한다는 사실을 알아야 할 것이다.

장단읍

군치 장단읍은 백학산(白鶴山, 일명 백악白岳이라고 한다)의 남쪽 기슭에 있으며, 의주가도를 통하여 남쪽 경의선 장단역에 이르는 사이는 15리 정도이다. 이곳에 치소를 둔 것은 조선 광해군 5년으로 지금부터 실로 297년 전이라고 한다. 그리고 그 이전에는 도원역(桃源驛)이 있는 곳에 설치하였다. 지금 읍은 군의 수부(首府)에 불과하지만, 과거에는 도호부를 두고 또한 진을 두기도 하였고, 또는 방어사 토포사가 재임하였던 근기(近畿) 지역의 요지 중 하나였다. 그러므로 인가가 조밀하고 시가는 잘 발달되어 있어서, 파주군 고양군 등과 비교하면 훨씬 뛰어나다. 매 3·8일에 장시가 개설되는데, 그 집산물은 각지의 장시와 다를 바가 없지만, 대추, 곶감 밤, 배 등은 부근의 명산물이어서, 이들 과일의 집산이 많다. 현존하는 관청으로는 군아 이외에 헌병분견소, 우편국 등이 있다. 의주가도를 북쪽으로 나아가면 개성까지 40리, 남쪽 파주군의 임진진까지 약 20리이다. 그러나 지금은 이 가도에 여행객의 왕래가 적다. 장단역에서 개성까지 7~8 마일, 용산까지 36~37마일이며, 승차 운임은 개성 30전, 용산 1원 11전이다. 장단역 부근의 명소 중 하나로 풍덕군에 속한 덕적산(德積山)이 있다. 역에서 서북쪽으로 20리 정도 떨어져 있는데, 산의 사방은 기암괴석이 높이 솟아 있고 험한 절벽으로 이루어져 있지만, 북동쪽은 다소 완만하여 이곳으로 산에 오를 수가 있다. 정상에 이르면 산 위에 40여 호의 인가가 있어서 마을을 이루고 있다. 이곳에 묘(廟)가 있는데 고려의 재상 최영을 모신다고 한다. 그리고 이곳에 흩어져 있는 40여 호의 인가는 곧 참배하는 사람들에 의지하여 생활한다고 한다. 그래서 마을 사람들이 최영을 숭배하는 마음이 왕성함을 엿볼 수 있다. 산의 높이는 279m이다. 산 중에는 기이한 경치가 많고 또한 조망도 역시 대단히 좋다.

구획

군의 구획은 대남(大南) 소남(小南) 강북(江北) 강서(江西) 대위(大位) 강남(江南) 고남(古南) 장현내(長縣內) 장서(長西) 장북(長北) 동도(東道) 서도(西道) 송서(松

西) 송남(松南) 진북(津北) 현내(縣內) 진동(津東) 중서(中西) 상도(上道) 하도(下道)의 20면이다. 그 대다수는 경의철도 노선의 동북쪽에 위치한다. 서남에 위치하는 것은 중서 상도 하도뿐이다. 또한 의주가도는 이 세 면의 동북쪽에 인접하는 진동 현내 진북의 세 면을 통과한다. 이 세 면과 앞에서 말한 중서 상도 하도 세 면이 이른바 노하(路下) 지역으로, 지세가 대체로 평탄하지만, 다른 14면은 소위 노상(路上) 지역으로 그 대부분은 험준한 산지라고 한다.

연안 주요 마을

강 연안에 있는 주요 지역은 장서면의 고랑포(高浪浦) 용산(龍山), 진동면의 하포(下浦) 동파리(東坡里), 현내면의 정자포(亭子浦) 덕산진(德山津), 중서면의 노상리(蘆上里) 추촌(楸村), 상도면의 석곶(石串) 강련리(江蓮里), 하도면의 덕산포(德山浦) 율정(栗井) 등일 것이다.

고랑포

고랑포(高浪浦)는 임진강의 상류 강 연안에 있는 마을로 콩, 벼[籾], 장작, 숯의 집산지이므로 대단히 유명하다. 임진강을 거슬러 올라가는 배는 대부분 이곳을 한계로 한다. 더 상류로 갈 수 있는 것은 아주 작은 강배에 불과하다. 그러므로 이곳보다 동북쪽의 물산은 단지 본군의 산출물뿐만 아니라, 적성(積城) 마전(麻田) 연천(漣川) 철원(鐵原) 삭녕(朔寧) 토산(兎山) 안산(安山) 안협(安狹) 지방의 산출물에 이르기까지 대개 이곳을 거쳐 반출되는 것이 상례이다. 따라서 그 집산액의 규모는 무시할 수 없는 것이다. 그러므로 신속하게 일본인들도 거주하여 상업을 영위하며 오로지 인천과의 거래를 행한다. 들은 바에 따르면, 재주 일본인 아무개 등은 석유발동기선을 가지고 본포를 기점으로 하여, 문산(汶山) 월곶(月串) 등을 거쳐 인천에 이르는 항로를 개설하고자 하여, 장차 가까운 시일 내에 사업에 착수하려고 한다. 그리고 항로 운행이 개시되면 1개월에 대략 15회 운항하여, 여객과 화물을 수송하는 동시에 강배의 예선[曳舟]도 행하며, 운임은 곡물 1석에 대하여 인천까지 20전, 석유 1통에 인천부터 8전 5리를 예상하고 있다고 한다. 이제 이 계획을 위하여 조사된 이곳의 1년 중 이출입 화물을 개략적으로 보면, 콩 150,000석, 벼 200,000석, 팥 기타 잡곡 9,500석, 숯 600,000관, 장작 900,000관, 엽연초 10,000태(駄), 기타는 목재 등의 물품으로 그 총액은 1,860,000원이다. 이입에 있어서는 식염 60,000원, 석유 228,000원, 성냥 3,000원, 옥양목 및 목면 30,000원, 면사 10,000원 해산물 30,000원, 기타 15,000두, 380,000원 정도이다. 본포[54]에서 문산까지 13해리, 석곶까지 14해리, 한강 임진강의 회합점까지 18해리, 염하를 통하여 인천까지 38해리 정도이다. 본포에서는 음력 매 2·7일에 장이 열리며, 그 집산도 또한 제법 많다. 본포의 현황은 이와 같지만 그 전도는 어떠할까? 경원철도가 개통되어도 아무런 영향을 받지 않을 것인가? 듣건대 경원선은 철원 연천 등을 통과할 예정이라고 한다. 과연 그렇다면 이곳에 모이던 화물의 대부분은 철로에 의존할 것이다. 만약 불행하게도 이러한 판단처럼 된다면 상당히 비관하지 않을 수 없을 것이다.

용산 하포 동파리 이장포(利長浦) 등은 모두 나루이며, 동파리의 대안은 임진진이다. 그래서 이곳에서는 매 4·9일에 장이 열린다. 석곶은 교하군의 낙하진(洛河津)에 이르는 나루인 동시에 본군 남부 평지의 문호 중 하나로서, 이곳에서 농산물이 반출되는 것이 적지 않다. 그리고 이곳은 전도가 유망한 바가 있을 것이다. 강련리는 예로부터 어선의 정박처로 알려져 있는 곳이고 마을사람 중에도 어로를 영위하는 사람이 있다. 덕산포 율정 초촌은 풍덕군과 경계를 이루는 사천(沙川)에 연하며, 이곳 또한 각 지역 평지에서 바다로 나가는 출구이다.

장시

본군에 있는 장시로는 앞에서 보인 읍내 고랑포 동파리 이외에 강서면의 구화장(九化場, 개시 1·6일), 중서면의 서우장(西牛場, 개시 4·9일), 진북면의 초현장(招賢場, 개시 1일) 등이 있다. 단 초현장은 소 한 종류만 다루며 각종 물품의 집산장은 아니다.

---

54) 한국수산지 원문에는 木浦로 되어 있다.

물산

물산은 곡류로서 특히 장단의 콩은 생산량이 대단히 많을 뿐만 아니라 굵기도 일정하고 품질이 양호한 것으로 이름이 나있다. 그 밖에 면(綿), 마(麻), 송이버섯[松蕈], 대추, 곶감, 배, 녹반석[綠礬] 등은 예로부터 명산물로 꼽히던 것들이다. 해산에 있어서는 웅어, 누치[訥魚], 쏘가리[錦鱗魚], 숭어, 은어, 게, 복어, 뱅어 등이라고 한다.

제13절 풍덕군(豐德郡)

개관

연혁

원래 덕수현(德水縣) 및 해풍군(海豐郡)의 땅이었다. 덕수는 원래 고구려 덕물현(德勿縣, 인물仁勿이라고도 한다)인데, 신라에 이르러 비로소 덕수라고 칭하였다. 해풍은 원래 고구려의 정주(貞州)이다. 고려 초에 개성부에 직예되어 있었으나 예종 3년에 승천부(昇天府)로 고쳤고, 충선왕 3년에 이르러 군으로 삼고 해풍이라고 칭하였다. 조선 세종 24년 덕수현과 아울러 풍덕이라고 이름 지어서, 지금에 이른다.

경역

동쪽은 장단군에 접하고, 북쪽에서 서쪽 일부는 개성군과 만나며, 남쪽 일대는 한강 하구에 면하기 때문에 강화도 및 통진군과 마주 본다.

주요 평지

군의 주요한 평지는 풍덕읍 부근 죽 황강천(黃江川) 연안에 펼쳐져 있는 것과 개성 송악산에서 발원하여 서남쪽으로 흘러 장단군의 반룡산(盤龍山) 등 여러 봉우리에서 발원하여 서남쪽에서 흘러오는 한 물길과 만나고, 동강리(東江里) 용전리(龍田里) 율곶리(栗串里) 등의 동쪽을 통과하여 수운리(水雲里)에 이르러 한강에 합류하는 사천(沙川)의 유역에 있는 것이 그것이다. 그러나 본천의 하류는 장단군과의 경계를 이루는 것으로 그 평지의 대부분은 장단 및 개성군에 속하고, 본군에 속한 것은 넓지 않다. 그 밖에 다소 넓은 평지를 형성한 곳은 앞의 두 평지 중간에 있는 작은 물길 조강천(祖江川)의 연안이라고 한다. 본천은 군내 동부의 여러 물길을 모아서 월암리(月岩里) 동쪽을 지나고 조강포에 이르러 한강에 들어가는 것이다. 그 하구는 마침 대안인 통진군에 속하는 강 연안의 저명한 마을인 강녕포와 남북으로 마주보는 지점이다.

앞에서 말한 평지는 모두 남북에 걸쳐서 길고 폭은 그다지 넓지 않으나 풍덕평지만은 동서의 폭이 최대 10리 10정 정도, 남북의 길이는 20리 정도이다. 또한 이에 연속하여 북쪽을 향하여 10리 이상에 이르는 지대가 있다. 그리고 이 세 평지를 제외하면 모두 산악 또는 구릉이지만, 서부는 대체로 낮은 구릉으로 도처에 경지가 보인다.

하천

하천은 앞에서 설명한 것처럼 모두 짧고 작으며 그래서 수량도 또한 적다. 그러나 각 하구의 수십 정 사이는 조석간만의 영향을 받으므로 이를 이용하면 수운에 편리한 바를 얻을 수 있다. 황강천은 풍덕읍 부근의 금성진(金城津)까지 사천은 동강리 부근까지 작은 배로 항상 왕래한다.

풍덕읍

군치 풍덕읍은 군의 서남부에 해당하는 이른바 풍덕평지의 거의 중앙에 있는 작고 낮은 구릉의 남쪽 기슭에 있다. 육로로 개성에 이르는 길은 40리로 평탄하다. 해로는 그 남서쪽 24~25정에 위치한 황강포에 소기선이 기항하는 편이 있다. 더욱이 작은 배는 읍 부근의 금성진까지 도달할 수 있다. 그러므로 그 교통은 수륙 모두 편리하다고 말할 수 있다. 인가는 많지 않으나, 부근에 마을이 다수 존재하기 때문에 시가는 제법 번화하다. 더욱이 최근 일본인 내방자가 점차 빈번하게 찾아오며, 점포도 몇 집을 볼 수 있기에 이르렀다. 관아로는 군아 이외에 우체소 등이 있다. 이곳 부근은 농산물이 풍부하고 또한 교통이 이와 같이 편리하다. 그러므로 장래의 발전을 기대할 수 있을 것이다. 또한 유망한 지역으로 손꼽을 수 있는 곳이다.

구획

군의 구획은 북면 중면 남면 동면 군남면 서면 군중면 군북명의 8면이다. 북면은 개성과 장단군 사이로 들어와 있어서 그 동쪽 끝으로 경의철도 선로가 지나가는데, 그 부근은 군 내에서 굴지의 농산지이다. 중면은 그 남쪽에 위치하며, 동쪽은 개성수(開城水)의 하류에 의하여 장단군과 경계를 이루며, 남단은 일부가 조금 임진강에 면한다. 그리고 본면의 일부도 또한 군의 주요 농산지로 꼽을 수 있다. 남면 이하 서면에 이르는 4면은 서로 이웃하고 있으며, 한강과 임진강의 합류점에 면한다. 군중 군북 두 면은 이상 각 면에 의하여 동서남쪽 삼면이 포위되어 있고, 그 북쪽만 개성군에 접한다. 다만 군중면은 이른바 풍덕 평지의 중심으로 군치의 소재인 동시에 군 내에서 제일 가는 농산지라고 한다.

강 연안 및 주요 마을

큰 강의 연안은 동쪽 사천(沙川)의 주구(注口)로부터 서쪽 당두포(堂頭浦)의 서쪽에 있는 작은 물길의 배수구에 이르는 사이로서, 그 연안선의 총길이는 대략 80리 정도이다. 그리고 연안의 지세는 구릉이 강에 면한 곳이 아주 많으며, 평지를 이루는 곳은 서부 해창포(海倉浦) 부근부터 개성군 경계에 이르는 사이에 불과하다. 따라서 연안은 대개 험한 언덕이며 그 밖에도 또한 일대가 급경사를 이룬다. 더욱이 간조 때에는 갯벌이 노출되며 뻘도 대단히 깊어서 배를 정박시키기에 편한 곳은 물론이고 배를 댈 적당한 곳도 또한 극히 적다. 그러나 강 연안이 길기 때문에 자연히 연안에 산재하는 마을도 또한 많고 남면에 속하는 식현리(食峴里) 성안(城安) 황산리(黃山里) 정곶리(丁串里) 유천(柳川) 탄포(炭浦) 상조강(上祖江) 하조강(下祖江), 동면에 속하는 망포(望浦) 조문리(照門里) 영정포(領井浦), 군남면에 속하는 흥천포(興天浦) 흥천리(興天里) 월포(月浦) 해창포(海倉浦) 고군리(古郡里) 삼달리(三達里), 서면에 속하는 황강포(黃

江浦) 사분리(寺盆里) 당두포(堂頭浦) 등은 그 주요한 마을에 해당한다. 이들 마을은 연안에서 조금 떨어진 곳에 위치하거나 혹은 강을 바라보는 곳에 위치하고 있다. 또한 어업자가 있기도 하고 없기도 하다. 그중에서 어업이 다소 활발한 곳은 남면의 유천 및 하조강리, 동면의 영정포, 군남면의 흥천포, 서면의 황강포 등이라고 한다. 그 개황은 다음과 같다.

유천

유천(柳川, **류쳔**)은 한강과 임진강의 합류 지역 북쪽의 다소 요입된 부분에 있다. 이곳은 동면으로 부근에 다소의 평소가 있으며 총 호수는 87호이며, 강 연안에서 손꼽히는 마을을 이루고 있다. 그리고 그중에는 어호 6호 20여 명이 있다. 어선은 4척, 궁망 몇 장이 있으며 오로지 새우 어로에 종사한다. 읍까지는 40리, 해암장(蟹巖場)까지는 20리 정도이다. 하조강은 조강천의 하구에 있다. 마을은 낮은 구릉의 중턱에 위치하지만 구릉을 넘으면 곧 이른바 조강천 평지로서, 군 내에서 주요한 농산지이다. 총 호수는 77호이며 그중에는 어호 4호 10명이 있다. 어선 2척, 궁망 몇 장을 가지고 있으며 이 또한 주로 새우 어로에 종사한다. 읍까지 40리가 조금 덜되고, 해암장까지는 20리가 안 된다. 본포의 동쪽에는 대안인 통진에 속한 조강포 간을 왕래할 수 있는 도선장이 있다. 이 지역이 대안과 거리가 가장 가깝고 건너기 편리하므로 서로 왕래가 제법 빈번하다.

영정포

영정포(領井浦, **령정포**)는 강 연안 마을 중에 가장 큰 곳이며 인가는 모두 강변에 모여 있다. 배후 일대에는 작은 구릉이 감싸고 있으며, 앞쪽 연안에 배를 어느 정도 댈 수 있다. 마을의 동쪽에는 작은 개울이 있어서 작은 배 몇 척을 정박시킬 수 있다. 총호 340호이며 그중에는 어호 202호 960명이 있다. 어선은 19척, 낭망(囊網) 19통을 가지고 있으며, 조기 민어 숭어 새우 등의 어업이 활발하다. 대략적인 1년 어획량은 약 28,000여 원을 넘는다고 한다. 다만 조기 민어 등의 어업 때는 연평탄 또는 인천 근해에 출어한다. 본군 연안에서 가장 큰 마을인 동시에 군내에서 으뜸가는 어업지라고 한다. 이곳에는 일본인이 거주하면서 약국을 연 사람도 있다. 통진군에 속하는 강녕포 사이에 나루가 있어서 왕래가 빈번하다. 대안인 강화도와는 부르면 들릴 정도로 가깝지만, 강의 중앙에는 모래톱이 길게 가로놓여 있어서 왕래가 불편하다. 군읍까지는 15리, 해암장까지도 또한 같다.

흥천포

흥천포(興天浦, 흥천포)는 영정포의 서쪽 20정 이내에 있으며, 그 사이는 낮은 구릉으로 길이 험하지 않다. 두 포구 사이는 서로 왕래가 빈번하다. 본포는 남쪽은 큰 강에 면하는 동시에 동쪽으로도 작은 물길에 연하고, 서쪽은 구릉이 둘러싸고 있어 강 연안이 험한 절벽을 이룬다. 그리고 동쪽의 작은 물길은 하구로부터 북쪽 10정 내외에 있는 흥천리까지 작은 배로 거슬러 올라갈 수 있다. 또한 이곳에 작은 배를 정박시킬 수 있다. 총호수는 54호이며 그중에는 어호 10호 30여 명이 있다. 어선 2척 낭망 2장을 가지고 새우 어업에 종사한다. 1년의 어획량은 2,000원을 넘는다고 한다. 읍까지 15리, 해암장까지 20리 정도이다. 본포의 호구수는 많지 않으며, 어업도 아직 활발하지 않지만 바다로 나갈 수 있는 통로로서 군 내에서 손꼽히는 곳이다.

황강포

황강천의 강구를 조금 들어가면 그 서안에 위치하고 있는 마을이다. 황강천은 유역이 크지 않지만 하구 부근은 강폭이 넓고 조석간만의 영향을 많이 받는다. 따라서 밀물 때를 이용하면 작은 기선도 또한 본포의 전면까지 도달할 수 있다. 작은 배는 더욱 거슬러 올라가서 읍 부근인 금성진까지 도달할 수 있다. 그러나 간조시에는 강바닥이 완전히 드러나며, 강 중심의 양쪽은 경사가 아주 급하고 갯벌도 대단히 깊기 때문에, 도저히 걸어서 건널 수가 없다. 그렇지만 본포는 군의 집산지인 동시에 배가 정박하기에도 군 내에서 제일이라고 한다. 본포의 총호수는 43호이며 그중 39호는 어상(魚商)이다. 즉 본포의 주민은 대부분 수산물 매매로 먹고살고 있다고 해야 할 것이다. 범선 13척을 보유하고 일년 내내 앞바다의 각 어장을 돌면서 생어와 선어를 매수해서 그대로 또는 처리하여 각지의 시장에 판매한다. 소위 출매선(出買船)을 업으로 하는 것이다. 본 포구에서 읍까지 약 10리, 해암장까지 30리이다. 또한 강화도의 철곶(鐵串)으로 배로 건너갈 수 있어서 상호 왕래가 항상 끊이지 않는다. 본포의 동쪽 황강천을 사이에 두고 삼달리(三達里)가 있다. 이곳은 본포에 비하여 인가가 많고 제법 큰 마을이지만, 대부분은 농업을 위주로 한다. 삼달리의 동쪽 작은 물길을 사이에 두고 고군(故郡) 및 해창포가 늘어서 있다. ▲ 고군은 덕수현의 옛땅이다. 해창포는 과거에 덕수현의 해구(海口)로서 당시 공미(貢米)를 운반하는 기점이었다고 한다. 해창포 및 강화도 승천 사이에는 나룻배가 있어서, 이곳 또한 상호 왕래가 빈번하다.

장시

장시는 해암장(동면) 청포장(靑浦場, 중면) 읍내장(군중면)의 세 장이 있다. 그러나 청포장과 읍내장은 소시장이며, 각종 물품의 집산시장은 해암장뿐이다. 개설일은 해암장 매 3 · 8일, 청포장 매 1 · 6일, 읍내장 매 3 · 8일이라고 한다.

물산

물산은 보통 농산물을 제외하면 해산물이 있을 뿐이다. 그 주요한 것은 조기 숭어 농이 붕어 닉지 굴 맛 내합 새우 게 능이라고 한다.

제14절 개성군(開城郡)

개관

연혁

원래 신라의 송악(松岳)과 개성(開城) 두 군의 땅이다. 고려 태조가 철원에서 본군의 치소 개성에 도읍을 옮기자 그 땅을 개주(開州)로 삼았고 나아가 황도(皇都)라고 불렀으며, 또한 개성부라고 하였다. 후에 도성 이외의 지역을 따로 다스리기 위하여 개성현을 설치하였다. 조선 태조 3년에 한양으로 천도하자 개성을 송도(松都)라 칭하고 유후사(留後司) 이하 유후부(留後副) 유후단사관(留後斷事官) 경력도사(經歷都事) 등 여러 관직을 두고, 개성현을 폐지하였다. 그 후 부로 삼고 유수(留守)를 두었으나 일단 이를 폐지했다가 다시 유수로 삼았다. 건양개혁 때 유수를 없애고 새롭게 관찰부를 설치하게 되자, 다시 따로 개성군을 두게 되었다(당시 개성관찰부에 속한 것은 평산 개성 풍덕 장단 금천 수안 곡산 삭녕 마전 신계 이천 안협 토산 등이다). 이어서 그 다음해인 병신년에 관찰부가 폐지되는 동시에 군은 다시 부로 승격되었으나, 통감정치가 시작된 이후 명치 40년에 다시 군으로 격하되어 지금에 이른다.

경역

북쪽은 황해도의 금천군에, 동쪽은 장단군에, 남쪽은 풍덕군에 접하고, 서쪽은 예성강이 황해도 백천군과 경계를 이룬다.

지세

영역 안은 대개 산악지이고 평탄지는 단지 개성읍 부근 및 토성읍(土城邑)에서 조금 보일 뿐이다.

개성읍

개성읍은 고려의 수도였으며, 이 땅의 건치 연혁은 앞에서 설명한 바와 같다. 고려가 멸망한 이래 이곳의 번영은 경성으로 옮겨가기는 하였지만, 지금도 여전히 조선의 주요 도회지로서 시가가 번화하고 상업이 대단히 활발하다. 그리고 그 호구는 명치 42년 말 현재 조사한 것을 보면 다음과 같다.

구분	호수	인구		
		남	여	합계
일본인	336	607	478	1,085
조선인	7,859	13,841	12,653	26,494
청국인	21	49	2	51
기타 외국인	7	8	8	16
합계	8,223	14,505	13,141	27,646

이곳은 고려 456년 간 역대의 도성이었기 때문에 명소와 고적으로 유명한 것은 적지 않다. 그러나 대부분은 퇴락하여 지금은 겨우 그 터가 남아있을 뿐이다. 그중에서 저명한 것을 열거해 보면, 만월대(滿月臺, 성내 송악산 기슭에 있다. 고려 왕궁의 폐허이다), 선죽교(善竹橋, 동문 바깥 대묘리大廟里에 있으며 고려 말엽에 신하 포은圃隱[55] 정몽주가 죽은 곳이다. 다리는 화강암으로 만들었는데 다리 윗면에 뚜렷하게 선혈이 흐르는 듯한 흔적을 볼 수 있다. 선승에 따르면 당시의 핏자국이라고 한다. 다리 동쪽에 작은 묘가 있는데 정몽주의 비가 들어 있다. 비 및 묘 안은 가뭄 때에도 늘 습기가 감도는 듯하다. 전하는 말에 따르면 비(碑)가 울어서 그 눈물 때문에 그렇다고 한다), 숭양원(崧陽院, 선죽교의 서쪽에 있다. 원내 비각이 서 있는데 그 안에 훌륭한 2개의 비석이 들어 있다. 하나는 조선 영종의 어제·어필로 이루어진 도덕정충긍만고태산고절포은공道德精忠亘萬古 泰山高節圃隱公이라는 14자가 새겨져 있고. 다른 하나는 인조의 어제·어필로 이루어진 위충대의광우주오도동방뢰유공危忠大義光宇宙 吾道東方賴有公이라는 14자가 새겨져 있다), 목청전(穆淸殿, 성 바깥 동쪽 5리되는 곳에 있는데,

---

55) 원문에는 圃陰으로 되어 있다.

조선 태조의 저택 자리이다), 수창궁(壽昌宮, 서소문 안에 있다. 고려의 궁으로 조선 태조가 또한 이 궁에서 즉위하였다고 한다. 군아로 쓰이고 있는 것이 이것이다), 성균관 (成均館, 성 동쪽 30리 되는 송악산의 동쪽 기슭에 있다. 고려 당시의 대학으로 지금은 단지 성묘聖廟가 존재할 뿐이다), 자하동(紫霞洞, 송악산 기슭에 있다. 계곡 물이 맑고 잔잔하여 경치가 뛰어나다), 채하동(彩霞洞, 송악산의 동쪽 기슭에 있다. 깊고 그윽하 며 산수의 경치가 기이하여 봄여름철에 노니는 사람들이 끊이지 않는다), 관덕정(觀德 亭, 자남산子男山의 정상에 위치한다. 올라가서 보는 전망이 좋다), 군자정(君子亭), 명월정(明月亭, 전자는 두현荳峴 위에, 후자는 그 남쪽에 있다) 등이다.

각 관아와 공서로는 군아 이외에 경찰서 우편국 헌병분대[56] 전매국출장소 민단사무 소 수비대 등이 있다. 회사로는 한국은행지점, 천일은행지점, 종삼회사(種蔘會社), 합 명회사, 개성사(開城社) 등이 있다.

개성역은 서문 바깥 십수 정 거리에 있다. 역에서 용산역까지 46마일 남짓, 평양까지 125마일 남짓이며, 그 승차 운임은 3등으로 용산까지 1원 41전, 평양까지 3원 27전이 다. 본군에 있어서 정차장은 개성역 이외에 토성(土城) 및 계정(鷄井) 두 역이 있다. 개성과 토성 간은 5마일 남짓이며 그 승차 운임은 18전이다. 토성역에서 예성강 벽란도 로 지선이 있다(노선의 길이는 3마일 78케이블이다). 원래 철도 자재 육양(陸揚) 수송 을 위하여 설치한 곳이었는데 지금은 석탄 육양장으로 사용되고 있다. 벽란도는 백천 연안 해주 등에 이르는 나루이며 또한 해로로 인천에 이르는 교통의 요지이다. 그리고 갑오전쟁 때에는 이곳이 일본군의 상륙지점으로 선정된 곳이다. 백천 연안 방면에 이르 는 나루는 벽란도 이외에 전포(錢浦)가 있다.

구획 및 임강면(臨江面)

본군의 각면 중 강에 면한 것은 강남면(江南面) 강서면(江西面) 중서면(中西面) 서 면(西面) 남면(南面)의 다섯 면이다. 그리고 강에 면한 마을 중 주요한 곳은 북서면(北 西面)의 이포(梨浦), 중서면의 전포, 서면의 벽란도, 남면의 예성강리 등이라고 한다.

---

56) 원문에는 憲兵分遣所로 기록되어 있으나 正誤表에 따라 헌병분대로 기록하였다.

그러나 어업과 관계 있는 것은 오직 예성강리 하나가 있을 뿐이다.

예성강리

예성강리(禮成江里, 례성강리)는 예성강의 개구부에 위치하며 호구 172호 640여 명이며, 강에 면한 가장 큰 마을이다. 그리고 주민 중에서 객주를 업으로 하는 사람, 뱃일을 업으로 하는 사람, 어로를 행하는 사람, 주막을 운영하는 사람, 기타 상업을 영위하는 사람 등이 있으며, 생계 상태는 제법 복잡하다. 무릇 이곳은 예성강의 관문인 동시에, 인천 개성 간의 해로교통점이기 때문에 선박이 기항하는 경우가 많은 데서 비롯된 것이라고 한다. 그러나 전안(前岸)의 조석의 차이가 대단히 크고 조류도 또한 빠르며, 갯벌도 깊다. 그래서 간조 때에는 배를 댈 방도가 없다. 어호는 10호이며 어선은 5척이 있다. 외해에 출어하여 조기 민어 등을 어획하는 이외에 전안 또는 벽란도 부근에서 새우궁선을 운용한다. 예성강에서 생산되는 어류는 백하를 주로 하며, 그 밖에 붕장어 숭어 등이라고 한다.

제15절 강화군(江華郡)

개관

연혁

본군을 이루는 것은 강화도와 그 부근에 흩어져 있는 동검도(東檢島) 신노(信島) 시도(矢島) 모도(茅島) 장봉도(長峯島) 주문도(注文島) 매음도(煤音島, 매음도妹音島로도 쓴다) 미법도(彌法島) 서검도(西檢島) 아비도(阿阯島, 해도海圖에서는 權次島라고 기록하였다)[57] 볼음도(乶音島, 해도에는 망도望島라고 기록하였다) 미질도(米叱島, 미도米島라고도 한다. 해도에서는 米+叱點島라고 기록하였다) 및 항산서(項山

---

57) 아차도로 생각된다. 阯는 此의 오기일 가능성이 있다. 『해도』에서도 모두 此를 쓰고 있다.

嶼) 어유정서(魚游井嶼) 죽서(竹嶼) 비가지서(飛加之嶼) 동만서(東曼嶼) 서만서(西曼嶼) 수시서(水時嶼) 모로서(毛老嶼) 궐서(蕨嶼) 등의 여러 도서가 여기에 속한다.

강화도

강화도는 과거의 고비갑차(古比甲次)로 고구려가 처음으로 군을 삼고 혈구(穴口)라고 하였다. 신라가 해구(海口)라고 고치고 진을 두어 해구진(海口鎭)이라고 불렀다. 고려 현종 9년 옛이름 혈구로 되돌리고 현을 두었으나, 고종 19년 몽고의 내습을 피하여 송경(松京)에서 천도하였다. 이에 처음으로 지금의 이름인 강화라고 불렀다. 당시 심주(沁州)라고도 불렀으며 이어서 군으로 승격시켜, 도강(都江) 또는 도심(都沁)이라고 하였다. 원종 때 옛도읍으로 환도하자 강도를 폐지하였다. 충렬왕 때 섬은 일단 인천부에 병합되었으나 후에 다시 부로 삼았다. 조선도 이에 따랐으나 태종 13년에 도호부로 승격시켰으며, 인조 때 유수를 두었고, 숙종 때 진무영(鎭撫營)을 두었고, 정조 때 통어영(統禦營)을 두었다. 혹은 교동으로 이속시키고 혹은 복귀시키는 등 여러 차례 변화가 있었으나 부는 과거대로 유지되었다. 근래 군으로 고쳐 지금에 이른다.

위치와 경역

강화도는 경기만 안에 떠 있는 큰 섬으로 그 위치는 한강 임진강 예성강의 세 강의 개구부에 해당한다. 그리고 그 북쪽에 보이는 육지는 백천 개성 풍덕 세 군이고 동쪽으로는 좁은 물길을 끼고 가까운 거리에 통진군이 있다. 그 동남쪽에 보이는 육지는 김포 부평 두 군이고, 서북쪽에 보이는 것은 교동이며, 서쪽으로 가깝게 바라보이는 것은 매음도, 남쪽으로 점점이 늘어서 있어서 서로 마주보는 것은 모도 신도 시도 용유도 영종도 등의 여러 섬이라고 한다.

넓이

섬의 모양은 남북으로 길어서 최장거리는 약 70리이고 동서는 다소 좁기는 하지만 그 최장거리는 30리 20여 정이다. 그리고 그 면적은 자세히 조사한 것은 아니지만, 이를 지도상에서 측정하면 1,800방리 6정보이다.[58] 본섬은 조선 5대 섬 중의 하나로, 제주도 거제도에는 미치지 못하지만 진도 남해도에 비하면 크다.

연안

섬의 연안은 굴절이 많지 않으며, 그 둘레의 총길이는 섬 크기에 비하여 장대하지 않으나 그래도 대략 50해리에 달할 것으로 보인다. 섬 연안은 대개 육안(陸岸)이지만 험한 절벽은 많이 볼 수 없다. 그러나 동쪽 연안에 있어서는 전체가 장벽을 쌓은 듯하여 올라갈 수가 없다. 무릇 이 장벽이 유명한 강화성의 바깥 둘레라고 한다.

산악

섬의 높은 봉우리는 북부에 2곳, 중부에 5곳, 남부에 2곳으로 모두 9곳이다. 여러 높은 봉우리 중에서 가장 험준한 것은 남서단에 위치한 봉우리로 마니산(摩尼山)이라고 한다. 그 높이는 1,550피트인데, 이 산은 섬 내에서 가장 높은 동시에 경기도 전체에서도 손꼽을 만한 준봉에 속한다. 예로부터 명산으로 그 이름이 두루 알려졌다. 이 산의 북쪽은 경사가 제법 완만하지만 남쪽은 대단히 급하여 까마득한 절벽이므로 거의 올라갈 수 없다. 남동쪽 중턱에 절이 있는데 정수사(淨水寺)라고 한다. 유서가 있는 명찰 중의 하나라고 한다. 올라가 보면 산봉우리가 세 곳으로 갈라지는데, 그중 가장 높은 봉우리에 사방 2장이 넘는 석단이 있다. 이것이 곧 유명한 참성대(塹城臺)인데 참성단(塹星壇)[59]이라고도 한다. 전하는 바에 의하면 옛날 단군이 하늘에 제사 지낸 곳이라고 한다. 사방에 무엇 하나 시야를 가리는 것이 없어서, 북동쪽으로 한강과 임진강부터 동쪽으로 경성외 북한산을 볼 수 있고, 서남쪽 일내는 경기만에 별처럼 흩어져 있는 여러 섬부터 멀리 황해도 장산곶 부근에 떠 있는 여러 섬들까지 모두 한눈에 들어온다.

---

58) 원문은 1,800방리를 넘는 것이 6남짓이라고 하였다. 이 6을 方里 하위 단위인 町步로 해석하였다. 6정보는 0.12방리이다.

59) 원문에는 참성단의 한자를 參星壇으로 기록하였지만 塹星壇의 오기이다. 참성단은 1964년 7월 11일 문화재청에서 사적으로 지정하였다. 정식 명칭은 강화참성단(江華塹星壇)이다. 1955년부터 개천절에 개천대제를 거행하여 현재까지 이어져 있다.

광대한 경치와 섬세하고 정교한 그림을 아우른 듯하여 형용할 말을 찾을 수 없는 지경이다. ▲ 남동쪽 끝에 위치한 높은 봉우리는 길상산(吉祥山)이라고 하는데 높이는 1,082피트이다. 그 북쪽에 솟은 한 봉우리는 아주 높지는 않지만 산정에 석성을 돌려서 눈에 띈다. 이곳이 곧 정족산성(鼎足山城)인데 삼랑성(三郎城)이라고도 한다. 역시 단군 당시의 유적이라고 전하지만 믿기 어렵다. 그렇지만 신라나 고려 이전에 쌓은 것은 분명하다고 한다. 만약 경쾌한 배를 타고 염하를 오르내리면, 섬의 남쪽 끝에 있는 산꼭대기 수림 사이로 석성의 모습을 확인할 수 있을 것이다. 이것이 바로 정족산성이다. 중부에 자리잡고 있는 것은 남쪽을 진강산(鎭江山)이라고 하는데 높이 1,440피트이다. 그리고 이 산의 남쪽 기슭에는 고려 진강현(鎭江縣)의 옛터가 있다. 원래 고구려 때 수지현(首址縣)을 두었던 곳이다. 진강산의 북쪽에 있는 높은 봉우리는 곧 혈구산(穴口山)으로 높이는 1,518피트인데, 섬 내에서 마니산 다음가는 높은 산이라고 한다. 또한 그 북쪽에 솟아 있는 것이 고려산(高麗山)이며 높이는 1,421피트이다. 그리고 군치인 강화읍은 그 동쪽에 있다. 혈구산의 서쪽 끝이 평지가 되었다가 다시 서쪽 연안으로 융기한 것이 있는데, 이를 망산(望山)이라고 한다. 높이는 963피트인데, 산자락이 바로 바다에 접해 있다. 북부에 있는 높은 봉우리는 서북부에 솟은 것을 별립산(別立山)이라고 하며, 그 동쪽 즉 북쪽 산록에 제법 중앙에 솟은 산을 봉천산(鳳千山)이라고 한다. 봉천산은 봉두산(鳳頭山)이라고도 하는데, 그 산록에 고려 하음현(河陰縣)의 옛터가 있다. 이는 또한 신라 때 해구현(海口縣)을 두었던 곳이라고 한다. 별립산과 봉천산의 높이는 전자는 1,331피트, 후자는 946피트이다.

지세 및 경지

이 섬의 산악은 이처럼 고준한 것이 제법 많지만 대체로 외딴 봉우리이며 연봉을 이루지 않는다. 더구나 각 봉우리 사이는 모두 비옥한 평야가 잘 펼쳐져 있어서, 경지가 아닌 곳이 없다. 경기도 중 손꼽을 만한 농업지대로 들 수 있는 곳이다. 민유에 속하는 경지의 면적을 조사해보면, 밭이 870여 결(結), 논이 2,235결 남짓이다. 그리고 밭 1결은 일본의 면적 단위(町段步)로 환산하면, 대략 2정(町) 8보(步)이고 논 1결은 1정(町) 7단(段)

3무(畝) 3보(步) 정도이므로, 밭은 약 1,640여 정보, 논은 3,870정보에 상당한다.[60] 더욱이 이 섬에는 관유지도 많으므로 그 총면적은 적어도 6,000정보 이상에 달할 것이다.

강화읍

강화읍은 고려산과 혈구산의 동쪽 낮은 구릉 사이에 위치하며 주위에는 석성을 둘렀다. 성 안에 과거의 이궁 및 기타 관청이었던 건축물로서 큰 것이 적지 않다. 시가도 또한 잘 발달하여 아주 번화하다. 장시는 음력 매 2·7일에 개설하며, 시장이 한 번 열릴 때 집산액은 평균 2,100여 원이 넘는다고 한다. 현재 관아로는 군아 이외에 경찰서 우편국 등이 있다.

고려 고종 때 천도한 장소는 읍의 남쪽에 이어진 구릉지이다. 당시 궁전을 두었던 곳은 지금은 분명히 알 수 없지만, 성의 동남쪽 정자산(亭子山) 부근에 큰 건물 유적, 담장 초석, 기와 등이 밭이랑 사이로 여기저기 남아 있는 것이 아마도 그 흔적일 것이라고 전한다.

호구

섬 안의 호구는 7,150여 호, 24,180여 명이며, 소속 도서의 호구는 모두 1,330여 호 4,580여 명이다. 그리고 그 합계는 8,490여 호 28,760여 명이다. 이것이 강화군 전체의 호구라고 한다.

구획

섬 안의 사치구보 17면이 있다. 그리고 다른 소속 도서는 따로 면을 조직하지 않았다. 각각 독립적으로 한 구역을 형성하고 이장 1명을 선임하여 도를 관할하도록 한다. 각 면 및 자치구를 이루고 있는 섬을 열거하면 부내면(府內面) 송정면(松亭面) 장령면(長嶺面) 선원면(仙源面) 불은면(佛恩面) 길상면(吉祥面, 소속 도서로 항산서項山嶼가

---

60) 당시 일본의 1町步는 10段步, 100畝, 3,000坪(步)였다. 밭 1결은 6,008평, 논 1결은 5,193평으로 환산한 것이다.

있다) 하도면(下道面) 상도면(上道面) 위량면(位良面) 인정면(仁政面) 내가면(內可
面) 외가면(外可面) 하음면(河陰面) 간점면(艮岾面)[61] 서사면(西寺面) 북사면(北寺
面) 삼해면(三海面) 및 동검도 신도 시도 모도 장봉도(비가지서 동만서 서만서 등이
여기에 속한다) 주문도(수시서가 여기에 속한다) 매음도(어유정서 죽서가 여기에 속
한다) 미법도 서검도(궐서가 여기에 속한다) 아점도(阿岾도) 볼음도 미질도 등이다.
임해면 및 여러 섬의 개황은 다음과 같다.

송정면(松亭面)

서쪽은 삼해면에, 남쪽은 부내면에, 동쪽은 장령면에 접하고, 북쪽은 한강과 임진강
의 공동하구에 연하며, 풍덕군의 동면·군남면과 마주 본다. 이 지역은 대체로 평지이
며 연안에는 송정(松亭) 숭뢰동(崇雷洞) 신성동(申城洞) 등의 마을이 있다.

송정

송정(松亭, 숑정)은 숭릉포천(崇陵浦川)의 개구부에 위치하는 작은 마을로, 총호수
20호 중에 어가 2호 10명이며, 어선 2척 삼베그물 2기(機)가 보유하고, 봄철 외해로
나가서 조기 어업에 종사한다. 한 어기 중에 어획고는 대략 1,600원이라고 한다. 이
포구에서 읍성까지는 10리 정도이다.

신성동

신성동(申城洞, 신성동)은 송정의 동남쪽 언저리에 있다. 총호수 67호 중 어호는 1호
에 불과하다. 그러나 어선 2척과 어망 2기를 보유하고 있고, 봄 여름 가을 모두 백하(白
蝦) 어로에 종사하며 1년의 어획고는 800여 원이 넘는다고 한다.

장령면(長嶺面)·선원면(仙源面)

두 면은 모두 동쪽 연안 지역으로 장령면의 북쪽은 송정면이라고 하고, 선원면의 남

---

61) 원문에는 止+占으로 되어 있다.

쪽을 불은면이라고 한다. 장령면의 북서쪽 및 선원면의 서쪽에는 구릉이 오르내리지만 나머지는 평지로 경지가 넓다. 장령 선원 두 면의 경계에 동락천(東洛川)이라고 부르는 작은 개울이 있는데, 이 개울은 혈구산의 동쪽 기슭에서 발원하여 읍성의 남쪽을 통과해 오는 것이다. 그 유역은 대단히 짧고 작지만, 읍성 이동에서 하구에 이르는 20여 정 사이는 모두 평탄지이고, 강바닥의 경사[勾配]도 또한 대단히 완만하다. 그래서 밀물 때에는 바닷물이 멀리까지 거슬러 올라가 걸어서 건널 수가 없다. 두 면의 연안에는 마을이 적고, 장령면의 연안에는 고성동(高城洞), 월곶동(月串洞, 월관동)[62], 갑곶동(甲串洞) 등이 있다.

월곶동

월곶동(月串洞)은 종래에 관방의 요지로서 진을 두었던 곳이다. 동쪽 강 연안의 외성은 이곳을 북쪽 기점으로 하여 남쪽인 초지진까지 이어지는 것이다. 그리고 그 전체 길이는 대개 50리에 이를 것이다.

갑곶동

갑곶동(甲串洞, 갑관동)은 과거 갑비고차(甲比古次)이다. 통진군 문주산성 안에 있는 성내리와 연결하는 지점으로 과거에는 진과 해관을 두어 요해지로서 심히 엄중하였다 그리고 그 언덕 아래로는 한강이 지나며 동쪽으로 문주산성을 바라본다. 경기 지역의 경치가 좋은 곳 중 하나라고 한다. 읍성까지 10리 쯤이며, 큰 길이 있고 또한 평탄하다. 선원면에는 강변에 마을이 없다. 또한 두 면 모두 어로를 업으로 하는 사람은 없다.

불은면(佛恩面)

북쪽은 선원면이고 남쪽은 길상면이다. 북쪽의 선원면 경계에는 대청포천(大靑浦川)이 있다. 이 강은 진강산의 북쪽 기슭에서 발원하는 것으로 유역이 비교적 길며,

---

62) 『한국수산지』에서는 串을 '관'으로 읽었으나 실제로는 대부분 '곶'으로 읽힌 것으로 보인다. 지금도 강화도 강화읍에 월곶리가 있다.

그 유역에는 평지가 넓게 펼쳐져 있다. 다만 이 평지의 주요부는 인정면 선원면 두 면에 속하고, 본면에 속하는 것은 넓지 않다. 강 연안에는 잉성(芿城) 광성(廣城) 덕진(德津) 등의 마을이 있는데, 모두 강화의 요새로 과거에는 중요한 지역이었다.

광성

광성(廣城, 광성)은 돌각에 위치하며 동쪽은 험한 절벽을 이룬다. 강이 이곳에 이르러 심하게 굴절한다. 따라서 격류가 기슭에 부닥쳐 끓어오르듯이 소용돌이치는 것이 마치 호우 때에 큰 물이 협곡을 쏟아져 내려오는 것과 비슷하다. 그러므로 본래 거슬러 올라가는 항행은 불가능하지만, 흐름을 타고 오는 것 또한 그 흐르는 기세가 강할 때는 이곳을 통과하는 일은 극히 위험하다. 이곳이 한강 항로 중에서 가장 큰 난관으로 알려진 이유이다. 그러나 돌각의 북서쪽은 다소 작은 요입을 이루어 이곳에 몇 척의 작은 배를 댈 수 있는 여지가 있다. 그래서 지나가는 배가 때때로 머물면서 조류의 상태를 기다리는 경우가 있다. 이 주변의 강의 형세가 이와 같이 위험하지만, 이곳도 또한 갑곶동과 마찬가지로 대안의 육지와 연락하는 지점이기 때문에 과거에는 요새 광성보(廣城堡) 이외에 광성관(廣城關)을 설치하였다. 험난한 지형으로 천혜의 요새였다. 그러나 지금은 인가가 많지 않아서 총호 24호를 헤아릴 뿐이다. 농업 외에 나룻배[渡船]을 업으로 하는 사람, 주막을 영위하는 사람도 있고, 어호도 또한 1호가 있다. 그리고 그 어획물은 숭어를 주로 한다. 이를 어획하는 데는 비단그물[紬網]을 사용한다고 한다. ▲ 덕진은 과거에 진(鎭)을 두었던 곳이며, 광성의 북쪽 18정 정도에 위치하며 총호수가 50호에 달하여, 강 연안에서 번성한 구역 중 하나라고 한다. 그리고 이곳에도 역시 어로를 영위하는 사람이 1호 있다.

길상면(吉祥面)

강화도 남서단에 있으며, 북쪽 경계는 불은면 서쪽 경계는 위량·상도·하도 세 면이다. 본면의 남단에는 길상산이 솟아 있고, 그 북쪽으로 정족산이 이어진다. 그러나 그 밖에는 낮은 구릉 또는 평지로 경지가 많다. 본면의 북쪽 경계 부근에는 굴곶천포(屈串

川浦)가 있고 서쪽 하도면 경계에는 선두포천(船頭浦川)이 있다. 선두포천의 개구부는 길상산과 마니산 사이에 있는 깊은 만입으로 강화에서 가장 큰 만이다. 그러나 만은 물이 얕고 평조(平潮) 때에도 바다 바닥이 노출되며 좁은 물길이 있을 뿐이다. 만 안에는 사빈(沙濱)이 있다. 그리고 그 배후에는 갯벌이 있어서, 사빈이 자연적인 제방 역할을 한다. 이 뻘밭은 면적이 제법 넓어서 매축하여 밭으로 만들 수 있을 것이다. 본면 연안 마을로서 주요한 것으로는 장흥(壯興) 초지(草芝) 선두포(船頭浦) 등이 있다.

장흥

장흥(壯興)은 초지와 함께 동쪽 연안에 있으며 총호수 105호의 큰 마을인 동시에 어호 27호 70여 명이 있어서 또한 섬 안에 손꼽히는 어촌을 이룬다. 그리고 어선은 5척, 어망은 삼실 그물 2기, 무명실 그물 5기, 비단실 그물 3기가 있다. 각종 어업을 행하지만 그중에서도 주요한 어획물은 봄철에는 조기, 여름철에는 준치, 가을철에는 숭어 등이다. 다만 준치와 숭어는 근해를 어장으로 하지만 조기는 멀리 연평 지방에 출어한다.

초지

초지(草芝)는 장흥의 동남쪽 강 연안에 있다. 이 또한 과거에는 강화도에서 유명한 중요 진지였다. 그리고 그 종호수는 지금도 여전히 160여 호를 헤아리며, 장흥과 더불어 연안의 주요한 큰 마을을 이룬다. 부근에는 경지가 많고 주민은 원래 농사를 주로 하지만 어업도 또한 제법 활발하여 어호 10호 30여 명, 어선 4척, 삼실 그물 1기, 무명실 그물 3기가 있다. 마을의 동남쪽에는 남쪽으로 위험한 갑각이 돌출해 있으며, 이곳에서 섬 연안이 서남쪽으로 방향이 바뀐다. 그래서 강은 갑자기 넓어져서 넘실거리는 큰 바다를 이룬다. 그러나 그 돌각의 남동쪽에는 물 아래 암초가 가로놓여 있고 물길이 좁다. 이곳이 바로 한강 항로 중 최난소로 유명한 소위 초지의 난관이라고한다. 다만 돌각에는 육표(陸標)가 있다. 본포에서 북방으로 읍까지는 30리, 덕진까지는 15리이다.

선두포

선두포(船頭浦)는 길상산의 남쪽 기슭부터 정족산의 남쪽 기슭에 흩어져 있는 마을의 총칭으로서, 그 총호수는 170여 호를 넘을 것이다. 그중에 어호 26호 120명이 있다. 어호들은 길상산의 남쪽 기슭에 흩어져 있다고 한다. 이 일대는 산지여서 경지를 볼수 없다. 이 때문에 자연히 어업이 발달하였을 것이다. 어선은 19척, 삼실 그물 13기, 무명실 그물 5기, 비단실 그물 1기를 보유하고, 각종 어업을 행하며, 조기 준치 백하등의 어획이 제법 많다.

하도면(下道面)

하도면은 강화도 남서단에 있으며 마니산이 자리하고 있는 지역 일대가 이곳이라고 한다. 그래서 전역은 모두 산지이며 평지는 없다. 마을은 마니산의 북쪽에 상방동(上坊洞) 문산동(文山洞), 동쪽에 덕포동(德浦洞) 사기동(沙器洞), 남쪽에 동막(東幕) 흥왕동(興旺洞) 여차동(如此洞) 장곶동(長串洞), 서북쪽에 선수(仙水) 내동(內洞)이 있다. 그리고 이들 마을 중에 호구가 많은 곳은 여차동의 90호 400여 명, 흥왕동의 89호 340여 명, 장곶의 73호 320여 명, 상방동의 70호[63] 310여 명 등이라고 한다. 모두 2~3호 내지 4~5호의 어호가 있으며, 조기 중선 및 기타 어업을 행하지만 활발한 데 이르지는 못했다. 길상산의 남동쪽에서 마니산의 서남쪽 일대에는 갯벌이 펼쳐져 있어서 멀리 장봉도 부근에 이른다. 그래서 만조시가 아니면 작은 배도 또한 착안할 수 없다. 그렇지만 서쪽에 있는 내동과 선수에 있어서는 언제라도 배를 댈 수 있는 편리함이 있으며 또한 대부분의 배가 가박할 수 있을 것이다. 다만 이 방면은 이른바 매음수도로서 그 조류는 밀물 썰물 때 모두 심히 급격하여 주의를 요한다. 본면의 서각 즉 섬의 서남각은 제법 길이가 긴데, 매음도의 속도인 어유정도를 마주 보며 수도의 남쪽 입구를 지키고 있다. 해도에서는 이곳을 장곶(長串)이라고 기록하였다. 무릇 장곶동의 속지이기 때문에 붙은 이름일 것이다. 이곳에서 과거 강화도 요새의 하나였던 포대의 유적을 볼 수 있다. 장곶동은 그 남쪽에 있는 요입부에 존재하며, 이곳도 또한 과거에 만호

---

63) 『한국수산지』 원문에는 7호라고 되어 있으나 탈자가 있는 듯하다. 일단 70호로 번역하였다.

장곶진을 설치하였던 곳으로 주변의 포대는 그 소관이었다. 홍왕동은 마니산 높은 봉우리의 남쪽 기슭에 위치하는 마을로, 전면에는 얼마간의 개활지가 있다. 본동에는 고려 천도 당시의 이궁이 있었다고 하는데 지금은 분명하지 않다.

상도면(上道面)

상도면은 마니산과 진강산 사이에 있는 개활지에 있으며, 그 전역은 모두 평탄하다. 마을로는 조산(造山) 장하동(場下洞) 장두동(場頭洞) 송강동(松崗洞) 능내동(陵內洞) 하일동(霞逸洞)이 있지만 대부분 농촌이고, 어업자는 송강동의 한 곳 및 하일동에 있어서 두세 곳에서 볼 수 있을 뿐이다. 다만 송강동의 한 곳이라고 말한 곳은 하도면의 내촌과 서로 이어져 있는 사빈의 북쪽에 있는 마을이고, 하일동은 진강산의 서쪽 기슭에 위치하는 작은 마을이다. 모두 배를 대기에 용이하지만 배를 정박하기에는 불편하다. 그렇지만 부근에 경지가 넓기 때문에 이주 근거지를 경영할 적지가 될 것이다.

위량면(位良面)

위량면은 진강산과 혈구산 사이에 위치하는 서쪽 연안의 땅으로 비교적 넓은 개활지가 있다. 본면 연안의 주요 마을을 들자면 건평(乾坪)과 정포(井浦)일 것이다.

건평

건평(乾坪, 간평)은 연안의 다소 중앙에 위치하는 마을로 그 서쪽에는 작은 구릉이 해안에 솟아 있다. 이것을 본포를 찾는 목표로 삼는다. 총호수는 150호에 이르지만 진강산 북서쪽에 점점이 산재하는 여러 지역의 호수도 여기에 포함시킨 것이라고 한다. 주민은 모두 농가이지만 그중에는 백하 어획에 종사하는 사람 4호가 있다. 이 마을의 서쪽에 솟은 작은 구릉 남쪽은 동북으로 향하여 다소의 만입을 이룬다. 이곳에 배를 세울 수 있지만 여러 방향의 바람을 피하는 데 충분하지 못하다. 본포도 또한 이주 근거지 경영에 적합한 땅이 아닐까.

정포

정포(井浦, **정포**)는 본면의 북쪽 경계 즉 망산의 남쪽 기슭에 위치하며 남쪽을 향한 마을이다. 그리고 그 서쪽에는 망산의 남은 기운이 뻗어서 제법 남쪽으로 돌출되어 있으며, 또한 그 남서쪽 일대는 매음도의 남동단이 막아주는 역할을 한다. 그래서 배를 세워두기에 제법 양호하여, 강화도 중에서 주요한 항구의 하나로 꼽을 수 있다. 본포는 강화 매음 두 섬의 연락지점으로 나루의 이름을 정포진(井浦津)이라고 한다. 두 지역 사이는 17~18정에 불과하지만, 조류가 급할 때는 건널 수 없다. 본포의 총호는 60여 호이며 어호는 7호가 있다. 그리고 그 어획물의 주된 것은 뱅어와 민어 등이라고 한다.

내가면(內可面) · 외가면(外可面)

내가면 · 외가면은 망산의 북쪽 별립산의 남쪽에 위치하며, 고려산은 두 면의 거의 중앙에 뻗어 있다. 혈구산 및 망산의 북쪽과 고려산 사이는 내가면이고, 고려산과 별립산 사이는 외가면이다. 두 면을 연락하는 평지는 섬의 평지 중 가장 중요한 것으로 섬의 동북안까지 뻗어 있다. 그리고 동북안에 있어서 이 평지에 위치하는 면은 삼해와 송정이라고 한다. 두 면이 지세가 이와 같으므로 자연히 농업이 활발하며 마을이 해안에 위치한 것이 적고 어로에 종사하는 사람도 또한 매우 드물다. 각 마을 중 다소 해산의 이로움이 있는 곳은 내가면의 황청포(黃淸浦), 외가면의 망월동(望月洞)이지만 두 마을 모두 어호는 겨우 2호가 있을 뿐이며, 더욱이 백하와 조기 등을 조금 어획하는 데 불과하다.

간점면(艮岾⁶⁴⁾面) · 서사면(西寺面) · 북사면(北寺面) · 삼해면(三海面)

간점면은 이가면의 북쪽인 별립산이 자리한 지역이고, 서사 북사 두 면은 북안 일대의 지역이다. 삼해면은 북쪽은 북사면에 접하고 동남쪽은 송정면, 남쪽은 부내면과 만나며, 그 임해 구역은 넓지 않다. 그러나 이 지역은 대체로 평지로서 농산이

---

64) 원문에 止+古로 기록되어 있는데 현재 글자를 찾을 수 없다. 岾의 오기로 보인다. 간점면(艮岾面)으로 번역하였다.

풍부하다. 서사 및 북사면은 구릉이 오르내리지만 경지가 비교적 많아서 이에 농업이 활발하다. 이들 여러 면에 속한 마을 중 연해에 위치한 주요한 것은 서사면의 인화동, 북사면의 삼성동 철곶동 포촌, 삼해면의 당산동 등이며, 곤점면에서는 볼 수 없다.

인화동

인화동(寅火洞)은 별립산의 북쪽 기슭에 위치하는 마을로 과거에는 인화보(寅火堡)를 두었던 곳으로 북쪽 서단의 으뜸가는 관문으로 대단히 중요한 곳이었다. 즉 섬의 서북각에 해당하는데 인하곶이라고 불렸으며, 교동도의 호두곶(虎頭串)과 마주본다. 갑단에는 요새 포대의 유적이 있다. 이곳은 교동도 또는 연평 해주에 이르는 나루로서 나루 이름을 인화진이라고 하며 예로부터 대단히 유명하였다. 지금도 여전히 이곳에서 배를 빌릴 수 있다. 주민 중에는 농업 이외에 뱃일을 업으로 하는 사람도 있지만, 어업은 활발하지 않다. 그리고 이곳에서 읍까지는 30리 이상일 것이다.

철곶동

철곶동(鐵串洞, 텰관동)은 섬의 북각에 위치하며 풍덕군의 황포강과 마주보는데 서로 거리가 멀지 않다. 이곳도 또한 나루로서 예로부터 철곶진이라고 하였다. 그리고 과거에는 인화보와 마찬가지로 북쪽 입구의 중요한 방어처로 철곶보(鐵串堡)를 두었다. 섬의 최북을 나타내는 일각 즉 철곶에는 지금도 여전히 보루의 흔적이 남아 있다. 주민 중 뱃일을 업으로 하는 사람도 있고, 어로를 하는 사람도 있다. 이곳에서 읍까지는 30리 남짓이며, 인화동까지는 20리 남짓이다.

포촌

포촌(浦村)은 산이포(山伊浦)라고도 한다. 철곶의 동쪽 5리 정도에 있으며, 그 남쪽에 작은 물길이 바로 들어가는 것이 있다. 개구부가 작은 만을 형성하여 이곳에 작은 배를 둘 수 있다. 호구는 225호, 1,350여 명에 이르며 시가지를 형성하여, 연안 제일의 큰 마을이다. 따라서 각종 상업을 하는 사람이 있으며 전체적인 상태가 제법 복잡함을 볼 수 있다. 이곳은 종래 섬 안에서 으뜸가는 성어지라고 전해지지만, 어업을 주로 하는 사람은 아주 적고, 어상 즉 출매선을 업으로 하는 사람이 도리어 많다. 또한 뱃일을 업으로 하는 사람도 있다.

당산

당산(堂山)은 포촌의 남쪽 5리에 있는데, 이곳도 과거에는 요새 승천보(昇天堡)를 두었던 곳이며 경성 지방에 이르는 나루라고 한다. 그래서 승천진(昇天津)이라고 한 것이다. 주민 다수는 농가이지만 어로를 행하는 사람도 2~3호 있다. 그렇지만 그 어로는 단지 전안에서 백하를 잡는 데 불과하다.

강화도 전 연안의 개관은 이와 같으며 어업에 이르러서는 거의 볼 만한 것이 없다. 그러나 가까운 연안에서 농어 숭어 민어 등의 생산이 적지 않다. 특히 서안의 매음도 수도는 백하가 많이 생산되며, 남안의 갯벌에는 긴맛 맛 낙지 등이 많이 생산된다. 더욱이 토지는 비옥하여 농산물이 풍부하고 기온도 온화하여 건강에 좋다. 그러므로 반어반농을 목적으로 하는 이주 어촌을 경영하고자 하는 경우 또한 한 바퀴 둘러볼 가치가 없지 않을 것이다. 본도의 물산으로 예로부터 손꼽히던 것으로 식염 민어 숭어 조기 가오리 백하 대합 긴맛 맛 굴 낙지 소라 게 등이 있다. 맛의 경우는 남안의 갯벌을 선정하여 양식을 계획하는 것도 가능성이 없지 않을 것이다.

여러 섬

동검도(東檢島)

동검도는 강화도 남동각에 떠 있는 섬으로 길상산의 남은 기운이 바다로 들어가 융기한 것이다. 섬 정상은 439피트이며, 섬의 돌출부는 모두 험한 절벽을 이루고 섬 안에도 평탄지를 볼 수 없다. 그러나 섬 전체의 인가는 77호를 헤아리며 어호는 19호 60여 명이라고 하지만 다른 사람들도 또한 해산의 이로움으로 생계를 유지하고 있다. 어선

19척, 삼실 그물 6기, 무명실 그물 13기를 가지고 있으며 그 밖에도 민어 정치망 1곳이 있다. 각종 어업에 종사하지만 조기 중선, 새우소금배, 준치 유망[65] 등이 중요하다. 본도의 남동쪽인 부평군에 속하는 세어도 사이의 수도는 준치의 어장으로 저명하다. 정치망은 이곳 수도를 향하여 펼쳐놓은 것이라고 한다. 이 섬은 과거에 강화청 소관의 목양장이었다. 도민 중 지금도 여전히 양을 사육하는 사람이 있다.

신도(信島)・시도(矢島)・모도(茅島)

세 섬은 강화도 마니산의 동남쪽 기슭 발지곶(發池串)에서 남쪽으로 약 3해리 떨어진 해상에 서로 가깝게 떠있다. 신도는 동쪽에, 시도는 그 서쪽에, 모도는 다시 그 서쪽에 있다. 세 섬은 서로 가깝게 있을 뿐만 아니라 썰물 때 드러나는 갯벌이 서로 이어져 있기 때문에 간조시에는 마치 하나의 섬같은 모습을 드러낸다. 각 섬 사이에 걸어서 왕래할 수 있을 것이다. 세 섬 중 큰 것은 신도로서 둘레 약 8해리이고, 이에 이어서 시도는 그 둘레 5해리 정도, 모도는 가장 적어서 그 둘레가 2해리에 불과하다. 세 섬 모두 섬의 정상이 아주 높지 않지만, 작은 섬이기 때문에 평탄지를 형성하는 데 이르지 못했다. 그중 제법 넓은 지반을 이루는 것은 신도의 동쪽 만 안에서 볼 수 있을 뿐이다. 섬 정상 중 높은 것은 신도의 남서부에 위치하는 것으로, 그 높이는 582피트이다. 각 섬의 호구 및 어호, 어선, 어망 등에 대해서 군의 보고를 보면 다음과 같았다.

도명(島名)	총 호수		어호(漁戶)		어선	어망	
	호수	인구	호수	인구		마망(麻網)	갈망(葛網)
신도(信島)	125	420	11	45	11	5	6
시도(矢島)	114	342	12	36	12	2	10
모도(茅島)	65	247	23	69	23	-	23
합계	304	1,009	46	150	46	7	39

각 섬의 어호라고 할 수 있는 것이 앞에서 본 바와 같이 소수이기는 하지만 그들은

---

65) 『한국수산지』 원문에는 鰣流라고 되어 있으나 網이 빠진 듯하다.

모두 어선을 소유하고 있는 이른바 선주에 해당하는 사람이다. 도민의 대다수는 혹은 종업자로서 혹은 어획물의 처리 판매에 종사함으로써 생계를 유지하므로 순전한 어촌을 이루었다. 세 섬의 동쪽에는 영종도, 남쪽에는 삼목·용유 두 섬이 떠있고, 서쪽에는 장봉도가 가로놓여 있다. 장봉도 및 그 속도와 용유도 사이는 해도에서 이른바 장봉수도라고 하였는데, 세 섬은 실로 수도의 안쪽에 위치하는 동시에 그 둘레에도 좁은 수로가 감싸고 있다. 장봉수도는 경기도의 개관에서 언급한 바와 같이 경기 연해의 유수한 어장이다. 이 어장에서 주요한 어류는 민어 밴댕이 백하 등이지만 그중에서도 많이 어획되는 것은 백하이며, 그 전성기에는 장봉수도와 세 섬 주변의 좁은 수로를 가리지 않고 10척 혹은 20~30척의 소금배가 곳곳에 늘어서 고기를 잡아 성황을 이룬다. 장봉수도에는 일본 어부의 안강망 어선도 또한 출어하는 경우가 있다. 세 섬은 이처럼 주변을 여러 섬이 에워싸고 있기 때문에 바람을 피해 정박하기에 안전하다. 그러므로 장봉수도에 출어하는 사람은 세 섬 중의 적당한 장소에 피박하는 것을 상례로 한다. 이 때문에 자연히 출매선이 기박하는 경우도 많다. 장봉수도의 조류 및 조류의 상황은『수로지(水路誌)』에서 기록하고 있다. 그에 따르면 "밀물 때 조류는 북동으로 썰물 때는 서쪽을 향하며 그 속도는 모두 2.5~3노트이며, 좁은 곳은 6노트에 달한다. 그리고 밀물 조류는 주문도의 고조(高潮) 후 약 30분을 지나면 10분간 게류(憩流)하고, 썰물 조류가 시작되며 썰물 조류는 저조 후 약 10분이 지나면 약 10분간 게류하고 밀물 조류가 시작된다"고 하였다. 이로써 이 근해의 조류 상황의 대강을 엿볼 수 있을 것이다(주문도의 고조시 및 저조시 등은 경기도 개관에 언급하였다).

여기에서『제1권』에 대하여 보완하기 위해서, 소금배 어선의 개요를 서술하고자 한다. 소금배[塩船, 염선]의 소금은 젓갈을 의미한다. 무릇 이들 어선의 주된 어획물은 작은 새우 및 작은 물고기로 이들은 어획하는 한편 이를 염장하기 때문이다. 그 어선 어망의 구조 및 사용법 등은『제1권』「도해」제10도 즉 중선과 큰 차이가 없다. 다만 그 목적으로 하는 어획물에 따라서 그물눈의 크기를 달리하는 데 불과하다. ▲ 어선 중 작은 것은 길이 2장, 폭 1장, 깊이 4척이고 승선원은 7~8명, 큰 것은 배 길이 5장, 폭 1장 5~6척, 깊이 4척 5~6촌 정도이며 승선원은 15~16명이다. ▲ 어획물은 작은 새우를 주로 하지만 작은 갈치 밴댕이 기타 잡어도 섞여 있다. 그래서 어획물을 갑판 위에 잡아 올리면, 이들 잡어는 골라내고, 작은 새우만을 바닷물로 깨끗하게 씻어서 미리 배 안에 준비한 독 안에 넣고 소금을 뿌린다. 소금량은 새우의 경우 10에 대하여 3의 비율이라고 한다. ▲ 어기는 봄가을 두 계절이며 봄철은 음력 2~4월까지, 가을철은 8~10월까지를 성어기로 한다. ▲ 어장은 만조 때 수심이 10심 내외로서 조류가 4노트 내외인 곳을 고른다.

장봉도

장봉도(長峯島, 쟝봉도)는 모도의 서쪽에서 동서로 뻗은 섬이다. 섬은 동서 길이 약 20리, 남북의 폭은 넓은 곳이 30정, 좁은 곳은 10정에 불과하며, 그 둘레는 약 12해리에 이른다. 섬 안은 대체로 사빈 또는 낮은 언덕이며, 섬의 남북 양쪽에는 해안에서 약 1해리에 이르는 썰물 때 드러나는 갯벌이 있다. 그 북쪽의 갯벌은 좁은 물길을 사이에 두고 강화도 남쪽의 갯벌과 마주 본다. 섬 정상의 높이는 518피트이며, 섬 서쪽의 남쪽 에는 얼마간의 경지가 있다. 인가는 섬 안 곳곳에 흩어져 있으며 총호수는 119호 460여 명이다. 과거에는 일찍이 만호를 두고 목마장으로 지정하였지만 지금은 그냥 어촌에 불과하다. 이 섬에는 비가지서 동만서 서만서 등의 딸린 섬이 있다. 섬의 서쪽 및 남쪽에 떠있는 것으로 해도에 와우도(臥牛圖) 산도(山島) 고식기(高食其) 만도(晚島) 등으로 기록한 섬이 비보 이깃늘이다. 이들 작은 섬의 근해는 장봉수도 또는 신도 시도 주변의 수도와 마찬가지로 새우 민어 등의 좋은 어장으로 어기에 들면 중선, 소금배 등이 이곳 에서 끊이지 않고 조업한다. 이 섬에 있어서 어호라고 할 수 있는 것은 18호 80여 명이 며, 중선 소금배를 아울러 18처이 있디. 또힌 이실을 운용하는 사람노 있다. 어살은 주로 남쪽의 작은 섬 부근에 설치한다. 부근에 비가지서가 있다. 그래서 비가살[飛加 箭]이라고 부른다.

매음도

매음도(煤音島, 미음도) 매음도(妹音島)라고도 쓴다. 과거에는 구음도(仇音島)라고 불렀다. 강화도의 서쪽에 떠 있는 큰 섬으로 교동군에 속하는 송가도(松家島)와 이어져 있으며 둘레는 약 18해리이다. 그러나 본군에 속하는 것은 서북에서 남동에 걸친 남부의 땅이며 길이 25리, 폭 넓은 곳 25정 좁은 곳 15정에 이른다. 면적이 넓지만 대개 산지이며 북부의 주요한 평지는 교동군의 송가도에 속한다. 이 섬에서 높은 봉우리는 동남단인 해명산(海溟山)과 그 서북의 수도산(修道山)으로 그 높이는 전자가 1,060피트, 후자가 1,030피트이다. 이 산맥은 강화도 진강산의 여세에 속하며, 북단인 송가도의 상주산(上主山)과는 전혀 지맥이 다르다고 한다. 섬 연안은 대개 언덕 해안이며 주변에는 암초가 많다. 남부에는 해안에서 썰물 때 1.5해리가 드러나는 갯벌이 펼쳐져 있다. 소속 도서로는 어유정도와 사도(蛇島)가 있다. 어유정도는 앞에서 설명한 갯벌에 위치하고, 사도는 섬의 동쪽에 접하여 떠있다. 사도에는 대나무숲이 있는데 경기도에서 보기 드문 사례이다. 이 섬은 이 때문에 죽서(竹嶼)라고도 한다.

섬 안의 마을은 북쪽에 7곳, 남쪽에 3곳이 있다. 그러나 그중 저명한 것은 북동쪽 즉 강화도 정포(井浦)와 마주 보는 석포(石浦)가 있을 뿐이다. 이 포는 강화도와 연락이 되는 곳으로 그 대안은 위량면에 속하는 정포이다. 이 포의 호구는 모두 60호 220여 명이라고 한다. 나루이기 때문에 전반적인 생계가 다소 복잡함을 볼 수 있다. 그리고 그중에는 어로를 영위하는 3호가 있다.

이 섬에서 나는 주요 수산물은 백하 민어 숭어일 것이다. 또한 남단인 썰물 때 드러난 갯벌에서는 긴맛 맛 기타 패류를 채취하지만 생산은 적다. 백하가 많이 나는 곳은 섬의 동쪽 강화도 사이의 해협이며, 해도에서 이른바 매음수도라고 한 것이다. 강화도 및 기 타지방으로부터 내어하는 자가 많지만 섬주민으로서 이 어획에 종사하는 자는 적다. 매음수도의 조류는 밀물·썰물 모두 심히 급격하다. 그 속도 및 흐름의 방향에 관해서 『수로지』에 기록된 바를 보면, "밀물 조류는 북쪽으로, 썰물 조류는 남쪽으로 향하며 그 속도는 수도의 가장 좁은 곳에서 6노트를 넘는 경우도 있으나, 그 밖에는 모두 3~4노트이다"라고 되어 있다.

주문도

주문도(注文島)는 매음도의 서쪽 약 3해리에 있다. 섬 모양이 삼각형을 이루며 둘레는 약 7해리이다. 북쪽은 아차도(阿趾島, 해도에는 치차도稚次島라고 기록하였다)와 마주 보며 그 사이는 2케이블에 불과하다. 섬 연안은 대체로 사빈이며 주변에는 갯벌[淺堆]이 펼쳐져 있다. 특히 그 남서쪽에는 썰물 때 혀 모양으로 드러나는 모래톱이 남서쪽으로 약 4해리에 걸쳐 뻗어 있는 것을 볼 수 있다. 섬의 정상은 497피트이며, 섬의 중앙에 있다. 이 봉우리는 섬과 함께 매음수도로 들어가는 두드러진 목표라고 한다. 섬은 면적이 넓지는 않지만 제법 경지가 펼쳐져 있다. 그러나 마을은 서단과 동쪽에 있는데 호구가 192호 750여 명에 이르므로 농산물로는 섬주민의 생활에 충분하지 못하다. 그래서 뱃일을 업으로 하는 사람이 있고, 어로를 행하는 사람도 있어서 생활이 제법 다양하다. 군의 보고에 의하면 섬 전체에서 어호라고 할 수 있는 것은 23호 70여 명이고 어선은 겨우 3척에 불과하다고 한다. 그리고 그 주요 어획물은 봄·여름에는 가오리 백하, 여름철에는 민어, 가을·겨울에는 굴이라고 한다. 북쪽의 아차도(阿此島) 사이의 수도에는 암초가 많으며 또한 그 조류가 급격하여 통항하기에 위험하다고 한다. 그러나 이곳은 정치망 어장에 적합하여 섬주민 중에 현재도 이를 영위하는 자가 있다. 그 주요한 어획물은 민어이며 어업의 이익이 자못 크다. 섬은 강화도 서안으로 들어가는 관문이기 때문에 과거에는 해방의 요지 중 하나였으므로 통어영(統御營)에 속하였으며 첨사급에 해당된 적도 있고, 또한 목마장으로 지정된 적도 있다.

아차도

아차도(阿此島, 아초도)는 아도(牙島)라고도 한다. 주문도의 북쪽에 떠 있는 작은 섬으로 해도에서는 치차도(稚次島)[66]라고 기록한 것이 이것이다. 둘레는 2해리이고 인가는 겨우 몇 호를 볼 수 있는 데 불과하지만 과거의 호구조사에 따르면 60호, 244명으로 기록되어 있으며, 섬의 형태도 큰 것처럼 기록하였다. 그래서 도치(島治)를 가진

---

66) 雅次島의 오기일 가능성이 있다.

섬으로 꼽는 이유일 것이다. 섬주민은 주로 해산물에 생계를 의지한다.

볼음도

볼음도(乶音島, 폴음도)는 망도(望島)라고도 한다. 아차도의 서쪽에 떠있는 섬으로 둘레 9해리 반이며, 섬 주변에는 썰물 때 드러나는 모래뻘이 넓게 펼쳐져 있다. 그 남쪽에 있는 것은 약 3.5해리에 이른다. 섬 안에 경지가 있기는 하지만 호구가 82호 340명에 달하므로, 그 생계는 자연히 토지에 의지할 수가 없다. 뱃일을 업으로 하는 사람, 어로를 영위하는 사람 등이 있다. 그리고 어호는 그 수가 8호이지만 그 밖의 사람들도 해산의 이로움으로 생계를 유지하는 것은 물론이다. 중선 소금배를 합하여 8척이 있다. 주된 어획물은 백하이며, 섬의 동쪽 아차도 사이 또는 서쪽 말도(唜島) 사이의 수도는 좋은 어장이다. 섬 연안에는 굴이 착생하는 경우가 많으며, 마을사람들은 겨울철에 굴을 채집하는데 1년의 어획량은 모두 3,000~4,000원 이상이라고 한다. 경성 개성 또는 읍성에 보내어 판매한다. 이 섬에 있는 마을은 섬 연안의 2곳에 있다. 그 남쪽에 있는 마을의 전면에는 서검도의 남쪽으로부터 사퇴가 펼쳐져 있으며 좁은 물길이 통한다. 이곳에 어선을 정박시킬 수 있다.

말도

말도(唜島, 말섬)는 볼음도의 서쪽에 떠있는 둘레 3해리 정도의 작은 섬으로 해도(海圖)에서는 말검도(唜黔島)라고 기록한 것이 이 섬이다. 섬의 동쪽 연안에서 작은 만입을 이룬 곳은, 곧 어선의 정박지이다. 그 안에 인가 50호 정도의 마을을 볼 수 있다. 경지가 있지만 섬 주민이 이에 의지하여 먹거리를 해결할 수 없다. 그래서 해산의 이로움으로 생계를 해결하는 사람이 많지만 어호라고 할 수 있는 것은 7호뿐이다. 중선 소금배를 아울러 7척이 있으며, 주로 조기, 민어 백하 등을 어획한다. 마을의 전면인 만입부에는 정치망을 설치한 곳이 있으며, 민어 농어 등의 어획이 많다. 또한 가을에서 겨울로 넘어갈 때는 섬 연안에 부착된 굴을 채취하는 사람도 있다. 이처럼 섬 전체의 1년 어획고는 모두 2,000원 이상에 이를 것이라고 한다. 판매지는 주로 경성 개성 등이라고 한다.

서검도 · 미법도

서검도(西黔島, **셔금도**)는 매음도의 서각에서 서북방으로 1해리 남짓 거리에 떠 있는 섬으로 서검도(西檢島)라고도 한다. 섬은 사퇴에 의하여 둘러싸여 있으며, 특히 그 남쪽의 사퇴는 연안에서 2.5해리에 이르며 아차도의 북쪽 사이에 좁은 수로가 있을 뿐이다. 따라서 섬의 주변에는 물의 깊이가 확실하지 않은 새로운 땅이 펼쳐져 있어서 섬의 형체가 아주 큰 것같이 보인다. 그래서 읍지를 보면 이 섬의 둘레는 조선 이수(里數)로 40리 즉 일본 이정(里程)의 4리라고 기록하고 있다. 동북쪽에는 인가 30호 정도가 있다.

미법도

미법도(彌法島)는 서검도의 동쪽 1해리 남짓한 곳, 송가도에서 1해리 정도, 교동도의 서남각에서 2해리에 있는 둘레 2해리의 작은 섬으로, 과거에는 명례궁(明禮宮)에 속한 땅이었다. 섬의 동쪽 즉 강화도에 면하는 곳에 작은 만입이 있고, 그 안에 인가 십수 호가 있다. 이 두 섬 부근에는 교동에 속한 공도(恭島)를 비롯하여 다른 작은 섬 및 암초가 떠 있고 천퇴도 곳곳에 점철되어 있다. 그래서 통항이 곤란함을 느낄 수 있지만, 그와 동시에 자연히 정치망을 설치할 수 있는 적지이다. 이 연해에서 생산되는 주요 어류는 농어 백하 등이며 특히 백하가 많다. 두 섬의 주민 중에서 그 어획에 종사하는 자가 있다.

제16절 교동군(喬桐郡)

개관

연혁

본래 고구려의 고목근현(高木根縣)이었다. 신라 경덕왕이 지금의 이름으로 고쳐 혈구군(지금의 강화군)의 영현으로 삼았다. 고려가 이를 이어받았고, 조선에 이르러 태조 4년 만호를 두고(진명은 월곶진이라고 하였다), 지현사(知縣事)를 겸임케 하였다. 이어서 지현사를 현감으로 고쳤다. 인조 7년에 수영을 월곶진 터에 설치하고 수군절도사로 하여금 부사(府使)를 겸하게 하였다. 후에 수영을 강화도도 옮기기는 하였으나, 계유년 수군절도사 겸 삼도통어사를 두고, 경기 황해 충청 삼도의 수군을 관할케 하였으며, 전함을 두고 군기(軍器)를 갖춤으로써 서남의 해방(海防)에 대비하였다. 정유년에 부사를 현감으로 내리고 다시 3년 뒤인 기해년에 통어사를 강화도로 옮겼다. 그 후 통어사를 회복하였다가 다시 강화도 옮겼다. 이전하기를 거듭하였으나 병신 7월에 군으로 삼았고 지금에 이른다.

경역

본군은 교동도 이외에 송가도 및 공도를 거느린다. 그리고 작은 섬으로는 응암서(鷹岩嶼)가 있다. 다만 송가도라고 하는 섬은 매음도의 북쪽 절반으로 지금도 일반적으로 매음도라고 부르고 있다. 그 북단에 한 봉우리가 있는데 주상산(主上山)이라고 한다. 이 산은 원래 교동도와 이어지며 그 남쪽 매음도 사이에 물길이 있어서 조운선은 모두 그곳을 통과하였다고 전한다. 그런데 산남의 바다는 산북과 통하고 동시에 교동도와는 분리되어 현재는 매음도와 연결된 모습을 볼 수 있다. 무릇 큰 강이 서로 모여 있고 물이 빠져나가는 요지에 위치하고 있는 땅이므로, 이러한 현상은 현재에도 미래에도 끊이지 않을 것이다. 그러므로 지금부터 몇 백년 후에는 부근의 지형이 어떻게 변화할지는 원래 상상할 수 없는 바이다.

구획

본군을 나누어 동서남북의 네 면과 송가도 5면으로 삼았다. 송가면은 곧 송가도로 공도를 아우른다. 다른 네 면은 곧 교동도의 구획으로서 각 방위에 따라서 이름을 붙인 것이다. 그래서 그 위치를 알기에 용이하다.

교동읍

군치는 교동도의 남측 동쪽에 치우쳐 있으며, 북쪽은 화개산(華蓋山)에 의지하고 남쪽은 바다를 사이에 두고 송가도를 마주 본다. 이곳은 오래도록 치소였을 뿐만 아니라, 일찍이 부사 방어사 급이 파견되는 곳이었기 때문에 석성을 둘렀으며, 과거의 관청 및 기타 건축물로 큰 것이 적지 않다. 그리고 동문 내에는 건정문(建正門)이라는 편액이 있는 건물이 있다. 마을 사람들이 모두 잠저소(潛邸所)라고 한다. 무릇 철종대왕을 기념한 것이다〈철종이 아직 세자일 때 피해서 이곳에 석달 동안 잠거하였다. 후에 거처를 강화부로 옮겼고 기유년 6월 경에 등극하였다. 원래 초갓집이었으나 경인년 봄(명치 23년) 새로 이 건물을 지었다고 한다〉. 민가는 남문 바깥에 즐비하여 제법 번화한 구역을 이룬다. 음력 매 5·10일에 장시가 개설되는데 시황이 제법 왕성하다. 군아 이외에 순사주재소 우체소 등이 있다. 본읍의 남단 해안에 따로 떨어져 한 마을이 형성되어 있는데 이를 농진포(東津浦)라고 부른다. 강화도와 연락하는 나루라고 한다.

교동도

옛 이름은 대운도(戴雲島)라고 하였다. 한강 임진강 예성강의 물실로 둘러싸인 큰 섬이다. 그리고 그 북안 일대는 강의 지류를 사이에 두고 황해도의 연안 백천 두 군과 마주본다. 동쪽으로 멀리 보이는 것은 개성 풍덕이며, 아주 가까운 곳은 강화도이다.

넓이 및 지세

섬은 동서 25리, 남북 10리 20여 정이며 면적은 300방리 남짓, 둘레는 180리 남짓에 이른다. 그리고 섬에서 가장 높은 곳은 남동단에 있는 847피트 높이의 화개산이라고 한다. 그 다음가는 것이 서남단에 보이는 425피트의 수정산(水晶山)이다. 또한 북단에 한 구릉이 있지만 높지 않다. 고지는 이처럼 동서북 3개소에 솥발처럼 있을 뿐이고, 서로 이어지지 않아서, 중앙 일대는 평탄지이다. 그래서 마을사람들은 이곳을 대야라고 부른다. 무릇 그 이름과 실제가 다르지 않다. 평지는 이처럼 넓은 데다가 토지 생산력도 또 아주 양호하다. 그러므로 경지가 잘 개척되어 있다. 대략적인 계산에 따르면 논 2,679정보, 밭 580정보에 달하며, 여전히 논이나 밭으로 만들 수 있는 미경작지도 1,500여 정보가 있다고 한다.

교동도의 마을

섬 안의 마을은 동면에 말곶리(秣串里) 상방리(上坊里) 고읍리(古邑里) 구산리(龜山里), 서면에 용정리(龍井里) 대아리(大雅里) 한성리(漢城里) 교동읍 동진포(東津浦), 남면에 북갑리(北甲里) 남갑리(南甲里) 두산리(頭山里) 동장리(東場里) 서장리(西場里) 난부리(蘭阜里) 미탄리(未灘里), 북면에 무서산리(舞鼠山里) 돌곶리(乭串里) 인현리(仁峴里) 건지암리(巾之岩里) 배곶리(裵串里) 독지리(禿旨里) 등이 있다. 그리고 이들은 모두 구릉 또는 산기슭에 자리하고 있다. 그래서 자연히 동서북 3개소에 흩어져 있고, 중앙부에서는 마을을 볼 수 없다. 그 호구는 마을을 통틀어, 1,283호 5,830여 명에 이른다. 그리고 그 대다수는 농가이며 상가는 40호 정도, 어호는 겨우 30여 호를 헤아릴 뿐이다.

송가도

송가도(松家島, 숑가도)는 앞에서 언급한 것처럼, 현재 강화도 소속의 매음도(煤音島)와 연속된 것이다. 그 북단인 847피트의 고지는 주상산(主上山)인데, 과거에는 교동도의 남단이었다고 한다. 그 남쪽 기슭은 이른바 새로 생겨난 땅인데, 이 또한 경작지로 잘 개척되어 농업이 활발한 곳이다. 매음도에 있는 경지에 대한 개괄적인 표에 의하면, 논 690여 정보, 밭 300여 정보로 합계 2,000정보 쯤이다. 그리고 그 대부분은 새로 생겨난 땅에 있다. 그러므로 그 경지 면적 대부분은 송가도에 속하는 것으로 보아도 지장이 없다. 마을이 여러 곳에 점점이 흩어져 있는데 이를 송가동(松家洞)이라고 총칭한다. 이 섬은 공도(恭島)와 아울러 송가면을 이룬다. 그리고 그 호구는 338호 1,376명이다. 공도는 송가도의 서북단에 떠 있는 작은 섬으로 인가 몇 호가 보일 뿐이다. 그래서 송가면의 호구는 곧 송가도의 호구로 보아 큰 차이가 없다. 주민은 대부분 농가이며 어호는 극히 적다.

물산

본군의 물산은 쌀, 보리, 콩을 주로 하는 것은 물론이다. 그리고 그 특산물인 화문석은 예로부터 교동의 명산물로 알려져 있으며, 그 제조량도 적지 않았다. 그러나 최근 점차 쇠퇴하여 생산하지 않기에 이르렀다. 해산물로는 숭어 농어 민어 준치 새우 낙지 굴 등이 있다. 그리고 새우는 주로 낭망(囊網)으로 어획하는데, 그 생산액이 제법 많다. 식염도 또한 얼마간 생산한다. 다만 염전 개척의 적지가 많기는 하지만 섬 전체가 평지이므로 연료가 부족하여 염업이 활발한 데 이르지 못했다.

부록[附]

한강 유역(漢江流域)

한강 유역의 개황은 이미 『제1권』 및 경기도의 개관에서 기술하였으므로, 여기에서는 생략한다.

수산물

현재 한강에서 어획되는 수산물은 농어 붕장어 메기[鯰] 붕어 잉어 숭어 복어 볼락 황어[いだ] 누치[訥魚] 문절망둑[沙魚][67] 웅어 뱅어 새우 게 자라 등이며, 그중에서 중요한 것은 농어 잉어 숭어 누치 게 등이다.

잉어는 전 유역에서 두루 생산되지만 가장 많이 어획되는 곳은 양평 하류 70리, 경성의 상류 60리, 강폭 100칸 정도 되는 유역으로 아래위 10리에 이르는 사이라고 한다. 그 양안은 높은 산과 깎아지른 듯한 절벽이고 바닥은 바위이며 수심이 깊다. 여름철에는 좋은 피서지이기도 하다. 마을 사람들은 이곳을 두미(斗迷)[68] 또는 바다라고 한다. 그 밖에 노량진 부근에서도 또한 많이 난다. 농어는 하구 부근 이외에는 생산이 적다. 게는 용산의 남쪽 행주 지방에 가장 많이 나고, 뱅어는 마포에서 노량진 부근에 그치는 것 같다. 숭어는 용산 부근에서 하류에 많고, 누치는 전 유역 도처에서 어획된다.

어기

농어는 5~8월까지, 잉어는 정월~3월까지, 숭어는 가을·겨울철, 누치 및 웅어는 4~6월까지, 게는 8월 중순~9월 중순까지, 자라는 7~9월까지, 붕장어는 7~8월까지, 뱅어는 11월~다음해 정월까지, 복어와 볼락은 5~8월까지, 붕어는 사철, 문절망둑은 9~11월까지, 새우는 봄·가을 두 철이 성어기이다.

---

67) 沙魚는 상어·모래무지·문절망둑을 뜻한다. 한강에 보이는 沙魚는 문절망둑으로 번역해 두었다.
68) 『중정남한지(重訂南漢志)』에 의하면 "도미진(渡迷津)은 동부면에 있는데 속칭 두미(斗尾) 또 두미(斗迷)라 한다(在東部面 俗稱斗尾 又稱斗迷)."고 하였다.

어구

어구는 주낙이 가장 일반적으로 사용되며, 어망으로는 잉어 그물, 숭어 그물, 문절망둑 그물, 누치 그물, 웅어 그물, 끌그물[曳網] 등이 있지만, 문절망둑 그물과 끌그물 이외에는 모두 걸그물[刺網] 종류이며 그물눈이나 크기가 서로 다를 뿐이다.

고깃배[魚舟]

어선에는 낚싯배, 주낙배[繩舟][69], 끌그물배[曳網船]가 있다. 낚싯배·주낙배는 모두 소형으로 돛을 사용하는 장치가 없고 다만 노로 조종할 뿐이다. 그러나 끌그물배는 겨울철에 외해에 출어하는 데 사용하므로 구조가 견고하고 선체도 또한 크며, 모든 장치가 일반적인 어선과 다르지 않다(『제1권』「도해」참조).

주낙은 일반적으로 사용하는 것으로 모릿줄[幹繩, 원줄]은 대개 150~300길 정도이며, 칡의 속껍질로 만든다. 아리줄[支絲]은 길이 5~6촌이며 모릿줄에 5촌 간격으로 매단다. 미끼는 붕장어를 토막내어 건다. 다 풀고 난 다음 약 30분 정도 후에 한쪽에서 점차 끌어올리면 게는 미끼를 집게발로 문 채로 올라온다.

잉어를 어획하는 방법

잉어는 한강의 수산물 중 가장 중요한 것인 동시에 그 어업은 아주 유명하다. 그 어법은 얼음 아래로 그물을 넣어 펼쳐서 물길을 가로지른 다음, 얼음 위에서 구멍을 뚫어 낚시로 어획하는 것이다. 이를 어획할 때는 얼음 위에 많은 사람들이 모여들어 대단한 장관을 이룬다. 그 방법 및 관행은 다음과 같다.

그물은 1통(統)의 길이가 10~15길, 폭 1길인 띠 모양의 걸그물이며, 위쪽에는 뜸[浮子]을 아래에는 추[沈子, 발돌]를 붙인다. 그물을 얼음 아래[氷下] 펼치기 위해서는 먼저 강 연안의 한쪽에서 다른 쪽을 향해서 얼음 위에 몇 개의 구멍을 뚫고 그 아래위에 점선을 두 줄 그리거나 또는 그 아래위에 있는 점선 사이에 세로로 마찬가지로 구멍을

---

69) 주낙[延繩]을 사용하는 배로 추정된다.

뚫고 점선을 하나 그려서 공(工)자처럼 만든다. 이 작업을 마치면 긴 장대에 줄을 매어 구멍에 넣어 얼음 아래 이 구멍에서 저 구멍으로 보내어 얼음 아래에 줄을 공 자형으로 친다. 그런 다음 줄의 한쪽 끝에 그물을 묶어서 당기면, 줄 대신 그물이 얼음 아래에 공 자형으로 펼쳐진다. 어망을 완전히 치고 나면, 상류에 펼친 그물의 중앙부를 조금 끌어올려서 물고기가 다닐 수 있는 길을 만든다. 세로로 친 그물도 마찬가지로 그렇게 한다. 이렇게 모든 준비를 마치면 사람들은(이를 두계頭契라고 하는 관행은 뒤에서 설명할 것이다) 상류에 펼쳐놓은 그물보다 위쪽 30~40칸 되는 곳부터 몽둥이로 얼음을 두들겨서 물고기를 놀라게 하여 하류로 몰아서, 미리 장치해놓은 그물[建切網] 속으로 들어가게 한다. 물고기들이 이미 쳐진 그물 속에 들어가면 위쪽에서 끌어올려 놓았던 그물을 다시 내려 도망가지 못하게 한다. 다시 고기를 공 자형 그물의 한쪽에서 다른 한쪽으로 몰아넣어 공 자형의 세로로 내려진 그물의 길을 막아서 물고기가 있는 곳을 좁혀 낚시에 용이하도록 한다. 이처럼 물고기가 좁은 그물 속에 들어가면 바로 위에서 얼음을 뚫고 삼봉(三峰)이라고 부르는 낚시로 낚아 올린다.

이러한 관행은 부근 각 마을에서 모리계[頭契, 머리계]라고 부르는데, 14~15인과 영좌(領座, 영수領首라고도 한다) 한 사람이 나서서 그물 주인과 협의를 마치면, 영좌는 몇월 며칠 어느 곳에서 잉어 그물을 설치할 것이라는 사실을 각 마을에 통보한다. 그리고 그물을 내려 펼치고 또한 물고기를 그물 속에 몰아넣는 일은 모두 그들이 행한다. 잉어를 낚으려는 사람은 정해진 기일에 어장에 와서 입장료를 영수에게 지불한 다음 낚시질에 착수한다. 입장료는 보통 2전 5리~5전이다. 한 어장에 모여드는 사람이 많을 때는 1,000명이라는 다수에 달하기도 하지만, 대체로 200~300명 정도라고 한다. 입장료는 영좌와 두계의 수입으로 삼고 그물 주인은 그물 사용료를 받지 않는다. 다만 그 그물에 걸린 물고기를 거두어 갈 뿐이다.

이하 앞에서 설명한 각 군의 상류에 위치한 강 연안의 집산지 및 어업을 영위하는 마을의 개황을 기술할 것이다.

여주읍

여주읍(驪州邑, 려쥬읍)은 경성에서 동남쪽 180리 정도 떨어진 강의 남안에 위치한다. 동쪽으로 강원도의 원주읍까지 90리, 서쪽으로 이천읍까지 40리, 또한 동읍 및 양지 용인 등을 거쳐 수원까지 150리이며 모두 우편선로이다. 이 주변에서는 한강을 여강(驪江)이라고 한다. 강 연안은 만곡하여 배를 대기에 편리하다. 호수는 785호 인구 3,130여 명이며, 일본인 상인 거주자도 적지 않다. 그중에는 농업에 종사하는 사람도 있다. 이곳은 여주군의 치소로서 군아 외에 경찰서 헌병분견소 수비대 우편소 등이 있다. 음력 매 5·10일에 장시가 개설된다. 집산물은 소, 미곡, 숯, 연초, 면(綿), 목면(木綿) 옥양목[金巾][70], 백양목[洋木][71], 어류, 과일, 잡화 등이며 장이 한 번 설 때 집산액은 1,000원을 상회할 것이다.

1년 중 한강을 통해서 이입되는 주요 수산물은 명태 100태, 조기 40~50항아리, 새우젓 100항아리 정도이다. 가격은 일정하지 않으나 대개 명태 1태에 25원, 조기 한 항아리에 14원 내외, 새우젓 한 항아리에 6~7원이라고 한다.

어업자는 6호, 종업자는 10여 명이 있다. 다만 모두 농민이다. 어선 6척, 주낙 25장, 잉어 그물 30장(1장의 길이는 14길)을 가지고 있다. 어획물은 잉어, 뱀장어, 메기, 붕어, 누치 등이며 하루 어획고는 25~26관목을 상회한다고 한다.

이포

이포(梨浦, 리포)는 여주군 대송면에 속하며 여주읍에서 하류로 20리 정도 떨어진 강의 남쪽 연안에 있다. 강 연안은 직선으로 배를 세우기에 편리하지 않다. 원래 제법 번성한 지역이었으나 전년에 폭도 때문에 70호가 소실되었고 지금은 100여 호의 마을이다. 농업지역이지만 상인도 적지 않다. 다만 상인은 대개 배를 타는 사람들이다. 목재 매입을 위하여 일본인 상인도 때때로 찾아온다. 전에는 5명이 정주한 적이 있다. 뱃일을

---

70) 카네킨[金巾, 카나킨]은 포르투갈어 canequim을 음차한 것이다.
71) 평직으로 제직하여 표백 가공한 면직물로 주로 영국산 면포를 뜻한다. 西洋布의 줄인 말이다. 金巾과 거의 같은 뜻으로 쓰이는 말인데, 여기서는 두 용어를 함께 썼다. 그래서 金巾은 옥양목, 洋木은 西洋木으로 번역해 두었다.

업으로 하는 사람이 있지만 어로는 행하지 않는다. 이 주변은 폭 1.5정 정도, 수심 1~3길로 물의 흐름이 완만하다.

행촌

행촌(杏村, 힝촌)은 여주읍에서 하류로 10리 정도 떨어진 왼쪽 기슭에 있으며 15~16호 정도의 작은 마을이다. 어업자 3호가 있으며 주낙 어업을 행한다.

양평읍

원래 양근읍(楊根邑)으로 경성에서 동남쪽으로 160리 정도 떨어진 강의 왼쪽 기슭에 있다. 원래 인가 400여 호의 마을이며, 그 과반은 화재 후에 신축하여 모두 초가집이다. 그러나 부근은 농산물이 풍부하고 강 연안에 위치하여 교통이 편리하므로 상업이 활발하다. 음력 매 3·8일에 장시가 개설된다. 1년 중 강을 통해서 이입되는 주요 수산물은 조기 150항아리, 새우젓 4석, 명태 500태 정도이다. 이곳은 양평군의 치소로서 군아 외에 우편국 헌병분견소 등이 있다.

우천

우천(牛川, 우천)은 양평군 남중면에 속한다. 양평읍에서 하류로 60리 떨어진 강의 남쪽 기슭에 있다. 강변이 만곡된 곳이 거의 없어서 배를 대기에 불편하다. 인가가 겨우 60호에 불과한 작은 마을이지만 농민과 상인 거의 반반이며, 이 지역의 집산지 중 하나이다. 다만 상인의 대부분은 뱃일을 업으로 하는 것이 여주의 이포와 서로 비슷하다. 그 지역에도 또한 어업에 종사하는 사람은 없다. 1년 동안 강을 통해서 이입되는 주요 어류는 간조기 100항아리, 명태 500태, 새우젓 100항아리 정도이다. 음력 매 4·9일에 장시가 개설되며, 쌀 콩 팥 면화 연초 깨 옷감류 종이류 삼베 신발 명태 미역 염어(塩魚) 도기 기타 잡화의 집산이 제법 많다.

덕소

덕소(德沼, **덕노**[72])는 양주군에 속한다. 용산에서 동쪽으로 75리 정도 떨어져 있으며 강의 북쪽 기슭에 있다. 전면은 물의 흐름이 급하여 배를 대기에 불편하다. 이곳도 또한 전년의 폭도들이 방화하여, 당시 총 120호 중 92호가 소실되었다고 한다. 그 후 회복을 도모하여 지금은 68호가 있다. 뱃일을 업으로 하는 사람이 있지만 어로를 행하지 않는다. 그러나 겨울철 결빙기에 이르면 부근의 마을사람들이 와서 잉어를 활발하게 잡는다.

광진

광진(廣津)은 양주군에 속한다. 경성에서 동남쪽으로 30리 떨어진 강의 북쪽 기슭에 있다. 경성에서 광주 여주 지방에 이르는 나루터(춘범정春凡亭이라고 한다)이며 호수는 100호에 이르며, 선박이 많이 몰려들지만 상업은 그다지 활발하지 않다. 어로를 행하는 3호가 있지만 모두 농업과 겸업하는 사람들이다. 어선 3척, 잉어그물 6장(1장은 길이 30길), 문절망둑 그물 50조(組, 1조는 길이 40길) 이외에 주낙 및 게낚시 등을 보유하고 있다. ▲ 문절망둑 그물은 매년 음력 3월 중순부터 4월 중순까지이며 가을철에 이르면 이 그물을 사용하여 뱀장어를 어획한다. ▲ 게낚시는 음력 8월 중순 이후에 2개월간 야간에 사용한다. 하룻밤에 한 사람의 어획량은 100~250접에 이른다고 한다. 게는 100마리를 1접[貼]이라고 하며, 그 가격은 암게 2원 50전, 수게 2원 내외이다. ▲ 잉어는 주로 겨울철에 어획한다. 여름철에는 자라, 뱀장어 등을 잡는다. 숭어도 서식하고 있지만 이를 잡는 그물이 없다. 이 강변은 폭 2정 정도이며 수심은 3길에서 가장 깊은 곳은 10길에 달한다.

송파진

송파진(松坡鎭, **송파신**)[73]은 광주군 중대면(中垈面)에 속한다. 경성에서 동남쪽으

---

72) 일본어로 ㅏ ク ソ라고 음이 붙어 있어서, 덕노는 덕소의 잘못으로 보인다.
73) 흔히 松坡津으로 표기하지만, 한강진, 양화진, 송파진을 三鎭이라고 하여 군사적인 요충지이기도 하였다. 현재는 송파진 앞을 흐르던 한강의 흐름이 막히면서, 하중도였던 浮里島가 잠실동과 석촌동이 되었다. 석촌 호수가 송파진이 있었던 당시 한강의 흔적을 보여준다.

로 30리, 광주읍에 서쪽으로 10리 남짓, 용산에서 50리 남짓 떨어진 강의 남쪽 기슭에 위치한다. 과거의 종관대도(縱貫大道)에 면해 있어 한강 연안 중에서 특히 중요한 나루였다. 인가 178호이며 농업과 상업이 반반이다. 음력 매 5·10일에 장시가 개설되며, 한 장시의 집산액은 대체로 3,000원을 넘는다. 1년 동안 한강을 통해서 이입되는 수산물은 생조기 200동(同, 1동은 100속束이고 1속은 10마리라고 한다. 따라서 1동은 1,000마리이다), 새우젓 100항아리, 식염은 600석 정도이다.

어로를 전업으로 하는 사람은 없지만 마을사람들이 봄철에 잉어를 잡는다. 이 주변 강은 폭이 30칸 정도이고 수심은 3척에서 1.5길 정도이다. 물의 흐름은 빠르기 때문에 추운 겨울에도 결빙되지 않는 곳이 있다.

뚝섬

뚝섬[纛島, 득도]은 경성부에 속한다. 경성에서 동남쪽으로 10리 떨어진 강의 북쪽 기슭에 있다. 호수는 861호, 인구는 4,170여 명이며, 그 이외에 일본인 청국인도 거주한다. 강 연안의 주요한 집산지로서 상업이 대단히 활발하다. 특히 이곳에는 장작과 숯을 파는 상인이 많으며, 경성 시가에서 사용하는 장작과 숯은 철도 수송에 의한 것 이외에는 대부분 이곳 상인들의 손을 거치지 않는 것이 없다. 이입 수산물로서 주요한 것은 조기 명태 새우젓이며, 조기는 생선인 채로 운송되어 오면 이곳에서 처리한다. 그 수가 500항아리 정도에 이를 것이다. 그 밖에 명태는 약 500태, 새우젓은 400항아리 정도라고 한다.

조선총독부 농상공부 소속 농사시험장, 헌병분견소, 순사주재소, 공립소학교 등이 있다. 이곳의 어업에 있어서는 단지 게주낙을 행하는 5~6인이 있을 뿐이다. 이 지역은 강폭이 1.5정, 수심은 2.5척에서 1.5길에 이르며, 물의 흐름은 완만하다. 그러나 조석의 영향을 상당히 받기 때문에 간만에 의하여 증감이 있는 것은 물론이라고 한다.

신촌리

신촌리(新村里, 신촌촌)는 경성의 남쪽 10리 정도 되는 강의 북쪽 기슭에 있다. 인가는

30호인데 순수한 어촌으로 부근 마을 사람들은 그물의 신촌리라고 한다. 무릇 일년내 내 그물 어로를 하기 때문이다. 어선은 17~18척, 끌그물 6장, 숭어그물 6장, 주낙 수십 발(鉢, 낚싯바늘 1만 개 정도 있다고 한다)을 가지고 있다. 연중 강에서 어로를 행하는 이외에 겨울 12월에 이르면 근해에 출어하여 다음해 4월 경에 돌아온다. 그 사이의 이익은 어선 1척당 100원 내외라고 한다.

용산

용산(龍山, **룡산**)은 원래 한성의 용산방(龍山坊)으로 뚝섬 마포와 뚜렷한 차이가 없 는 강변의 한 집산지였으나, 지금은 경성의 일부로서 큰 시가지를 이루었으며 상업이 대단히 활발하다. 이곳은 강변의 주요 집산지일 뿐만 아니라, 경부 경의 경인 각 철도의 요충지이며 현재 건설중인 경원철도도 또한 이곳을 기점으로 한다. 그 발전이 현저한 것이 무릇 우연이 아니다. 호구는 명치 43년 5월 현재 일본인 2,570호 8,514명, 조선인 16,000호 43,030명이다. 그 밖에 청국인 거류자가 15호 29명이 있다(경찰관구에 의 함). 일본인은 구용산 밖에서 십수 정 떨어진 동쪽에 신시가지를 열었으며, 이곳에 군사 령부 여단사령부 철도관리국 정차장 우편전신국 동아전기가스주식회사 등이 있다. 구 용산에는 조선총독부 소속 인쇄국, 동아전기가스주식회의 발전소 등이 있다. 일본인에 의해 개발된 신시가지는 구용산 즉 철도노선의 서쪽에 있어서 축정(祝町) 청엽정(青葉 町) 말광정(末廣町) 경정(京町) 동정(東町) 원정(元町) 노송정(老松町) 영정(榮町) 욱교정(旭橋町) 대도정(大島町) 앵정(櫻町) 보정(寶町) 천단정(川端町) 신명정(神明 町) 백빈정(白濱町) 도산정(桃山町), 신용산 측 철도 노선의 동쪽에 있어서 한강통(漢 江通) 소송통(小松通) 보정(寶町) 전천정(田川町) 수도정(水道町) 산하정(山下町) 판정(坂町) 유정(柳町) 동류정(東柳町) 와정(瓦町) 앵정(櫻町) 전정(田町) 등이 그것 이다.

이곳에는 일본인이 경영하는 주식회사 용산어시장 이외에 마루타찌74)어류도매상이

---

74) 원문에는 어류도매상 앞에 한자 立이 ○ 안에 기록되어 있는데(㊣), 상호인지, 상점 로고인지 알 수 없다. 마루타찌로 번역해 둔다.

있다. 용산어시장의 연혁과 개황은 제1권에서 다루었으므로 여기에서는 생략한다. 마루타찌어류도매상은 개인이 경영하는 것으로 하루 수양고(水揚高)는 100원 내외이다.

조선인으로 어업에 종사하는 사람은 없으나, 일본인 중에는 야나기가와어업단[柳川漁業團]과 구루메어업단[久留米漁業團]이라는 단체 어업자가 있다. 그들이 소유한 어선은 대체로 16척 정도이며 투망, 끌그물, 입의오자망(立衣烏子網), 뱀장어낚시 등을 사용한다. 이들 어부는 강에서 어로를 행할 뿐만 아니라, 때로는 외해로 출어하기도 하고, 또는 그 어선을 낚시꾼들의 수요에 응하기도 한다. 그래서 봄여름 철이 되면 낚시를 즐기는 것도 또한 활발하다.

부근의 어획물은 잉어 농어 복어 뱀장어 볼락 황어 뱅어 등이며, 잉어는 2월 20일경부터 40일간, 농어와 복어는 5~8월까지, 뱀장어 볼락 황어는 6~8월까지, 뱅어는 11월 말~정월 중순까지를 성어기로 한다. 뱅어는 용산의 특산물로서 노량진 철교에서 마포까지 사이에 많이 나지만 한겨울철의 어업이다. 결빙기이므로 일본 어부들이 그 어획에 종사하는 사람은 없다. 또한 근처에서 재첩이 많이 난다. 종일 채취하면 한 사람이 능히 2~3말을 수확할 수 있다고 한다. 단 이것은 부녀들의 일이다.

마포

마포(麻浦)는 경성의 서쪽 10리 쯤 되는 한강의 북쪽에 있으며, 강가의 인가는 대부분 구용산과 이어져 있다. 호수는 340호 인구 1,130여 명이며 마을 사람은 모두 상업에 종사한다. 조선인의 큰 시장이며, 동시에 대규모 객주 영업자도 적지 않다. 상선이 항상 몰려들어서 대단히 번화하다. 경성 사이에는 큰 도로가 통할 뿐만 아니라 전차도 끊임없이 왕래한다. 그래서 서로 왕래하기가 아주 편리하다.

이 포구에서 동쪽 조금 떨어진 전차 통로에 공덕리가 있다. 무릇 마포는 공덕리의 일부이다. 공덕리는 괴걸(怪傑) 대원군이 은거하였던 곳이고 또한 그 유해를 묻었던 곳이다(무덤은 최근 파주군 대덕리로 옮겼다). 부근에 조선총독부 탁지부 소속 주류양조시험소가 있다.

상업이 활발하기 때문에 어업에 종사하는 사람은 없다. 일본인이 이곳에 거주하면서 농업에 종사하는 사람이 적지 않다.

이 포구의 하류 약 8정 되는 곳에 현암리(玄岩里)가 있고, 그 하류 5정 정도에 서호(西湖)가 있다. 모두 강 연안에서 저명한 집산지로서 어로에 종사하는 사람은 없지만 출매선을 업으로 하는 사람이 많고, 냉장선을 운용하는 것도 이들 지방 사람이 관련된 것이다(『제1권』340~356쪽 참조』)[75]

양화진 · 잠두창

양화진(楊花鎭)은 서호의 하류이며, 용산에서는 1.5해리 거리에 있다. 한강의 주요 나루 중 하나이며 도선장은 양화도(揚花渡)라고 한다. 그리고 그 대안은 곧 김포군의 양화도이다. 호수 148호 인구 630여 명이다. 일곱 마을로 나누어져 있는데, 그중 잠두창(蠶頭倉)이라는 마을은 어민뿐이며 그 호수는 20여 호 정도이다. 어선 9척, 잉어그물 14장(1장의 길이는 14길), 숭어그물[76] 15장, 주낙 낚시 바늘 12,000 정도를 가지고 연중 어업에 종사한다. 다만 겨울철에 이르면 신촌리의 어민과 마찬가지로 근해로 출어한다고 한다. 그리고 강의 주요한 어획물은 잉어 숭어 뱀장어 메기 쏘가리[鱖魚] 등이다. 양화진보다 하류의 집산지 및 어촌 등은 이미 그 연안 각군의 기사에서 다루었으므로 여기에서는 생략한다.

---

75) 번역문은 『제1-2권』21~33쪽 참조.
76) 한국수산지 원문에는 鯔繩이라고 되어 있으나, 繩은 낚시라는 뜻이고 단위는 張으로 되어 있기 때문에 숭어그물로 번역해 두었다.

제7장 황해도

개관

연혁

삼한시대에는 마한, 삼국시대에는 고구려에 속하였으나, 후에 신라에 병합되었다. 고려 왕씨가 통일하면서 성종 14년 강역을 10도로 나누면서 궐내도(闕內道)에 넣었으나 후에 5도 양계로 고치면서 하나의 도를 이루어 서해도(西海道)라고 부르게 되었다. 조선에 이르러 처음에 풍해도(豐海道)라고 불렸으나 태종 17년 그 경역을 변경하는 동시에 이때 처음으로 지금의 이름으로 고쳤다(단 처음에는 풍덕과 해주의 관할구역으로 한 도를 삼았으나, 후에는 황주 해주의 소관을 아울러 한 도로 삼았다. 현재 구역이 바로 이것이다).

황해도는 현재 수안(遂安) 곡산(谷山) 신계(新溪) 토산(兎山) 금천(金川) 평산(平山) 서흥(瑞興) 봉산(鳳山) 황주(黃州) 안악(安岳) 신천(信川) 재령(載寧) 은율(殷栗) 송화(松禾) 장연(長淵) 옹진(甕津) 해주(海州) 연안(延安) 백천(白川)의 19군으로 나누어져 있다. 각 군에는 군청을 두고, 도청이 이를 관할한다. 군청은 원래 군읍에 도청은 원래 관찰도청 소재지에 있다. 각 군의 배치를 대략 나타내면, 수안 곡산 신계 토산 금천 서흥 봉산 황주 8군은 경의철도 선로 동쪽에, 그 밖의 11군은 서쪽에 있다. 또한 철도 연선에 위치한 것은 황주 봉산 재령 서흥 금천 평산의 여러 군이라고 한다.

위치 경역

본도는 북위 37도 41분부터 동 39도 12분, 동경 124도 39분에서 127도 사이에 위치한다. 북쪽은 평안남도에, 동쪽은 함경남도 및 강원도에, 남쪽의 일부는 경기도에 접한다. 북에서 서쪽을 지나 남에 이르는 대부분은 바다로 둘러싸여 큰 반도를 이룬다. 즉 그 북쪽은 서조선해만이고, 남쪽은 강화만이고, 이 큰 두 만을 나누는 것은 실로 한반도의 서쪽 끝에 위치하는 것으로 장산곶이라고 한다.

넓이

본도는 동서로 가장 넓은 곳이 약 500리 가장 좁은 곳은 230리이고, 남북으로 가장 긴 곳은 550리, 가장 짧은 곳이 약 180리이다. 서쪽 끝인 장산곶에서 동쪽 끝 즉 평안 함경도와 황해도의 분계점에 이르는 거리는 약 570리이다. 그리고 그 면적은 육지 약 110,200방리, 소속도서 대략 1,400방리, 합계 111,600방리에 이른다.

지세

본도의 북동쪽인 평안 함경 강원 각도의 경계에는 높고 험한 산악이 이어져 있고, 서부에는 다소 남쪽으로 치우쳐 동서로 달리는 산맥이 있다. 그러므로 경의철도 동쪽에 있어서는 지세가 점차 서쪽으로 낮아지지만, 그 서쪽 즉 서부에 있어서는 남북서 각 방향을 향하여 낮아지는 것을 볼 수 있다. 이처럼 도 전체는 대개 산악지형이지만, 하천의 연안 또한 해안에 있어서는 다소 넓은 비옥한 평야를 이룬다.

산맥

본도의 주요 산맥으로서 종래 여러 책에 기록된 것은 낭림산맥(狼林山脈) 언진산맥(彦眞山脈) 자비령산맥(慈悲嶺山脈) 멸악산맥(滅惡山脈) 구월산맥(九月山脈) 등이다. ▲ 낭림산맥은 평안도에 있는 낭림산맥이 연장되어 동부 경계선을 남북으로 달린다. 임진강 예성강의 분수령을 이루며, 토산 부근에 이르러 임진강에 의하여 차단된다. 이 산맥의 북부는 곧 황해도에서 가장 높은 지역이며 그 봉우리 중 하나인 백년산(百年

山)의 높이는 실로 1,358미터에 달한다. ▲ 언진산맥은 대동강 남쪽 지류의 남방에 있으며 대체로 동서로 걸쳐져 있다. 이 산맥은 수안의 북쪽을 지나 구불구불 굴곡을 이루며 서북쪽으로 달린다. 대동강안에 이르러 비로소 평탄해진다. 이 산맥 중 높은 봉우리는 곡산의 서북쪽에 솟아 있는 언진산으로 그 높이는 1,117미터이다. ▲ 자비령 산맥은 봉산 및 서흥의 북부에 이어져 있는 것으로 예성강안의 영덕산(永德山), 서흥 북쪽의 대현산(大峴山), 그 밖에 귀기산(歸其山), 자비령, 봉산의 여계령(如鷄嶺) 응상 산(鷹商山) 등은 그 연봉이다. ▲ 멸악산맥은 평산군의 멸악산에서 일어나 해주의 북방 장연의 남쪽을 지나, 장산곶에 이르러 황해로 들어가는 것이다. 연봉 중에서 이름이 있는 것으로 주지봉(主之峰), 대차로령(大車路嶺), 해주의 수양산(首陽山), 장관의 불 타산(佛佗山) 등이 있지만 아주 높고 험한 것은 없다. 그러나 이 산맥은 실로 황해도 서부의 가운데 축을 이루는 것으로 물길이 이를 따르는 것은 물론이고, 기후도 이 산맥의 북쪽과 남쪽에 따라서 자연히 얼마간의 차이를 볼 수 있다. ▲ 구월산맥은 은율의 동남에 솟아 있는 구월산에서 남쪽으로 달리는 것을 주맥으로 하고 여러 곳에서 분기하는 많은 지맥이 있다. 더욱이 송화(松禾)의 묵산(墨山) 생왕산(生旺山) 박백산(博白山), 옹진 (甕津)의 천잠산(天蠶山) 그리고 그 동쪽인 마치산(馬峙山) 수대산(樹大山), 강령 북부 의 파단산(破單山)은 모두 주맥 또는 지맥 중의 연봉이다. 이와 같은 각 봉우리는 대개 민둥산이고 수목이 있는 곳은 적어서, 다른 도의 산과 큰 차이를 보이지 않는다.

하천

　하천으로 중요한 것은 예성강, 재령강, 황주강 및 대동강의 남쪽 지류이며, 그 밖에 작은 물줄기로는 백천의 옥산포(玉山浦), 연안의 나진포천(羅津浦川), 해주의 작천 (鵲川), 장연의 죽강(竹江), 은율의 대한천(大漢川) 등이 있다. ▲ 예성강은 본도 동남 지역의 큰 강으로 경기도와 경계를 이루는 것은 그 하류이다. 멀리 수안 및 곡산 부근의 산골짜기에 발원하는데, 총길이가 무릇 390리에 달한다. 그러나 강폭이 제법 넓어지는 것은 신계(新溪)보다 하류이다. 하구에서 60~70리 사이는 조석간만의 영향을 받으며, 또한 30~40리 사이는 수운의 편리함을 준다. 강에 연한 집산지는 금천(金川) 간포(杆

浦) 기탄(歧灘) 광탄(廣灘) 조포(助浦) 하동진(河東津) 벽란도(碧瀾渡) 등이며, 그중 금천 간포 조포 벽란도는 중요한 지역이다. 그렇지만 수운의 편리함을 크게 누릴 수 있는 곳은 조포보다 하류이며, 그보다 상류는 물의 흐름이 적고 또한 얕은 여울이어서 거슬러 올라가기 곤란한다. ▲ 옥산포천(玉山浦川, 복교강僕橋江이라고 한다)은 예성 강의 한 지류로서 벽란도의 상류 언저리에서 합류하는 것이다. 이 개울은 물길이 짧지 만 조석의 영향을 크게 받기 때문에 이를 이용하면 대부분의 범선이 약 20리 사이를 왕래하는 데 지장이 없다. 강에 연한 주요 집산지는 한교(漢橋) 옥산포(玉山浦)이며, 백천읍은 옥산포의 동북쪽 언저리에 있다. 강의 상류는 백천 평지이며 농산물이 풍부하 다. 그러나 본강은 관개에 이로움을 주는 것은 비교적 적다. ▲ 재령강은 대동강의 한 지류로서 철도에 이르러 대동강에 합류한다. 수많은 지류가 있지만 주요한 것은 서부의 중축을 이루는 멸악산의 북쪽 기슭에서 발원하여 서북쪽으로 흐르는 서흥강(西興江) 및 구월산의 남쪽 기슭에서 발원하여 동북쪽으로 흐르는 구월산강(九月山江) 두 줄기 이다. 이 지류는 재령의 북방에서 서로 나란히 북쪽을 향해서 흐르다가 사리원의 북서 쪽 강동촌(江東村)에 이르러 마침내 서로 만난다. 강에 연한 집산지는 동쪽 지류에 석탄 (石灘) 삼가리(三街里) 당탄(唐灘) 해창(海倉) 석해(石海), 서쪽 지류에 신환포(新換 浦) 연진(煙津) 두문교(杜門橋) 등이 있지만, 그중에서 주요한 것은 당탄 해창 삼가리 신환포라고 한다. 조석간만은 60~70리 상류에 미치며, 앞에서 열거한 마을은 모두 수 운의 이로움을 적지 않게 누리고 있다. 본강 유역은 이른바 재령강평야로 본도의 저명 한 쌀산지이다. ▲ 황주강은 적벽강(赤壁江) 또는 녹사포(綠沙浦)라고 한다. 언진 자비 두 산맥 사이를 서쪽으로 흘러서 황주의 남쪽을 지나, 겸이포(兼二浦)[1] 부근에서 대동 강에 합류한다. 이 강은 많이 이용하지 않지만, 역시 조석을 타면 대부분의 배가 황주천 의 하류 약 10리 쯤에 있는 녹사포까지 거슬러 올라갈 수 있다. 녹사포에서 대동강 하구 까지는 55리 정도이다. ▲ 대동강의 남쪽 지류는 평안남도에서 오는 것과 곡산의 동남 쪽에서 오는 두 줄기가 있다. 합류하여 다시 평안남도로 들어가 서북쪽으로 흘러서 평 양의 상류 약 30리쯤 지점에서 북쪽 지류와 합류한다. 본강은 강들 중에서 큰 줄기이지

---

1)　현재 松林市이다.

만 황해도에서는 주로 산골짜기 사이를 통과하므로 그다지 많이 이용하지 않는다. 본강의 상류인 곡산 부근에는 본강에 의하여 형성된 광대한 원야(原野)가 있지만 아직 이용하는 데 이르지 못했다. ▲ 그 밖의 여러 강은 모두 물길이 짧지만 조석을 이용하면 적어도 10~20리를 항행할 수 있다. 관개의 이로움은 그다지 많지 않으나 운수(運輸)의 편리함에 이르면 의외로 크다.

평지

본도의 주요 평지는 재령강 및 황주강 연안 일대이며, 이에 버금가는 것은 해주의 취야장(翠野場) 연안 백천 장연 풍천 문화 은율 장련 안악 신주 침촌 홍수 서흥 신막 남천 간포 신계 등의 부근에 있는 것이다. 특히 재령강 연안 일대는 경성 이북에서 드물게 보는 쌀산지로서, 그 생산이 대단히 많을 뿐만 아니라 품질도 또한 양호한 것으로 잘 알려져 있다. 전도의 경지 면적은 아직 정확한 조사 결과를 얻을 수 없지만 종래의 통계에 따르면 대략 229,821정보 남짓이며, 그중에 논은 67,160정보, 밭은 162,661정보이다. 또한 국유 미간지 이용법 실시 이래 명치 42년 12월 말까지 허가된 것은 다음과 같다.

총면적 1273.6322정

내역

지목별(地目別)
  초생지(草生地)
  황무지(荒蕪地)
  소택지(沼澤地)
  갯벌[干潟]

또한 이용 목적에 따라서 구별한 것은 다음과 같다.

목적별

　논(田)

　밭(畑)

　어민 택지

　식수(植樹)

　염전

　논밭(田畑)

해안선 및 항만

　본도의 해안선은 출입과 굴곡이 대단히 많으며, 또한 앞바다에 산재해 있는 소속 도서도 적지 않으므로, 그 연장선은 비교적 길다. 육안이 대략 500해리(예성강에서는 가동家洞을, 대동강에서는 어은동漁隱洞을 경계로 하여 대략 측정한 것이다), 도서의 둘레는 약 130해리로 합계 630해리가 넘는다. 연안의 지세는 산악과 구릉이 바다로 빠져드는 곳이 적지 않지만, 생각보다 평저지가 펼쳐져 있는 곳도 또한 많다. 그러나 해주 부근은 대체로 낮은 땅으로 습지와 구분할 수 없는 상태이므로, 개간할 수 없는 곳도 많아서 광대무변한 땅이 헛되이 방기되어 있다.

　해안선의 굴절이 많기 때문에 만입(灣入)도 역시 많지만, 사방이 대체로 갯벌이므로 배를 세워두기에 적합하지 않을 뿐만 아니라, 특히 배를 대기도 곤란하다. 이런 까닭에 포구는 경기도와 마찬가지로 만입부가 아니라 오히려 갑단(岬端) 혹은 강변에 있다. 만입 중에서 두드러지는 곳은 해주만 대동만(大東灣) 강령강(康翎江)으로 모두 남쪽에 있다. 해주만은 그중에서 큰 만이지만 양안은 대부분 갯벌로 덮여 있어서 그 중앙에서도 수심이 3심에서 4~5심이며, 깊은 곳도 8심을 넘지 않는다. 작은 기선 또는 일반적인 조선 범선은 조석을 이용하여 진입할 수 있으나, 곳곳에 모래톱이 흩어져 있어서 수로를 잘 알지 못하면 항행이 곤란하다. 만내에 있는 계선지(繫船地)를 용당(龍塘)이라고 한다. 해주읍의 남쪽 15리 쯤이며 작은 갑단에 있다. ▲ 대동만은 장산곶의 남쪽에 있으며 서남쪽에서 동북쪽을 향하여 깊이 만입한 것이 이것이다. 만은 크지만 막아주는 것이 없다. 그러나 만 안의 남북 양쪽에 정박지가 있다. 북쪽은 곧 목동(牧洞)의 전면이고, 남쪽은 곧 제작(諸作)의 전면이다. 모두 저조(低潮) 때에도 수심이 4심을 유지하기 때문에 대부분의 배를 수용할 수 있다. 더욱이 풍향에 따라서 옮겨갈 수 있는 편리함도 있으므로 피항(避港)으로서 적합한 곳이다. 그리고 장연읍은 목동에서 대개 50리 거리에 있다. ▲ 강령강은 강령반도를 동쪽으로 하여 깊이 들어간 만으로 해주만과 대동만의 중간에 위치하고 있다. 만입이 깊고 폭이 넓지 않을 뿐 아니라 만 입구에는 순위도(巡威島) 등의 섬들이 가로놓여 막고 있기 때문에 풍박(風泊)에 대단히 안전하다. 특히 순위도의 동쪽과 강령반도 사이의 수도는 곧 서안에서 유명한 양항인 루버항으로, 그 수심은 저조 때에도 여전히 12심이다. 만 안에 용호도(龍湖島)라는 작은 섬이 있는데, 그 연안은 저조 때 수심이 7~8심으로 작은 기선 또는 보통 범선의 좋은 정박지이다. 용호도에서 마산을 거처 옹진읍에 이르는 거리는 90리이며, 마산까지는 40리에 불과하다. ▲ 북쪽에는 만입이 적고 있다고 하더라도 갯벌만이어서 조석을 이용할 수 없기 때문에 작은 배조차도 또한 진입할 수 없다. 북쪽에 있는 정박지로 중요한 것은 어은동(漁隱洞) 철도(鐵島) 겸이포(兼二浦) 등인데, 모두 대동강변에 있다. 그중에서 겸이포는 강 입구의 남안 암각으로부터 33해리를 거슬러 올라가는 곳이고, 진남포와 18해리 떨어져 있으며, 황주 사이에는 철도로 연결된다. 그래서 이들 여러 항은 모두 3,000톤 미만의 기선을 정박시킬 수 있다. 또한 그 밖에 대동강 바깥에 떠 있는 석도(席島)의 남동쪽에도 큰 배의 피박지가 있다. 그리고 작은 기선 및 작은 범선의 정박지로 유명한 곳으로 몽금포(夢金浦) 및 고암포(古巖浦)가 있다.

갑각으로 두드러진 것은 장산곶으로 강화만과 서조선 해만을 경계짓는 것이 바로 이곳이다. 본 갑각은 진에도 인급한 것처럼, 본도의 최서단에 있는 갑각인 동시에 한반도의 최서단이기도 하며, 본도 서부의 중축 산맥의 말단에 해당한다. 그러므로 이 갑각은 바다에서뿐만 아니라, 육지에서도 또한 남북 양쪽을 나누는 분계점이다. 그리고 인천과 진남포의 상업구역도 자연히 이 갑각에 의하여 나누어진다. 어업의 경우도 또한 이 갑각에 의하여 구분되는 경향이 있다. 즉 인천을 근거로 하는 사람은 보통의 경우에 있어서 이 갑각의 북쪽으로 올라오는 일이 드물고, 진남포를 근거로 하는 사람은 또한 이곳을 넘어서 남쪽에 이르는 경우가 적다. ▲ 기타 갑각으로 이름이 있는 것은 장산곶 이북 즉 서조선해만에 돌출되어 있는 것으로 코스이각(어은동 묘박지의 서쪽을 감싸고 있는 것으로 갑각 끝에 피도避島가 떠있다), 암각(岩角, 코스이각의 서쪽에 돌출한 것으로 그 갑단에 찬도簒島가 있다), 본바쿠각(석도 묘박지의 남동쪽을 감싸는 것), 오류지기(五柳地埼, 장산곶의 북쪽에 있다)가 있다. 장산곶 이남 즉 강화만에 돌출한 것으로 등산곶(登山串, 강령반도의 남각으로 본도의 가장 남쪽에 해당한다), 구월포갑(九月浦岬, 등산곶의 북동쪽에 있다), 갈천각(葛川角, 구월포갑의 동북에 있다. 해주만의 서남각이다), 유촌갑(柳村岬, 가장 동쪽에 있는 것으로 교동도와 마주 본다)이 있다.

소속 도서

소속 도서 중 주요한 것은 백령도(白翎島) 대·소청도(大小靑島) 창린(昌麟) 기린(麒麟) 순위(巡威) 용매(龍妹) 수압(睡鴨) 연평(延平) 초도(椒島) 석도(席島) 웅도(熊島) 청양(靑羊) 등이며, 백령 이하 연평에 이르는 여러 섬은 장산곶 이남에, 초도 이하는 장산곶 이북에 있다.

기상

본도의 기상에 관해서는 아직 관측 결과를 입수하지 못하였기 때문에 이를 상세하게 설명할 수 없지만, 그 서남부에 있어서는 인천, 동남부에 있어서는 경성, 북부에 있어서는 평양 진남포 등의 관측 결과를 보면 대체로 추측할 수 있는 것이다. 예를 들어 4개소의 관측 결과에 따라서, 극한 및 극서의 기온 및 1년 중의 강수량[雨雪量]을 가지고 비교해 보면 다음과 같다.

종별 \ 지명	진남포 (35년~37년, 3년간)	평양 (창립이후~42년까지)	경성(41년~42년)	인천 (창립이후~42년까지)
매년 평균기온	9.4	9.0	10.4	10.6
1월 평균 기온	6.6	6.2	3.6	1.8
8월 평균 기온	24.1	24.2	24.0	24.0
매년 평균 우설량	-	762.1	1,066.3	965.5

조석

연안에서 조석간만의 차는 경기도와 같이 크지 않아도 대동강에 임한 연안 또는 강화만의 연안에 있어서는 또한 제법 심한 곳이 있다. 또한 일조(日潮)가 부동한 것은 서안의 공통적인 상태인데 특히 장산곶 이북 서조선 해만에서 심하게 도달하는 것이 있다. 해도 또는 수로지에서 밝힌 각지의 조신표(潮信表)를 비교하면 다음과 같다.

지명	삭망고조(朔望高潮)	대조승(大潮升)	소조승(小潮升)	소조차(小潮差)	측량년월
순위도	5시 25분	18$\frac{1}{4}$피트	12$\frac{1}{4}$피트	6$\frac{1}{4}$피트	명치 40년 1월
대청도	5시 53분	13	8$\frac{1}{4}$	3$\frac{3}{4}$	상동
월내도	5시 59분	13$\frac{1}{4}$	9	4$\frac{3}{4}$	39년 12월
석도 정박지	8시 07분	18	12$\frac{1}{2}$	7$\frac{1}{4}$	상동
오은동 정박지	8시 43분	19$\frac{1}{4}$	13$\frac{1}{4}$	7$\frac{1}{4}$	상동
철도 정박지	9시 23분	21$\frac{3}{4}$	15$\frac{1}{2}$	9$\frac{1}{4}$	상동

연안의 조류 방향과 속도에 관해서는 『조선해수로지』에 상세하다. 다음은 그 개요를 뽑아서 기록한 것이다.

해주만에 있어서는 밀물 조류는 북북서로 흐르고, 썰물 조류는 이와 반대이다. 속력은 3½노트이다.

강령반도 남서와 연평열도 중간에 있어서는 밀물 조류는 정동으로, 썰물 조류는 정서[2]로 흐르며 속력은 3.25노트이다.

순위도 앞바다에서 대동만 앞바다에 이른 사이는 밀물 조류는 서 및 북서로 흐르고, 썰물 조류는 동 및 남동으로 흐르며 속력은 대개 3.5노트이다. 동쪽에서 오는 조류는 비엽도(飛葉島)에 부닥쳐 두 갈래로 나뉘며, 연안에 있어서는 창린도의 바깥쪽 끝을 지나 기린도를 끼고 도마합(島麻蛤) 앞바다로 나가 중주(中洲)의 동쪽을 통과한다. 앞바다에서는 기린주(麒麟洲)의 서쪽을 지나 다시 두 갈래로 나누어져 하나는 삼암

2) 한국수산지 원문에는 正面으로 되어 있다.

[三ッ岩]3)과 중주 사이를, 하나는 중주의 서쪽을 지난 다음 다시 합쳐져서, 장산곶을 향한다. 중주 부근에서는 썰물 밀물 조류가 모두 대청도의 고저조(高低潮) 후 약 3시(간)에 흐름이 바뀐다.

대청군도의 조류는 일반적인 방향이 해안선과 나란하며, 밀물 조류는 북쪽으로 썰물 조류는 남쪽을 향한다.

소청도와 대청도 사이의 수도에 있어서는 밀물 조류는 북동쪽으로, 썰물 조류는 서남쪽으로 향하며, 그 속도는 약 3노트이다. 그리고 고저조 이후 약 2시간 반 내지 3시간이 지나면 흐름이 바뀐다.

대청도와 백령도 사이의 수도는 밀물 조류는 북서쪽, 썰물 조류는 남동쪽을 향하며 그 속도는 3노트이다.

장산곶 갑각 부근은 밀물 조류는 북쪽, 썰물 조류는 남쪽을 향하며, 그 속도는 5~7노트이다.

석도의 북쪽 및 서쪽에서는 썰물 조류는 2.5노트 속도로 서쪽 및 남쪽을 향하며, 석도의 북서각 가까운 자매도(姉妹島)에서 북쪽 0.5해리되는 곳에서는 밀물 조류는 2.5노트 속도로 대개 북동쪽을 향한다.

피도 수도에서는 밀물 조류는 2.5노트로, 썰물 조류는 4.75노트, 철도 묘박지의 북쪽에서는 밀물 조류 3노트, 썰물 조류는 4.75노트이며, 또한 이 지역의 동쪽인 평양강구의 좁은 속도에서는 밀물 조류는 5노트, 썰물 조류는 7노트이다.

철도

경의철도는 경의가도와 나란히 달리며, 본도의 중앙을 종관한다. 그 연도의 각역으로 본도에 속하는 것은 계정(鷄井) 잠성(岑城) 간포(杆浦) 남천(南川) 신막(信幕) 서흥(瑞興) 흥수(興水) 청계(淸溪) 마동(馬洞) 사리원(沙里院) 침촌(枕村) 황주(黃州) 흑교(黑橋)4) 등이며 모두 13개역이다. 계정역은 본도의 가장 남쪽에 위치하는 작은 역으

---

3) 도마합(島麻蛤)·삼암[三ッ岩]은 당시 일본인들 사이에 통용된 것으로 보인다. 원문에 기록된 한자음대로 기록하였다.
4) 한국수산지 원문에는 里橋로 되어 있으나, 黑橋의 잘못으로 생각된다.

로 금천군에 속하며, 흑교역은 가장 북쪽에 있으며 황주군의 고정면(高井面)에 속한다. 두 역 사이의 거리는 85마일 53케이블이다. 흑교의 남쪽인 황주역은 서쪽 겸이포선의 분기점인데, 황주와 겸이포역 사이는 8마일 9케이블이다. 두 선로의 합계는 곧 본도 내의 철도 노선의 총연장인데 실로 93마일 62케이블에 달함을 알 수 있다. 각역에서 반출되는 주요 화물은 쌀 잡곡 신탄 등인데, 사리원 부근의 각역은 쌀 및 잡곡을 주로 하고, 신막 부근의 남부 지역 각역은 잡곡과 신탄을 주로 하는 등 다소 차이가 있다. 연도 여러 역 중에서 일본인의 발전이 뚜렷하고 또한 가장 번영하는 곳은 사리원 황주 신막 3개 역이다. ▲ 사리원역은 봉산군 사리원면에 속한다. 부근의 평지는 본도 제일의 쌀 산지인 소위 재령강 연안의 평야로 이어진다. 그리고 역은 서쪽의 재령 신천 안악 은율 각 읍으로 통하는 문호에 해당한다. ▲ 황주역은 황주읍의 서북쪽 부근에 있으며, 황주읍은 본도 중 주요 도회지로, 과거에는 해주와 맞먹는 곳이었다. 부근의 평야는 잡곡을 많이 생산하며 특히 사탕무우[甘茱]를 재배하는 데 아주 적합한 곳이라고 일컬어지고 있다. 이곳으로부터 분기되는 겸이포선은 평남선의 개통과 더불어 여객의 왕래가 끊어지기에 이르렀으나, 여전히 철도 용재 특히 연료 수송선으로서 이용이 많다. ▲ 신막역은 서흥군 화회면(禾回面)에 속한다. 부근은 평지가 잘 펼쳐져 있어서, 농산물이 풍부하다. 또한 동쪽의 신계 곡산 방면과 연락상 아주 중요한 지점이다.

도로

도로는 경의가도 및 사리원에서 재령을 거쳐서 해주에 이르는 것이 주요하다고 한다. 그 각 군읍을 연결하는 도로는 폭이 넓은 곳이 없지 않으나, 대개 언덕길이고 또한 넓고 좁은 폭이 크게 달라서 차량이 통행하기에 곤란하나. ▲ 경의가도는 경기도의 개성으로부터 와서, 금천 평산 서흥 흥수 봉산 황주 등을 거쳐 평남의 중화를 지나 대동강을 건너 평양으로 연결된다. 그리고 경의철도 선로는 이 도로와 나란히 달린다. 그래서 연도의 주요지역은 대개 각 역 또는 그 부근에 위치하여 철도의 이익을 누리는 바가 크다. 즉 앞에서 언급한 금천은 잠성역의 동쪽에, 평산은 간포역의 서쪽에, 봉산은 사리원의 동북쪽에 있다. ▲ 해주가도는 도로 폭이 넓어서 경의가도에 뒤지지 않는다. 특히 재령 해주 130리 사이는 대체로 평탄하여 경차가 통행할 수 있다. 경성 해주 간의 연결은 경기도 개성군의 토성에서 벽란도를 건넌 다음 연안을 거쳐서 오는 것이 편리하지만 도로가 좋지 않다.

각 역 사이의 거리 및 기차 요금 및 주요 지역 간의 이정 등을 표시하면 대체로 다음과 같다.

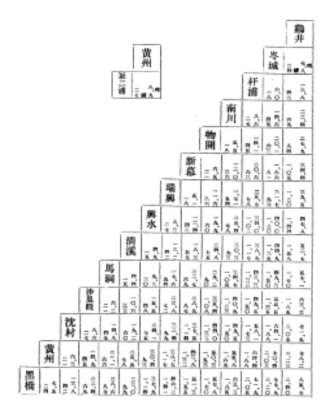

각역 간의 거리·기차 요금·주요 지역 간의 이정

주요지역 간의 이정표(里程表)

단위: 이정(里町)・마일(哩)

지명	이정	지명	이정	지명	이정	지명	이정
백천-토성	4.00[5]	송화-장연長淵	3.00	안악-진남포	8.00	신계-서흥	8.00
백천-개성	6.00	장연長淵-신천	11.00	봉산-재령	7.00	수안-황주	10.00
백천-연안	4.18	신천-송화	8.00	봉산-사리원	1.00	수안-곡산	9.00
연안-개성	8.00	은율-송화	4.00	서흥-수안	9.00	수안-서흥	9.00
연안-해주	6.00	은율-장연長連)	3.00	서흥-개성	15.00	토산-신계	10.00
해주-옹진	14.00	은율-장연長淵)	7.00	신막-신계	8.18	토산-삭령	4.00
해주-재령	12.00	재령-신천	3.00	신막-서흥	3.00	토산-개성	10.00
해주-개성	17.00	재령-사리원	5.00	신막-수안	12.00	금천-개성	5.00
해주-송화	15.00	안악-장연長連	6.00	신계-곡산	9.22	금천-평산	3.00
해주-신천	9.00	안악-은율	9.00	신계-이천	8.00	평산-간포	1.00
용당-인천	74.00마일	안악-사리원	7.00	신계-신막	8.18	평산-개성	8.00
곡산-신계	9.22	곡산-수안	9.00	곡산-개성	21.00	겸이포-진남포	19.00마일

수로

수로 교통에서 기선이 기항하는 곳은 해주의 용당, 옹진의 용호, 황주의 겸이포 등에 불과하지만, 장연의 몽금포나 해주의 읍천, 금천의 조포(助浦), 백천의 한교(韓橋) 옥산 포(玉山浦) 벽란도, 연아의 나진포(羅津浦) 석탄(石灘), 재령의 해창 당탄(唐灘), 황주의 신진(新津), 안악의 사암포(沙岩浦)와 같은 경우는 범선의 출입이 빈번하다. 그중 용낭 봉금포는 중국의 정크선의 출입이 많아서 세관감시서를 설치하여, 특히 수출입에 관하여 편의를 제공하고 있다. 또한 각지의 정황에 대해서는 따로 그 군에서 기술할 것이다.

통신

통신은 각 요지에 기관이 설치되었기 때문에, 도 전체의 대부분의 지역에서 그 편익을 누릴 수 있기는 하지만, 육로 우편선로의 총길이가 1,000여 리이며, 철도 노선에 의한 것도 또한 93마일 남짓에 그친다. 또한 도로는 앞에서 언급한 것처럼 경차가 통행할 수 있는 것도 거의 없는 상태이므로, 철도 연선 부근의 주요지를 제외하면 그 밖에는

---

5) 원문에는 400(한국 4000리)로 기록되어 있다. 4.00(40리)의 오기로 보인다.

아직 유감스럽지 않을 수 없다. 명치 43년 11월 1일 현재 우편국소 및 전보취급소 등을 표시하면 다음과 같다.

우편국	우편소	전신취급소	우체소
해주(郵電話)·황주(郵電話)·연안(郵電話)·옹진(郵電話)·재령(郵電話)·사리원(郵電話)·신계(郵電話)·안악(郵電話)·서흥(郵電話)·곡산(郵電話)·송화(郵電話)·은율(郵電話)·평산	겸이포·용호도·신막(郵電話)·금천·흑교·수안	잠성(岑城)·신막·홍수·사리원·황주·겸이포·남천·간포·계정(鷄井)·흑교	백천·토산·신천·장연(長連)·장연(長淵)

또한 황해도 각 주요 지역과 경성 간의 우편물 도달 일수(日數)를 표시하면 다음과 같다.

지명	일수	지명	일수	지명	일수	지명	일수	지명	일수	지명	일수
금천	1~2일	백천	1일	연안	1~2일	해주	2일	옹진	4~5일	용호도	4~5일
長淵	3~4	송화	3~4	신천	2~3	평산	1	신막	1	서흥	1
신계	2	토산	3~4	수안	2~3	곡산	3~4	사리원	1	재령	2
안악	2	長連	2~3	은율	3~4	황주	1	겸이포	1		

호구

본도의 호구는 명치 43년 5월의 조사에 의하면, 216,405호, 958,852명(남 505,252, 여 453,600)을 헤아린다. 그런데 본도의 총면적은 111,600방리이므로, 그 인구를 1방리로 나누면 0.86명으로 대단히 희소함을 알 수 있다. 다만 본도의 동부는 대개 산지이며 마을이 적고 또한 사람들이 많이 모여사는 도회지도 없기 때문이라고 한다. 도회지 중 토착 인구가 가장 많은 곳은 황주의 1,560호 5,740명이며, 다음은 서흥의 615호 3,548명, 사리원의 518호 2,102명, 해주의 252호 1,320명, 신막의 241호 948명 등이라고 한다. 그런데 일본 정주자의 호구가 많은 곳은 겸이포의 209호 601명, 해주의 186호 638명, 신막의 184호 501명, 황주의 122호 325명, 사리원의 71호 238명 등으로, 조선인의 분포와는 다소 다른 경향이 있다.

본도에 있어서 일본인이 모여 사는 곳은 앞에서 제시한 몇 곳이며, 그 밖에는 철도 각 역 또는 군읍에 그치고, 아직 널리 각지에 흩어져 살기에 이르지 못하였다. 명치

43년 5월 현재 거주자 조사는 다음과 같다.

거주 일본인 호구표[居住內地人戶口表]

지명	호수	인구		합계
		남	여	
해주(海州)	191	340	296	636
연안(延安)	19	24	24	48
용호도(龍湖島)	10	20	14	34
강령(康翎)	5	10	4	14
옹진(甕津)	4	4	3	7
백천(白川)	5	16	4	20
장연동(長淵洞)	21	38	25	63
송화군(松禾郡)	33	45	33	78
은율군(殷栗郡)	21	27	19	46
신천군(信川郡)	10	12	11	23
안악군(安岳郡)	43	93	43	136
재령군(載寧郡)	60	110	58	168
서흥군 서흥(瑞興郡 瑞興)	43	64	41	105
同 흥수원(興水院)	4	9	8	17
同 신막(新幕)	215	360	261	621
수안군 수안(遂安郡 遂安)	21	26	20	46
평산군 읍내면(平山郡 邑內面)	17	29	15	44
同 금암면(金岩面)	22	36	25	61
同 세상리(細上里)	1	2	1	3
同 적암면(積岩面)	4	3	1	4
同 보산면 남천(寶山面 南川)	33	28	29	57
同 총수동(葱秀洞)	2	3	2	5
同 막동(幕洞)	5	17	9	26
同 안성면 물개(安城面 物開)	18	29	18	47
황주군 황주읍(黃州郡 黃州邑)	139	215	115	330
同 침촌(枕村)	6	8	4	12
同 겸이포(兼二浦)	215	354	266	620
同 모성면(慕聖面)	1	5	1	6
同 목곡면(木谷面)	19	33	29	62
봉산군 사리원(鳳山郡 沙里院)	75	146	111	257
同 사인면(舍人面)	2	3	3	6
同 마동(馬洞)	5	17	10	27
同 청계(淸溪)	3	12	8	20
同 신원(新院)	15	43	26	69
同 읍내(邑內)	4	8	4	12
신계군 중부면(新溪郡 中部面)	15	25	17	42
곡산군 곡산(谷山郡 谷山)	7	8	10	18
금천(金川)	117	335	155	490
토산(兎山)	2	2	1	3
합계	1,432	2,559	1,724	4,283

교육

교육은 오래전부터 기독교도들에 의해서 실시된 데 그친다. 종전에는 그 밖에 완전한 기관이 설치된 적이 없었다. 그렇지만 통감정치가 된 이래로 대단히 이를 장려하는 데 힘을 기울인 결과, 각 지역에서 교육기관이 빈번하게 설치되었다. 현재 존재하는 것은 공립보통학교 2곳, 사립보통학교 중 보조지정에 해당하는 것 4곳, 기타 사립학교 269곳, 합계 275곳이다. 이를 각 군별로 표시하면 다음과 같다.

공립

공립황주보통학교(公立黃州普通學校)　황해군 황해읍

공립해주보통학교(公立海州普通學校)　해주군 해주읍

보조 지정

서명보통학교(瑞明普通學校)　서흥군 서흥읍

양원보통학교(養元普通學校)　재령군 재령읍

경산보통학교(景山普通學校)　봉산군 사리원

우신보통학교(又新普通學校)　장연군 장연읍

사립학교

군명(郡名)	교실 수	군명	교실 수	군명	교실 수
해주	13	신천	24	곡산	6
연안	14	재령	17	금천	5
수안	14	안악	23	신계	4
봉산	18	평산	9	서흥	9
장연(長淵)	30	백천	16	토산	4
황주	20	은율	18	합계	269
송화	20	옹진	5		

일본 아동을 교육하는 곳은 아직 많지 않다. 생각건대 전도(全道) 곳곳에 일본인이 살고 있다고는 하지만 황해도에는 아직 일본인 집단지가 적다. 그 소재지와 교명 및 취학 아동 인원수는 다음과 같다.

일본인 설립학교

교명	소재지(위치)	아동 수
겸이포심상고등소학교(兼二浦尋常高等小學校)	겸이포 정거장 내	45
신막심상소학교(新幕尋常小學校)	신막	25
사리원심상소학교(沙里院尋常小學校)	사리원	23
황주심상소학교(黃州尋常小學校)	황주 성내	15
해주심상소학교(海州尋常小學校)		31

종교

재래 사찰의 수는 58곳이며, 승려 81명, 여승 22명, 합계 103명을 헤아리지만, 이들은 종교상 아무런 세력을 갖지 못하고 있으며 이는 각도의 공통된 현상이다. 그런데 일본 승려도 또한 아직 본도에서 포교에 종사하는 경우는 대단히 드물기 때문에, 조선인이 일본 불교에 귀의한 자는 거의 볼 수 없다. 이에 반해서 기독교의 세력은 대단히 강대하여 도 전체의 도처 마을에서 교도들을 볼 수 있어, 대단히 놀랄 만하다. 다음 표는 최근의 통계에 의한 것인데, 이를 보면 각파 합계 교회당 175곳, 선교사 17명, 전도사 242명, 교도 23,038명(총인구에 대한 백분율은 20%가 넘는다), 부속학교 77곳, 부속병원 2곳을 헤아린다. 숫자로 보아 이미 그 세력을 무시할 수 없음을 인정해야 한다. 하물며 그 잠재력에 대해서는 말할 나위도 없다. 이와 같은 형세는 각도 모두 서로 비슷하지만, 특히 본도에서는 기독교가 전파된 지 오래되었고 신도의 신념도 또한 공고한 것으로 알려져 있다. 그러므로 장래 일본 종교인들이 본도에서 포교하려고 하면 미리 큰 결심을 해야 함은 말할 나위도 없다. 각파의 개관은 다음 표와 같다.

종파(宗派)	교회당	선교사	전도사	교도	부속학교	부속병원
미국 감리파	41	1	61	2,685	8	-
천주교	27	2	26	2,765	6	-
영국 성공회(古宗聖教)	1	-	1	345	-	-
구세군	2	-	6	163	1	-
영국 복음교회	1	-	2	16	1	-
장로파(영국·미국·호주·캐나다 각파를 포함)	3	14	146	17,064	57	1
러시아 정교파(露國正教派)	-	-	-	-	-	-
합계	75	17	242	23,038	73	1

경찰

도내의 주요지에는 경찰서 및 경찰서의 직무를 행하는 헌병대, 그 밖의 각 군읍 또는 교통의 요지에는 순사주재소 및 헌병분견대를 배치하여 제법 두루 갖추어지기에 이르렀다. 그 소재지 및 관할구역 등은 다음과 같다.

경찰서 위치 및 관할구역

경찰서	위치	관할구역	순사주재소 소재지
해주경찰서	해주	해주군내 옹진군내	해주군 취야·예기암·용당포
몽금포경찰서	몽금포	장연(長淵)군내 옹진군내	장연군 아랑진·백령, 옹진군 행영(行營)
장연(長連)경찰서	장연	은율군	은율군 금산포
황주경찰서	황주	황주군내 봉산군내	황주군 흑교·제안·겸이포, 봉산군 봉산·사인관
서흥경찰서	서흥	서흥군내	서흥군 홍수원
신계경찰서	신계	신계군내 토산군내	신계군 기탄, 토산군 석두리
남천경찰서	남천	평산군내	평산군 봉천

경찰서의 직무를 수행하는 헌병대 위치 및 관할구역

명칭	위치	관할구역
해주	해주	해주군내 옹진군내 재령군내
재령	재령	재령군내 신천군·안악군·봉산군내 송화군내

송화	송화	송화군내 장연(長淵)군내 옹진군내
신막	신막	서흥군내 평산군내 금천군 · 토산군내
수안	수안	수안군 · 곡산군 · 서흥군내 신계군내 황주군내
연안	연안	해주군내 연안군 · 백천군 · 재령군내 평산군내

황해도 일대[一圓]는 평양지방재판소가 관할한다. 그리고 구재판소(區裁判所)는 해주 · 황주 · 서흥 · 재령 · 송화의 각 읍에 있다. 그 관할구역은 다음과 같다.

구재판소	관할구역
해주	해주 · 옹진 · 연안 · 백천
황주	황주 · 봉산
서흥	서흥 · 수안 · 곡산 · 신계 · 평산 · 금천 · 토산
재령	재령 · 안악 · 신천
송화	송화 · 장연(長淵) · 은율

주요 물산

본도의 주요 산물은 농산 광산 수산 등이며, 모두 자연적 산물이다. 그 밖에 주요한 생산품이 없지는 않으나, 모두 유치하고 그 생산액도 적다. 각종 주요 산물의 개요는 다음과 같다.

농산물은 쌀, 보리, 콩 및 기타 잡곡이 주를 이루고, 특용작물로 목면, 연초 등이 있다. 쌀의 산지는 앞에서 설명한 주요 지역 즉 재령강 연안을 비롯하여 연안 백천 해주 황주 신천 장연 풍천 문화 장련 등이다. 특히 재령강 연안은 생산이 가장 많고 또한 품질이 아주 좋아서, 세간에서 재령쌀이리고 하여 진남포 및 기타 시상에서 표준적인 쌀로 간주되고 있다. 보리는 황주 봉산 안악 재령 신천 지방에, 콩은 황주 서흥 안악 재령 장연 신천 백천 등의 지방에서 많이 생산된다. 조는 곡산 수안 신계 등에서, 피는 곡산 수안 등에서 다소 많다. 이들 농산물의 생산액은 아직 자세한 조사를 거치지 않았지만, 각종 방법으로 추산해 보면, 쌀은 657,100여 석, 보리는 210,000석 남짓, 콩은 224,600석 남짓이라고 한다.

광산

광산물은 아주 풍부하여 그 종류로는 금 은 동 수은 사금 철 아연 납 석탄 흑연 등이 있다. 그러나 그 채굴이 활발한 것은 철광뿐이다. 그 밖의 광물은 산출액이 적으며 그중에는 아직 채굴되지 않는 것도 있다. 철의 산지는 재령 은율 안악 신천 등이며 질이 양호하다. 금광은 수안 장연 등에 있으며, 예로부터 그 이름이 알려진 곳이지만 전년부터 거의 산출되지 않는다. 사금도 도 전체 각지에 분포하며, 과거에는 송화 백천 부근에서 많이 생산되었으나 이 또한 지금은 생산이 대단히 적어지기에 이르렀다. 봉산군에서 생산되는 석탄은 갈탄에 속하지만 질이 양호하여 주목할 만하다고 한다. 광산지 및 광물 종류는 다음과 같다.

지명	광물 종류	지명	광물 종류
신계군	은 동 연 아연	안악군	철
장연군(長淵郡)	은 동 연	해주군	철 사금
봉산군	석탄	재령군	은 연 철
서흥군	금 은 아연	금천군	석탄
신천군	흑연	황주군	동 철 아연 석탄
은율군	철	송화군	사금
수안군	금 수은 사금	백천군	사금

그 밖에 특히 산물로서 들 만한 것은 아니지만, 본도는 숯을 많이 생산한다. 특히 가장 많이 반출되는 곳은 신막역이며, 경성 시가에서 신막숯이라고 불리는 것이 이것이다. 또한 강령 장연 및 기타 연안 지방에서도 근탄(根炭, 해근惔根[6]을 캐내어 만든 것이다)을 많이 생산하며 각지로 대단히 활발하게 반출된다. ▲ 또한 생산품으로는 각종 자리[敷莫蓙], 조선 신발 빗 등이 있다. 자리는 띠를 이용하여 짠 것으로 도처 농가에서 모두 이를 만들어 그 생산량이 대단히 많다. 신발과 빗은 해주의 명산품으로 경성 기타 도회지에 수송된다. 특히 신발은 해주신이라는 이름이 붙어 있으며 신뢰가 두텁다.

---

6) 해근(惔根)의 惔는 일본에서는 너도밤나무(참나무)를 말한다.

수산

수산물에는 고래 돌고래 물범[海豹] 강치[海驢] 정어리 방어 삼치 도미 고등어 전갱이[鰺] 대구 민어 준치 가자미 숭어 농어 학꽁치[鱵] 전어[鰶] 날치 물치다래[そうだかつを] 가오리 감성돔 까나리 달강어[金頭魚, かながしら] 조기 갈치 뱀장어 갯장어[鱧] 복어 성대[魴鮄] 쥐치[かわはぎ] 문절망둑 쥐노래미[あぶらめ] 납자루[たなご] 밴댕이 양태[こち] 병어[まながつを] 망둥어[むつごろ] 뱅어 낙지 오징어 게 새우 전복 해삼 굴 벗굴[ころびかき] 대합 홍합 바지락 풀가사리[海蘿] 미역 우뭇가사리[石花菜] 김[紫茶] 청각[ミル] 등이 있지만 아직 어획 포채하지 않는 것도 없지 않다. 개요는 다음과 같다.

고래

본도 연해에 때로 유영하는 것을 볼 수 있지만 아직 포획한 적이 없고, 그 종류도 알 수 없다.

돌고래

봄가을철에 때로 큰 무리를 지어 연안 또는 앞바다의 여러 섬 사이에 내유하지만 아직 포획한 경우는 없다.

물범

해주만 강령강 대동만 등에 많이 유영한다. 비대하여 가장 큰 것은 6~7척에 이르는 경우도 있다.

강치

남해 방면에 비하면 다소 적은 듯하지만 그래도 곳곳에서 작은 무리를 볼 수 있다.

정어리(멸치)

강령반도 이북 전 연안 및 여러 섬에 내유한다. 해주만에서는 생산되는 것이 없다. 봄 4월 경 난류의 유역이 확장됨에 따라서 북상하고, 가을 10월 하순에 이르면 남하한다. 종류는 멸치로 그 크기가 대체로 작다. 지인망(地引網) 및 어살로 어획한다. 주요 어장은 용호도 대·소청도 순위도 기린도 어화도(魚化島) 조마합(鳥蔴蛤) 백령도 창암(蒼岩) 몽금포 초도(椒島) 등이다. 어기는 봄가을 두 철로 봄철에는 5~6월, 가을에는 8월 하순부터 10월에 이른다. 또한 용호도와 같은 경우는 한여름 7~8월 무렵에도 어획된 적이 있다. 어획물은 주로 쪄서 말리지만, 젓갈로 만들기도 하며, 혹은 염장해서 미끼로 쓰는 경우도 있다.

방어

옹진 장연 두 군의 연안에 내유하지만 아직 어획한 적은 없다. 대청도에서는 그 새끼(마래미)를 어획하는 경우가 있다. 여름·가을철에 가장 많다.

삼치

전 연안 도처에 내유한다. 앞바다의 여러 섬에도 대단히 많지만 조류가 급격하여 그물을 쓰기가 어렵다. 일본인은 때로 유망(流網)을 사용하여 어획하는 경우가 있지만 아직 활발하지 않다. 계절은 6~10월까지이며, 연평도 대청도 백령도 근해에 가장 많다.

도미

연안 일대에 회유하는 것을 볼 수 있지만 이를 어획하는 것은 주로 일본인이다. 조선 어부로서 도미어업에 종사하는 사람은 연평열도 부근에 소수가 있을 뿐이다. 주요 어장은 계도(鷄島) 연평열도 무도(茂島) 기린도 대·소청도 백령도 도마합 대동만(大東灣) 창암 몽금포 초도 등이며, 어기는 4~11월에 이른다. 특히 추계에는 장산곶 대·소청도 대동만 방면으로 출어하는 사람이 많다.

고등어

6~9월에 이르는 사이에 큰 무리를 이루어 연해에 나타난다. 크기가 대단히 커서 한 마리의 무게가 300돈[匁]을 넘는 경우도 있다. 그러나 아직 이를 어획하지는 않는다.

전갱이

고등어와 마찬가지로 난류를 타고 순위도 이북 초도 근해에 내유한다. 아직 특히 이를 어획하는 사람은 없다. 다만 때로 정어리 떼를 쫓아 연안으로 오는 것을 지예망으로 어획하는 경우가 있을 뿐이다. 일본 어부는 이를 어획하기는 하지만 아직 활발하지 않다.

대구

본도 연안에는 대단히 많이 봄철에 낚시로 어획한다.

조기

본도에서 수산물의 으뜸을 점하는 것으로 연평탄은 곧 그 저명한 어장이라고 한다. 이곳에서 생산되는 것은 칠산탄에 비해서 크기가 아주 크다. 중선이 출어하는 경우가 많고, 그 어획 총액은 160,000원 이상에 이른다고 한다. 대·소청도 백령도 근해에서도 또한 어획한나. 어기는 5~10월에 이른다. 조기 어업에 종사하는 것은 주로 조선어부이고 일본어부는 아직 많지 않다. 어획물은 경성 부근에서 오는 냉장선에 매도하거나 염장하여 각 지방에 보낸다.

민어

전 연안에서 생산되지만 특히 연평탄에 많다. 어기는 7~8월이 최성기라고 하며 10월에 이른다. 어구는 낚시와 그물을 모두 사용한다. 요즘 일본어부 사이에서는 안강망을 사용하는 사람도 있다. 연평탄에서 어획하는 조기와 마찬가지로 냉장선이 싣고 한강을 거슬러 올라가 용산 경성으로 보낸다. 또한 소금을 뿌리거나 배를 갈라 말려서 경기

평안의 각지로 수송한다.

준치

본도에서 많이 생산되는 어류의 하나로, 해주만 연평탄 조마합 대동만 몽금포 초도가 주요 어장이라고 한다. 어구는 걸그물, 대망(袋網), 어살[箭建干網]을 사용한다.

가자미

그 종류로는 문치가자미[まこかれい] 돌가자미 도다리[めいたかれい] 등이 있다. 4월부터 10월까지 각지에서 그물로 잡는다. 가자미는 저장이 곤란하기 때문에 그 가격은 저렴하여 중량은 2관 짜리가 5~6전도 되지 않는 경우가 있다.

숭어

겨울철 큰 무리를 이루어 연안의 내만에 내유한다. 해주만 용호도 조마합 대동만 고암포 등은 그 주요한 어장이다. 특히 대동만에 내유하는 어군의 규모는 매우 커서 놀랄 만하다. 어구는 전건절망(箭建切網), 대망 등을 사용한다.

농어

봄·여름철에 연안에 내유한다. 연평도 용호도 해주만 대동만 초도 등은 주요한 산지이다. 또한 숭어와 마찬가지로 대동강 재령강 예성강 등의 여러 강에 거슬러 올라오는 경우가 많다. 어기는 여름·가을철이며, 조선어부는 전권망(箭卷網) 대망 등을 사용하며, 일본어부는 주낙을 사용하여 어획한다.

학꽁치

5~6월 및 9~10월의 두 철에 지예망과 어살로서 어획한다. 일본어부도 또한 여기에 종사하는 사람이 있다. 몸길이 7~8촌에 달하며 대단히 양호한 건제품으로 만들어진다.

어장은 연평탄 용호도 대청도 기린도 도마합 백령도 초도 등이라고 한다.

전어

연안에는 많지 않으나 몽금포에는 겨울철에 반드시 한 번은 내유한다고 한다. 어살 또는 지예망으로 어획한다.

물치다래

여름철에 큰 무리를 볼 수 있다. 대청도 부근에서 어획한다.

날치

여름철에 아주 많이 내유하지만, 이 또한 대청도 부근에서 어획하는 사람이 있다.

가오리

노랑가오리와 홍어[かすべえい]가 가장 많으며 연안 각지에서 많이 생산된다. 대청 도 및 백령도에서는 겨울철부터 봄철에 이르기까지 주낙으로 활발하게 어획한다. 해주 만 연평도 연해 대동만 등에서는 봄철에 어살로 어획한다. 연안 지방에서 생산되는 것 은 생선인 채로, 여러 도서에서 생산되는 것은 내장을 빼고 건제품으로 만들어 판매한 다. 그 생산액이 대단히 많으며, 본도의 주요 수산물이다.

상어

초도 근해에 많으며 매년 일본 어부들이 와서 이틀 어획한다. 종류는 백상어[しろ] 악상어[ねづみ] 환도상어[おなが] 괭이상어[ねこ] 철갑상어[やじ][7] 별상어[つの じ] 등이 있다.

---

7) 가죽을 사포로 사용한다고 하였는데, 그 대표적인 것이 철갑상어 백상아리 청상어이다. 서해 한 강 등에 서식하였던 철갑상어에 대한 언급이 없기 때문에, 철갑상어로 번역해 두었다.

감성돔

이른 봄 다른 물고기보다 먼저 나타난다. 오로지 어살로 어획하면 도미 농어 철에는 주낙으로 혼획한다. 어장은 해주만 대동만 연안 강령 연해 등이라고 한다.

달강어

봄철에 많이 내유한다. 다만 전업으로 이를 어획하는 경우는 없고, 조기와 함께 혼획될 뿐이다.

까나리

용호도 대청도 백령도 초도 조마합 등에서 많이 생산되며, 지예망 또는 어살로 어획한다. 성어기는 4월부터 6월까지이다. 과거에는 그대로 말려서 청나라 배에 판매하였으나, 지금은 오로지 생선인 채로 일본인에게 매도하게 되었다. 일본인은 이를 찌고 말려서 제품으로 만든다.

갈치

본도에서 많이 생산되는 어류의 하나로 낚시와 그물을 사용하여 어획한다.

붕장어 및 갯장어

다소 생산되고는 있지만 아직 전업으로 이를 어획하는 경우는 없다. 겨우 가을철 도미 주낙으로 혼획하는 경우가 있을 뿐이다.

복어

연안 각지에서 생산되며 까치복[とらふぐ]　참복[まふぐ]　매리복[さほふぐ] 등의 종류가 있다.

성대

봄철에 어획되기는 하지만 그 생산은 많지 않다.

쥐치

봄철에 연평탄 대청도 대동만 등에서 생산된다.

문절망둑

연안 도처에서 생산되지만 아직 이를 어획하는 사람은 없다. 다만 순위도에서는 말총으로 낚는 사람이 있다고 한다.

쥐노래미

연안 도처에서 생산된다. 특히 대청도 백령도 초도 장산곶 근해에 많으며 조선 어부는 가오리 주낙의 재료로 삼기 위해서 어획한다.

납자루

연안 내만에 많으며, 겨울철 이외에는 항상 어살 및 예망으로 어획한다.

밴댕이

밴댕이[ベンデン][8]는 전어와 비슷하며 크기가 조금 작다. 4월에서 7~8월까지 전 연안 도처에 많이 생산된다. 특히 해주만 연평탄 도마합 용호도 대동만 몽금포 초도 등에 많으며, 대망 수망(受網) 및 이살 등을 사용하여 활발하게 어획하며 염장하여 각지로 수송한다. 본도 수산물 중 중요한 것이다.

---

[8] 원문에는 벤댄(ベンデン)으로 기록되어 있다. 서해안 일대에서 '반지'라고 하는 밴댕이로 추정된다. 밴댕이 말린 것을 디포리라고 하며, 국물용으로 거래된다. 음이 비슷한 밴댕이로 번역해 둔다.

양태

연안 각지에서 생산되며 특히 연평탄에 많다. 봄 여름철에 그물로 잡는다.

병어

연안 각지에서 많이 생산되며, 대망(坮網)으로 다른 물고기와 혼획된다.

망둥어

연안의 갯벌에서 많이 생산되지만 이를 어획하는 사람은 없다.

뱅어

재령강 대동강 예성강 등의 하류에서 많이 생산된다. 크기는 아주 커서 길이 5~6촌에 이른다. 3월 중순부터 11월 하순까지 수망으로 활발하게 어획한다.

낙지

낙지[章魚][9] 연안 도처에서 생산된다. 연평 해주만 강령강 옹진강 대동만 등에 많으며, 종류는 주로 낙지인데, 무게 10돈 내지 50~60돈에 달한다. 썰물 조류 때는 갯벌을 걸어 다니면서 어획한다. 생선인 채로 혹은 말려서 판매한다.

오징어

대망으로 어획한다. 길이 4~5촌 정도의 꼴뚜기[みずいか]이다. 갑오징어도 또한 어획하는 경우가 있다.

게

연안 및 하천에서 많이 생산된다. 꽃게 농게[たうちがに] 물맞이게[もがに] 참게

---

9) 원문에는 章魚로 기록되어 있다. 장어는 문어를 말하지만 일본에서는 문어·낙지류를 통칭하여 타꼬라고 한다. 서해안의 갯벌에서는 낙지가 많이 잡히므로 낙지로 번역한다.

[つがに]10) 등 여러 종류가 있다. 또한 몸길이가 2~3촌이고 암갈색인 것도 있는데, 현지에는 방게라고 한다. 오로지 젓갈로 만들어 일상적으로 먹는다.

새우

연안 도처에서 생산되지만 특히 각이도(角耳島) 해주만 연평탄 및 초도 근해에 많다. 보리새우 중하[しばえび]11) 젓새우[あみ]12) 등 여러 종류가 있다. 보리새우는 해주 및 기타 연안에서 어살로 어획하며 중하 및 젓새우는 소금배로 어획한다. 젓새우는 크기가 아주 크며 일본산에 비하면 약 2배에 달한다. 하천이 만입하는 만내에서 많이 생산되며, 오로지 젓갈로 만들고 수요가 대단히 많다. 1년 어획고가 약 50,000원을 넘는다고 한다.

전복

대·소청도 순위도 비엽도 백령도 장산곶 초도 및 여러 도서에서 생산된다. 과거에는 크기가 큰 것이 많이 생산되었으나, 남획 때문에 번식에 장애를 초래하여 현재는 작은 것이 겨우 남아있을 뿐이다.

해삼

대·소청도 순위도 비엽도 기린노 창린도 조마합 백령도 창암 몽금포 초도 등에서 생산된다. 몇 년 전까지는 청국 어부도 와서 예망을 사용하였다. 생산액은 점차 감소하여 잠수기선은 매년 14~15척이 오지만 수입은 겨우 본전에 그친다고 한다.

굴

연안에서 나지 않는 곳이 없다. 특히 유명한 산지는 용매도 해주만 구월포 증산 삭정포 순위도 용호도 기린도 창린도 흘곶리 어화도 조마합 청석동(靑石洞) 백령도 등이라

---

10) 학명은 *Eriocheir japonica*이다. 일본어로는 일반적으로 モクズガニ라고 한다.
11) 학명은 *Metapenaeus joyneri*이다.
12) 학명은 *Acetes japonicus*이고 일본어로는 정확하게 あきあみ로 벚꽃새우과에 속한다.

고 한다. 참굴[ながかき] 토굴[ころびかき][13] 두 종류가 있다. 주로 연안의 부녀자들이 이를 채취한다.

대합

연안 도처에 많이 생산된다. 특히 연안 해주 강령은 유명한 산지이다. 대개 껍질을 벗겨서 시장에 낸다.

홍합

순위도 비엽도 황곶지 어화도 기린도 대·소청도 백령도 장산곶 등에서 생산되지만 아직 이를 채취하는 사람은 없다. 과거에 청국인이 비엽도를 근거로 하여 이를 채취하고 말려서 제품을 만든 적이 있었다고 한다.

바지락

대합과 마찬가지로 연안 각지에서 많이 생산된다. 대개 껍질을 벗겨서 시장에 낸다.

풀가사리

대·소청도 백령도 월내도 장산곶 기린도 조마합 어화도 순위도 황곶지 등에서 생산된다. 특히 대·소청도 및 월내도가 주산지라고 한다. 생산액에 있어서는 본도에서 생산되는 해조 중에서 으뜸을 차지한다. 채취 시기는 12월부터 다음해 4~5월에 이르며, 대부분은 일본인으로부터 선수금을 받고 채취한다. 명치 41년 중 생산액은 대·소청도 12,000되, 월내도 10,000되, 백령도 34,000되라고 한다.

미역

풀가사리와 거의 산지가 같다. 채취기에 이르면 각각 구획을 정하여 채취하며, 서로

---

13) 원문에 기록되어 있는 ころびかき는 어떤 종류의 굴인지 정확하게 알 수 없다. 서해안 갯벌에서 나는 굴 중에 토굴로 번역해 둔다.

그 영역을 범하는 일이 없다. 일본어부가 이러한 관행을 모르고 여러 차례 갈등을 야기한 일이 있다. 이러한 관행은 마을에 따라서 차이가 있다. 어떤 경우는 한 마을에 한해서 각자 마음대로 채취할 수 있는 곳도 있고, 혹은 구획을 만들어 채취권을 입찰에 붙이는 곳도 있다. 그러나 마을 사람이 공유하는 경우가 가장 많다.

우뭇가사리

순위도 기린도 창린도 황곶지 등에서 생산된다. 이들 지방에 사는 여자들은 이른 봄부터 따뜻한 날 해안에 나가서 바위에 붙어 있는 것을 전복껍질로 긁어내어 이를 말린다. 제품은 파래가 혼입되어 있는 경우가 많고 품질이 나쁘다.

청각

등산곶 순위도 또는 그 밖의 도서에서 생산된다. 절임 등에 사용하기 때문에 판로가 대단히 넓으며 한 가마에 1~2원 정도의 가격이다.

본도 수산물의 개요는 이와 같으며 이를 통해서 어업의 현황을 짐작할 수 있다. 한편 널리 일반적으로 사용되는 미끼는 다음과 같다.

미끼

종류	사용하는 어구
낙지[章魚]	도미주낙 · 도미외줄낚시 · 농어주낙 · 붕장어주낙 · 민어주낙
갯가재(しゃこ)	상동(단, 붕장어에는 사용하지 않는다)
정어리(멸치)	조기외줄낚시 · 작은상어 승[繩] · 감성돔 승
쥐노래미(あぶらめ)	가오리 승 · 대구 승 · 삼치 승
밴댕이[べんでん][14]	민어 승 · 가오리 승 · 준치 승 · 붕장어 승 · 갯장어 승 · 갈치 승
새우	도미 승 · 준치 승 · 감성돔 승
전어	갯장어 승 · 붕장어 승
갈치	갈치주낙
해삼	도미 승 · 농어 승
게	민어 승

해파리	도미 승·농어 승
도미	상어 승
작은 전어	상어 승
잡어	쥐노래미 승
갯장어	상어 승

낙지

낙지 주요 산지는 앞에서 본 바와 같이, 연안(延安) 해주 연안 강령강 용호도 옹진강 대동만 고암포 광암포 등이며 그중에서 용호도에서 생산되는 것이 가장 많다. 매년 일본 통어선이 이를 구입하러 오는데 20~30척에 이르며, 한 번에 300~500마리씩 구입해 간다. 증산 구월포 대동만 등에도 또한 일본 어선이 낙지를 구입하기 위하여 기항하는 경우가 있다. 4월 하순부터 11월 하순 사이에 바다 바닥이 드러날 때 걸어 다니면서 구멍을 찾아 손갈구리로 잡는다. 단 7월 중은 다 자란 낙지는 숨고 새끼 낙지뿐이기 때문에 충분하게 공급할 수가 없다. 그래서 쏙으로 보완한다. 낙지가 가장 많이 나는 철에는 이를 식용품으로 건조하여 10마리를 한 꼬치로 꿰어 시장에 낸다. 가격은 이른 봄 및 7월 경에 가장 비싸고, 5~6월 및 9~10월에 가장 저렴하다. 생산액은 아직 자세한 내용을 확인할 수 없으나, 가장 큰 산지인 용호도 부근에서는 그 수가 50만 마리를 넘을 것이다. 이곳에는 구전을 받고 미끼 매매를 중개하는 사람이 있다.

갯가재

산지는 낙지와 동일하다. 그 생산이 대단히 많지만 조선인은 미끼로 이를 사용하는 일이 없다. 다만 용호도 부근에서는 일본어부가 와서 찾을 때마다 이를 채취하는 데 불과하다.

정어리(멸치)

정어리(멸치)를 미끼로 쓰는 지방은 대·소청도 백령도 도마합 창암 등이며, 주로

---

14) 원문에는 펜덴(べんでん)으로 기록되어 있는데 앞에 기록을 따라서 밴댕이[べんでん]로 번역한다.

조기 외줄낚시에 사용한다. 이러한 지방에서는 겨울철 및 이른 봄, 아직 정어리가 회유하지 않을 때는 전년도에 염장한 것을 사용한다.

갈치

미끼가 부족할 때 함께 미끼로 쓰려고 갈치를 잡는 경우가 있지만 대단히 드물다.

게

매음수도 부근에서 민어낚시의 미끼로 사용한다. 어부가 직접 길이 1.5발 정도의 작은 차수망(叉手網)으로 이를 채취한다. 그 껍질을 제거하고 절반으로 자르거나 혹은 4등분해서 낚시바늘에 끼운다. 신선한 것은 미끼로 매우 좋다고 한다.

해파리

조선 어부는 아직 사용하는 사람이 없다. 단지 일본어부가 도미 주낙에 사용하는 경우가 있을 뿐이라고 한다. 대단히 좋은 미끼감이 된다고 한다.

도미

초도 방면에 통어하는 일본어부의 상어낚시 어선에서는 직접 주낙으로 어획하여 미끼로 쓴다. 세절은 5~8월 경까지라고 한다.

마래미

이 또한 초도 부근의 일본이부의 상어낚시 어선에만 사용한다. 미끼로서는 도미와 비교하면 좋다고 하지만 그 생산이 많지 않다.

갯장어

이 또한 마찬가지로 초도 부근에서 일본어부의 상어낚시선에서 6~9월까지 사용하는 경우가 있다. 밴댕이 전어 고도리 등을 써서 낚시로 낚는다.

쥐노래미

쥐노래미를 미끼로 쓰는 경우는 주로 겨울이다. 그런데 겨울철에는 생산이 없지 않지만 어획하기가 곤란하다고 한다. 대·소청도 백령도 용호도 순위도 황곶지 등에서는 닭고기를 써서 이를 낚시로 낚는다. 가오리 및 대구 주낙의 미끼로 쓴다. 수요가 대단히 많기 때문에 이 계절에 들면 닭 가격도 또한 크게 올라 평시 20~30전이던 것이 70~80전에서 1원 정도가 되는 경우가 있다.

밴댕이

앞에서 언급한 것처럼 해주만 연평탄 조마합 용호도 대동만 몽금포 및 초도 등에서 많이 난다. 5~6월에 민어 주낙에 종사하는 어선은 뱃머리[舳]에 작은 수망(受網)을 장치하고 어획할 때 밴댕이를 미끼로 쓴다. 준치 낚시, 갯장어 낚시, 붕장어 낚시에는 어살, 궁선, 정선(碇船) 등으로 어획할 경우에 쓴다. 그 가격은 한 사발(1그릇에 20~30마리가 들어간다)에 5전 정도이다.

새우

한강 대동강 등의 하구 및 담수가 주입되는 만내에는 생산되지 않는 곳이 없다. 그러나 미끼로 이를 쓰는 것은 해주만 매음수도 증산강 태탄만(苔灘灣) 대동강구 등에서 행하는 준치 주낙뿐이다. 일본어부도 때로 도미 주낙에 사용하는 경우가 있다.

전어

주로 가을 겨울철에 갯장어 붕장어의 주낙 미끼로 사용한다. 또한 종종 감성돔 주낙에도 쓰는 경우가 있다.

본도의 임해군으로는 백천 연안 해주 옹진 장연 송화 6군이 있으며, 대동강 하류에 연하는 면으로 은율 안악 봉산 황주 4군이 있다. 이하 각 군의 개황을 서술할 것이다.

제1절 백천군(白川郡)

개관

연혁

원래 고구려의 도랍현(刀臘縣)이다. 신라가 구택(雊澤)으로 고쳐 해고현(海皐縣, 지금의 연안군)의 속현으로 삼았다. 고려가 통일한 후에 백주(白州)라고 불렸으며, 또는 개흥부(開興府) 충익현(忠翊縣) 부흥군(復興郡) 등으로 삼기도 하고 혹은 이전의 제도로 되돌리기도 하였으며, 혹은 시평(時評, 지금의 평산군)에 속하게 하는 등 여러 변천을 거쳤다. 조선 태종 13년에 비로소 지금의 백천이라고 하고, 군으로 삼은 이래로 이어져서 지금에 이른다.

경역

북은 평산군, 서는 연안군과 만나며, 동은 예성강으로 금천군 및 경기의 개성군과 구획되고, 남은 바다에 면하여 강화 교동 두 섬과 가까이서 서로 마주 본다.

지세

군의 북동부는 모두 산악지대이지만 서남부는 산악 또는 구릉 사이에 다소 평지가 있다. 해변 일대는 평평하고 낮으며 또한 갯벌로 이어져 있기 때문에 일망무제의 경관을 볼 수 있으나, 저습지여서 개간을 할 수 없는 곳이 적지 않다.

산악

산악으로 유명한 것은 치악산(雉嶽山)인데, 백천읍의 북쪽에 솟아 있는 것으로 산의 모습이 웅장하며 높다. 산 위에는 옛날 성곽 터가 있다. 산은 네 사면이 모두 험하지만 석성 중앙은 넓어서 능히 1,000호를 수용할 수 있는 여지가 있다. 고성은 치악성(雉嶽

城)이라고 하며, 고려 때 쌓은 것으로 전한다.

하천

하천으로 옥산포천이 있는데 한교강(漢橋江)이라고도 한다. 백천읍의 남쪽을 지나 동남쪽으로 흘러 예성강으로 들어간다. 그 상류인 백천 부근은 평지가 넓게 펼쳐져 있어서 군내의 주요한 쌀산지이다. 예성강은 본군의 동쪽 경계를 지나지만, 그 강 연안은 대개 산지이며 경지는 곳곳의 계곡 사이에 겨우 보일 뿐이다.

연안

연안은 동쪽 예성강에서 서쪽 각산각(角山角)에 이르는데, 제법 만 형태를 이루며 갯벌은 의외로 적다. 전면은 강화 교동 두 큰 섬으로 에워싸여 있어서 거의 내해같은 모습이며, 이곳은 또한 한강 임진강 예성강의 공동 하구이다. 그 중앙에 정주도(程洲島)라고 부르는 썰물이 되면 드러나는 광대한 모래톱이 있다.

백천읍

백천읍은 경기도의 토성역에서 벽란도를 지나 서북으로 40리 되는 곳에 위치한다. 서남으로 연안읍까지 45리가 넘는다. 이 도로는 차량이 통행하기 어렵지만, 화물의 수송은 옥산포천을 이용할 수 있어 편리하다. 읍내 인구는 2,000여 명이며, 그 밖에 일본인 거주자가 명치 43년 5월 현재로 5호 20명을 헤아린다. 주민 중에는 각종 상업을 영위하는 사람이 있으며, 음력 매 1·6일에 장시가 개설되며 집산이 활발하다. 군아 이외에 헌병분견소 우체소가 있다. 백천읍의 서쪽 10여 정 떨어진 산허리에 마을이 있는데, 고읍(古邑)이라고 한다. 과거의 치소였기 때문에 붙은 이름이다.

장시

장시는 읍장 이외에 유천면(柳川面)의 홍현장(紅峴場), 석산면의 탱석장(撑石場)이 있다. 개시는 전자는 매 5·10일, 후자는 매 3·8일이며, 집산물은 잡곡 어염 잡화 등이다. 그중 홍현장은 소가 시장에 많이 나오며, 그 시황은 오히려 읍장보다 뛰어난 점이 있다.

구획

군의 구획은 상금산(上今山) 하금산(下今山) 운산(雲山) 금곡(金谷) 용해(龍海) 궁월(弓月) 여의(如意) 각산(角山) 지척(紙尺) 지촌(芝村) 석산(石山) 화산(花山) 도상(道上) 도하(道下) 서촌(西村) 동촌(東村) 유천(柳川) 무구(無仇) 19면이다. 그렇지만 상금산 하금산 화산 도상 운산 등의 여러 면은 산악지대로서 중요하지 않다.

강과 바다에 면한 주요 마을

강과 바다에 면한 주요 마을을 열거하면 성조포(星潮浦) 하포(下浦) 고미포(姑味浦, 이상 바다에 면함) 벽란도(碧瀾渡) 전포(錢浦) 용창(龍滄) 석포(石浦) 발산포(鉢山浦) 하동포(下東浦) 상동포(上東浦, 이상 예성강에 면함) 식현(食峴) 옥산포(玉山浦) 한교(漢橋, 이상 옥산포에 면함) 등이며 모두 배를 댈 수 있기는 하지만, 그중 상선의 출입이 활발한 것은 벽란도와 옥산포이다. ▲ 벽란도는 예성강에서 약 4해리 들어간 곳에 있으며, 본군 유수의 정박지인 동시에 군의 서부 및 연안 해주 등의 지방과 개성 지방을 연결하는 중요한 나루로서, 여객의 왕래가 항상 끊이지 않는다. 그러나 이 주변은 소석간만의 영향을 심하게 받기 때문에 밀물 썰물 때에 격류가 소용돌이쳐서 건널 수 없는 어려움이 있다. ▲ 옥산포는 고산포(孤山浦)의 속칭이다. 옥산포천의 북안에 위치하며 백천읍에서 동남쪽으로 5리 정도 떨어져 있다. 군읍 부근 일대에서 각종 물품의 집산구로시, 쌀 보리 콩 기타 삽곡을 반출하여, 어염 잡화를 받아들인다. 마을 사람이 소유한 배로 30~60석을 실을 수 있는 것이 6~7척이 있다. ▲ 그 밖에 옥산포의 상류인 한교에도 또한 상선의 출입이 다소 많다. 식현은 옥산포 상류의 남안에 위치하며 본군에서 손꼽을 만한 큰 마을이지만 배를 대기에 편리하지 않으므로 물품 집산지역이 좁다. 출입하는 상선은 오직 마을 사람들이 소유하는 배뿐이다. 전포는 벽란도의 조금 상류에 위치하는 본군의 나루이기는 하지만, 여객이 아주 적어서 벽란도에 비교할 바가 아니다. 다만 이곳은 백천읍에서 개성으로 통하는 지름길에 해당한다. 고미포는 궁월면(弓月面)에, 성호(星湖)는 각산면에 속하는 연해의 나루로 제법 배를 대기에 편리하다. 특히 성호포(星湖浦)는 그 서쪽에 있는 물줄기를 통하여 배를 댈 수 있다. 또한 작은 배는 조석을 이용하여 수십 정을 거슬러 올라갈 수 있다. 모두 뱃일을 업으로 하는 사람이 있다.

이와 같이 강과 바다에 면한 마을에서는 뱃일을 업으로 하는 사람이 많으며, 군 전체에서 배의 숫자는 44척이다. 그러나 50석 이상인 것은 십수 척이며, 그 밖에는 30석 이하를 적재할 수 있는 것이라고 한다. 뱃일이 발달한 것과 달리 어로에 종사하는 사람도 대단히 적다. 다만 여름 가을철에 새우궁선을 영위하는 배가 3~4척 있을 뿐이다. 새우궁선은 벽란도에서 하구 부근 또는 강화 교동도 사이의 물길에서 조업한다.

온천

지척면의 온정리에 온천이 있다. 여러 병에 효과가 있어서 목욕하는 사람들이 끊이지 않는다. 요즘 숙박소를 신축하였으나 교통이 편리하지 않아서 아직 일본인이 오는 경우는 없다.

제2절 연안군(延安郡)

개관

연혁

본래 고구려의 동음홀(冬音忽)이고 신라의 해고군(海皐郡)이다. 고려에 이르러 염주(鹽州)라고 하였고, 영응현(永膺縣) 석주(碩州) 온주목(溫州牧) 등으로 고쳤으나, 충선왕 때 목에서 부로 강등시키고 비로소 연안이라고 불렀다. 조선이 이에 따랐고, 후에 도호부로 삼아 지금에 이른다.

경역

북쪽은 평산군에, 동쪽은 백천군에, 서쪽은 해주군에 접하고, 남쪽은 강화만에 면하는데, 서쪽 일부가 멀리 뻗어 나가서 동서남 삼면이 해수로 둘러싸여 있다.

지세

군의 북쪽 평산군은 본도 서부의 중축산맥이 이어져 있어서 지세가 대단히 급하고 높지만, 남동쪽 일대는 구릉이 오르내리는 사이로 광대한 평지를 형성하여 연안의 갯벌로 이어진다. 군의 평지는 본도 중에서 특히 주요한 것이지만 나진포천(羅津浦川) 하류 연안의 경우는 지대가 아주 낮아서 바닷물에 잠기는 구역도 또한 대단히 넓다. 저습지는 나진포천 하류의 양안 및 남쪽으로 이어져 있는 곳, 또는 나진포천의 동쪽에 있는 작은 물줄기 연안 등에 있는 곳도 모두 넓다. 대체로 풀이 자라는 곳이며 그 총면적은 적어도 5,000정보 아래로 내려가지 않을 것이다.

산악

산악으로 저명한 것은 봉세산(鳳勢山)이다. 비봉산(飛鳳山)이라고도 한다. 읍의 배후에 솟아 있는 것으로 군의 진산으로 여긴다. 그 여세가 남쪽으로 달려 남쪽 연안의 돌출부를 이룬다.

하천

하천으로 제법 큰 것은 읍의 동쪽을 흐르는 나진포천(羅津浦川) 하나뿐이다. 그러나 그 서쪽에 있는 풍천(楓川) 및 해주군의 경계에 있는 석탄강(石灘江)의 경우도 관개 및 수운에 이로운 점이 적지 않다.

호소

읍의 남쪽 3정 정도에 둘레 10리가 넘는 큰 못이 있다. 이를 남대지(南大池)라고 하며, 흔히 와룡지(臥龍池) 또는 대호(大湖)라고도 한다. 못은 광대할 뿐만 아니라 갈대꽃으로도 유명하다. 그 서쪽에는 광대한 저습지가 있는데, 적당한 공사를 하면 좋은 경작지로 만들기 용이할 것이다.

연안

연안은 동쪽의 각산각에서 서쪽의 석탄강 입구에 이른다. 서부는 멀리 남쪽으로 뻗어 있고, 동쪽은 교동도를 에워싸며, 서쪽은 해주만의 동남각과 마주하여 큰 만을 이룬다. 해안선은 이 때문에 대단히 길지만, 연안은 모두 갯벌로 둘러싸여 있어서 바다와 육지의 경계선을 알 수 없다. 그중에서 갯벌이 광대한 것은 돌출부의 갑단인데, 남쪽에서 다시 서남쪽으로 이어져 마침내 사주(沙洲)를 이루며, 폭 4해리, 길이 11해리에 이른다. 이것을 한락사(閑樂沙)라고 한다. 연해의 상황은 이와 같아서 정박지로 적당한 곳은 없고 또한 항해의 불편을 피할 수 없다.

연안읍

연압은 백천읍에서 서남쪽으로 45리, 해주읍에서 동남쪽으로 120리, 나진포에서 북쪽으로 10리 거리이며, 비봉산의 남쪽 기슭에 위치한다. 사방이 석성으로 둘러싸여 있으며 시가가 제법 번화하다. 군아 이외에 우편국, 헌병분대 등이 있다. 인구는 대략 3,600명 정도이며, 일본 상인 10여 호, 청국 상인 2호가 있다. 본읍에는 동문 내에서 음력 매 2일, 서문 내에서 7일에 교대로 장시가 개설된다. 집산물은 미곡 어염 잡화 석유 도자기 등이며 시장이 한번 설 때 집산액은 1,000원 아래로 내려가지 않는다.

장시

장시는 읍장 이외에 또한 도륭면(道隆面)에 동교장(棟橋場), 궁상면에 탁영장(濯纓場)이 있다. 그 개시는 전자는 매 4·9일, 후자는 매 5·10일이며 집산물은 모두 읍장과 큰 차이가 없으며 집산액도 또한 제법 많다.

주요 수산물

본군의 주요 수산물은 숭어 조기 가오리 낙지 오징어 대합 바지락 굴 곤쟁이[紫蝦] 백하 게 식염 등이며, 그중에서 낙지 대합 바지락 등은 연해의 갯벌 모래톱 등에서 많이 생산된다. 식염의 산지는 병성면(並城面) 송청면(松淸面) 유창면(楡倉面)이며, 1년 제염량은 대략 890,000여 근이라고 한다.

주요 어촌

연해 도처의 마을에 어로에 종사하는 사람이 있지만 증산도(甑山島)를 제외하고는 2~3호의 어호가 있을 뿐이며, 그 어업은 별로 활발하지 않다. 그러나 정치망 또는 어살은 곳곳에서 볼 수 있다. 무릇 지세에 따른 자연적인 현상일 것이다.

연해 여러 면

군의 연해 여러 면을 나열하면, 백천군계에 위치한 식현면에서 시작해서, 신성(薪城) 개현(蓋峴) 금포(金浦) 대산(大山) 병성(並城) 유창(楡倉) 미산(米山) 봉촌(逢村) 송청(松淸) 금암(今岩) 도륭(道隆) 용천(龍川)에 이른다. 용천면은 해주군 경계에 위치하고 병성면은 멀리 남쪽으로 돌출한 갑단 지역이다.

나루와 어촌

나루 중 주요한 것은 각산진(角山津) 나진포(羅津浦) 열의포(列義浦) 석탄포(石灘浦) 등이며, 어촌에는 소사포(素砂浦) 백석포(白石浦) 소야포(蘇野浦) 대교포(大橋浦) 불딩포(佛堂浦) 유촌(柳村) 해촌포(海村浦) 석우(石隅) 마도포(馬渡浦) 원우포(院隅浦) 증산포(甑山浦) 등이 있다.

각산진

각산진(角山津)은 식현면에 속하며 백천군 경계에 있다. 교동도까지 2해리이고 또한 건너가기 편리하다. 그래서 교동도와 육지 사이의 교통은 대개 이곳을 경유한다.

따라서 예로부터 저명한 나루로 손꼽히며, 마을도 제법 발달한 모습이 보인다. 돌각에 위치하기 때문에 앞바다에 갯벌이 적고, 어선을 계류할 수 있다. 뱃일을 업으로 하는 사람이 있지만 어업은 활발하지 않다.

나진포

나진포(羅津浦, 라진포)는 신성면에 속하며, 나진포천의 오른쪽 연안에 위치한다. 연안읍까지 10리에 불과하다. 나진포천은 대단히 구불구불하고 썰물 때는 강바닥이 대부분 드러나기는 하지만, 조석 간만의 차이가 크고 만조 때에는 300~400석의 배가 들어올 수 있다. 그리고 연안 일대는 본군의 주요한 농산지이기 때문에 이곳에 집산되는 물품이 대단히 많으며, 1년의 이입량은 대략 150,000원에 이른다. 이출은 그보다 훨씬 많다고 한다. 다만 이출품은 쌀 콩 보리 등이고 이입품은 식염 생건염어 해초 방적사 조면(繰綿) 옥양목 비단 삼베 도기 석유 금속류 종이류 등이다. 그중에서 이입이 많은 것은 식염 방적사 옥양목 등이라고 한다. 거래처는 주로 인천이고 곡물 출하기에 이르면 인천에서 사들이러 오는 사람이 있다. 이곳의 상황이 이러하므로 객주 및 기타 각종 상업을 영위하는 사람 이외에도 뱃일을 업으로 하는 사람이 있지만, 어로에 종사하는 사람은 없다. 상선은 30석 이상 300석을 적재할 수 있는 배가 9척 있다.

열의포

열의포(列義浦, 렬의포)는 금암면에 속하며 서쪽에 있는 큰 만 중앙으로 돌출한 갑단에 위치하지만 연안은 모두 갯벌이므로 배를 대기에 편리하지 않다. 호수는 60호이고 어업을 영위하는 집이 5호 있다. 크고 작은 어선을 합하여 5척이고, 어망도 그에 상응하는 만큼 있다. 또한 구산도 증산도 부근에 정치망 또는 어살 어장을 보유하고 있다.

석탄포

석탄포(石灘浦, 셕탄포)는 용천면에 속한다. 해주군과 경계를 이루는 석탄천의 왼쪽 기슭에 위치하며 동군에 속하는 청단역(靑丹驛)에서 10리 남짓에 불과하다. 그래서 이 지방의 집산지로서 인천 및 기타 선박의 왕래가 빈번하다.

증산포

증산포(甑山浦)는 증산도에 있는 마을이다. 증산도는 군의 서쪽에 있는 큰 만 입구에 위치하는 두 개의 작은 섬으로 미산면에 속한다. 그 서남쪽은 본도에 면하지만 나머지는 모두 갯벌로 육지와 이어진다. 그래서 만조 때는 사면이 바닷물로 둘러싸이지만, 간조 때에는 걸어서 서로 왕래할 수 있다. 섬은 아주 작은 데도 불구하고 호구는 모두 210호 920여 명이다. 그래서 자연히 뱃일이나 어업에 종사하는 사람이 많으며, 배는 실로 65척에 달한다. 그리고 선박 중 큰 것은 대개 상선이고 작은 것은 어선이다. 다만 연평탄의 조기어업에 종사하는 중선은 큰 배이며 모두 4척이다. 섬 안에 주막이 많고 사람들이 교활하다. 장정들은 뱃일을 하며 대부분 각지의 선박에 고용되고, 여자는 대합 바지락 굴 등을 채취하여 집에서 식용하는 이외에 이를 시장에 가지고 가서 일용품과 교환한다. 해주읍에서 소비되는 조개류는 대개 이 섬 부근에서 난 것이다. 대합 중 큰 것은 껍질 직경이 3촌 이상에 이른다. 이 섬은 과거에 청나라 준치 유망선이 30~40척 몰려들었던 적이 있다고 하는데, 지금은 대부분 그 자취를 감추었다. 그러나 식염을 적재한 상선이 와서 정박하는 데 여전히 매년 20척 아래로 내려가지 않는다고 한다.

그리고 본군에 속하는 여러 섬으로 수산상 관계 있는 것은 합포도(蛤浦島)일 것이다.
▲ 합포도는 유창면에 속하며 그 서남각에서 조금 떨어져 있다. 이 섬도 또한 서쪽은 수도에 면하지만 나머지는 갯벌이고 육지로 이어져 간조시에는 걸어서 건널 수 있을 것이다. 작은 무인도이지만 대합 및 기타 조개류가 풍부하게 생산된다. 또한 정치망 어살의 좋은 어장이다.

제3절 해주군(海州郡)

개관

연혁

본래 고구려의 내미물군(內米勿郡)이다(장지長池 또는 지성池城이라고도 한다). 신라 경덕왕 때 폭지(瀑池)로 고쳤다. 고려 태조 때 치소를 현재 장소로 옮기고 해주라고 칭하였다.

경역

북쪽은 평산 재령 두 군과 이웃하고, 동쪽은 연안군에 서쪽은 옹진 장연 송화 신천과 만나며, 남쪽은 큰 만을 끼고 바다에 면한다. 소속 도서는 적지 않지만 큰 것은 없다. 그중 중요한 것은 대·소연평도(延平島) 용매도(龍媒島) 대·소수압도(睡鴨島) 등이다.

지세

지세는 중축산맥이 북쪽을 동서로 달리기 때문에 자연히 동북부는 융기되어 있고, 남서쪽은 낮다. 군내의 가는 곳마다 산악과 구릉이 오르내리고 있지만 평탄지도 또한 많다. 그 중요한 것은 취야장(翠野場) 부근의 평지라고 한다. 동북쪽은 수양산맥이 막고 있고, 남쪽은 해주만에 이른다. 동서 약 40리, 남북 10리쯤이다. 이 평지는 토지가 대단히 비옥하지만 관개가 충분하지 않은 것이 결점이다. 그래서 그 대부분은 밭이고 논은 계곡물을 잘 이용하여 큰 가뭄이 아니면 가뭄 피해를 입는 일은 드물다.

산악

산악으로 주요한 것은 운달산(雲達山)과 수양산(首陽山)이다. 그 밖에 대덕산(大德山) 수유산(水踰山) 학령(鶴嶺) 지남산(指南山) 망조산(望祖山) 주려산(周呂山) 등도 제법 높다. 운달산은 동북 경계에 있는 준봉이고, 수양산은 해주읍의 북쪽에 솟아 있는데, 모두 중축산맥의 봉우리들이다.

하천

하천은 모두 가는 물줄기이지만 작은 배는 조석을 이용하여 대개 10리 정도 거슬러 올라갈 수 있다. 그 주요한 것은 읍천포(泣川浦)에서 개구하는 작천(鵲川, 읍천泣川이라고도 한다), 광석포(廣石浦)로 흘러들어가는 광석천(廣石川), 장포(獐浦)로 흘러들어 가는 장포천(獐浦川), 태탄장(苔灘場)의 동쪽을 지난 해주만 안으로 들어가는 태탄천(苔灘川, 광탄천廣灘川 또는 죽천竹川이라고도 한다), 송화군 경계의 수유산에서 발원하여 대동만으로 들어가는 대동하(大東河) 등이다.

연안

연안은 큰 만을 이루기 때문에 그 연안선은 대단히 장대하지만 갯벌이 넓게 펼쳐져 있고 모래톱으로 이어져 있는 것이 연안군의 연안과 다르지 않다. 특히 만의 중앙이지만 작은 모래톱이 무수하게 산재해 있기 때문에 통항이 불편하다. 나루가 적지 않지만 배를 세우기에 적합한 곳이 적다. 그중에서 중요한 것은 소무(蘇武) 읍천(挹川) 용당(龍塘) 등이라고 한다.

해주읍

해주읍은 해주만의 중앙 용당에서 약 15리쯤에 있다. 북쪽에 수양산(首陽山), 남쪽에 남산(南山)이 솟아 있고, 동·서쪽에 조금 평지가 있어서 통행할 수 있을 뿐이다. 그래서 요해지로서 대단히 견고하며, 그 지세는 경성과 서로 비슷하다. 본도의 수부이며, 도청 이외에 군아 구재판소 수비대 경무부 헌병대 경찰서 우편국 농공은행 종묘장 금융조합 등이 있다. 호구는 모두 252호 1,310명이며, 그중에 일본인 186호 638명, 청국인 10호 19명이 있다. 조선인은 황주에 비해서 적지만 일본인들 중 특히 상업을 하는 사람들이 다수인 점은 황해도에서는 비할 바가 없을 뿐만 아니라 최근에도 증가하고 있어서 대단히 성황을 이루고 있다. 기후는 인천에 비하여 추위가 더욱 격렬하지만 지세로 인하여 강풍이 적은데 이는 또한 경성과 가깝다. 음료수는 양호하며 또한 양이 많다. 교통은 용당과 인천 사이에 작은 기선이 격일로 왕래하기 때문에 큰 불편은 없다. 동쪽은 청단을 거쳐 연안까지 120리, 서쪽은 마산을 거쳐 옹진까지 150리인데, 이를 우편선로로 쓰고 있다. 우편은 바다와 육지 두 편이 있는데, 해로편은 인천에서 한 달에 대체로 15회, 육로편은 매일 1회 발착한다.

본읍에는 상설장시가 있는데, 그 소재지는 옥동(玉洞)이고 시장 이름은 신시장(新市場)이라고 한다. 이전까지는 남문 안 통로에 너절하게 개시하던 것을 명치 40년 경 이곳으로 옮겼다고 한다. 종일 개설하지만 아침저녁이 가장 복잡하다. 장은 각종 물품의 소매장이지만 수산물은 따로 한 구역을 이루는데, 그 면적은 100평 정도이다. 염건어 이외에 생선도 활발하게 출시된다. 선어의 가격은 계절에 따라서 같지 않은 것은 물론이지만 보통은 대체로 다음과 같다.

선어(鮮魚)

조기	대 6전, 소 2전	농어	60전
갈치	대 15전, 소 3전	감성돔	40전
숭어	대 70전, 소 15전	도미	50전
가오리	대소 30전	가자미	25전
민어	50전	전어(鱅)	2전
새우(車鰕)	2전5리	긴맛(蟶)	한사발 7전5리
대합(蛤)	1개 5리	바지락(蜊)	한사발 7전5리
굴	한사발 7전 5리	문어	10마리 50전

염건어(鹽乾魚)

건민어	1마리(尾)	60전	건가오리	1마리	20전
건복어	1꽤 20마리	15전	건상어	1마리	20전
건조기	1마리	5전	건가자미	1마리	25전
명태	1런 20마리	50전	건숭어	1마리	18전
염장청어	1마리	3전	염장 고등어	1마리	10전
염장갈치	대 1마리 소 1마리	10전 2전5리	새우젓 [糖鰕鹽辛]	한사발(小)	1전
염장 도미	1마리	25전	김	한묶음(1束)	25전
건문어	1마리	20전	식염	1말	30전

교육

본군에 있어서 보통학교는 최근 자주 생겨나고 있으며, 여학교도 이미 두 곳이 있다. 그 조직이 제법 갖추어진 것은 해주보통학교 사립해주해동학교 운곡학교(雲谷學校) 정명학교(貞明學校) 창명학교(昌明學校) 광명학교(廣明學校) 영명학교(英明學校) 의창학교(懿昌學校) 의정여학교(懿貞女學校) 신명학교(申明學校) 주성소학교(做惺小學校) 선명소학교(鮮明小學校) 덕성소학교(德成小學校) 정동여학교(正同女學校) 등이다.

장시

장시는 읍장 이외에 화압면(花鴨面)의 청단장, 주내면(州內面)의 동정장(東亭場), 석동면(席洞面)의 취야장(翠野場), 송림면(松林面)의 지경장(地境場), 고장면(古壯面)의 죽천장(竹川場) 등이 있다. 개시는 청단장 매 1·6일, 동정장 매 2일, 취야장 매 3·8일 및 지경장 매 1·6일, 죽천장 매 2·7일 등이며, 그중 청단장 취야장 죽천장 등이 활발하다.

물산

물산은 일반 농산물 이외에 과일로 배 밤 대추 복숭아 오얏 살구 개암 가래 포도 마름 오이 수박 ▲ 목재류로는 소나무 잣나무 뽕나무 느릅나무 옻나무 닥나무 홰나무 단풍나무 버드나무 물푸레나무 떡갈나무 상수리나무 가죽나무 ▲ 어패류로는 조기 밴댕이 붕어[鯽魚] 숭어 가오리 민어 방어 가자미 서대 갈치 은어 붕어[鮒] 낙지 오징어 새우 대합 신맛 맛 (魚+果)[15] 굴, 바지락 등이 있다.

이들 어획물은 정확한 통계를 얻을 수는 없지만, 원래 수산세책(水産稅冊)에 기록된 것에 의거하여 계산해 보면 다음과 같다.

---

15) 원문에 기록된 魚+果는 현재 찾을 수 없어서 어떤 어패류인지 알 수 없다. 원문대로 표기해 둔다.

민어	50,488절(節)	5,048.8	000
백하(白鰕)	1,082항아리[甕]	2,164.0	000
미어(迷魚) 갈치[刀魚]	134태(駄)	1,340.0	000
숭어	4태	60.0	000
전어(全魚) 갈치[刀魚]	23태	230.0	000
숭어 전어	15.5태	155.0	000
곤쟁이[紫鰕][16]	31.5태	124.0	000
합계		7,915.8[17]	181[18]

염업

본군은 지세에 따라서 염업이 제법 활발하다. 한 해의 제염량은 용문면 28,000근, 일신면 102,700근, 내성면 21,500근, 동면 58,400근, 서변면 석동면 각 10,200근, 가좌면 9,000근, 동강면 10,500근, 합계 222,300근 정도일 것이다.

구획

본면은 모두 32면[19]인데 바다에 면한 것은 추이면(秋伊面) 청운면(靑雲面) 용문면(龍門面)[20] 일신면(日新面) 내성면(來城面) 강동면(江東面) 주내면(州內面) 서변면(西邊面) 석동면(席洞面) 가좌면(茄佐面)[21] 해남면(海南面) 동강면(東江面) 송림면(松林面) 등 14면이다. 주요 어촌 및 여러 섬의 개요는 다음과 같다.

청운면(靑雲面)

본면은 동쪽의 갑단 지역으로, 북쪽이 용문면과 접속하는 이외에, 동·남·서 삼면은 바다로 둘러싸여 있다. 그러나 사방 모두 갯벌이 5~6해리부터 7~8해리까지 이어져 있기 때문에 자연히 적당한 정박지가 없다. 어촌은 답성(畓城) 구두(龜頭) 율리(栗里)

---

16) 곤쟁이[紫鰕]는 매우 작아서 세하(細鰕)라고도 한다.
17) 합계는 9,121.8이지만, 원문대로 기록하였다.
18) 기록 내용이 없는데 원문에는 합이 181로 기록되어 있다. 원문대로 기록하였다.
19) 원문에는 33면으로 기록되어 있으나 正誤表의 32면의 기록을 따랐다.
20) 원문에는 용천면(龍川面)으로 기록되어 있으나 正誤表의 龍門面의 기록을 따랐다.
21) 원문에는 가임면(茄任面)으로 되어 있다.

가 있다. 모두 작은 마을인데 제법 큰 곳은 구두라고 한다. 그 총호수는 34호이다. 어호는 각 마을마다 2~3호가 있을 뿐이며, 어획물은 숭어 곤쟁이[紫蝦] 백하 등이라고 한다. 본면 소관으로 용매도 각이도 및 기타 작은 섬이 있다.

용매도

용매도(龍妹島, 룡미도)는 본면의 남각에서 남쪽으로 3해리 쯤 떨어진 간출퇴(干出堆) 위에 떠있는 좁고 긴 섬인데, 그 동쪽에는 물길이 통한다. 섬 안의 총호수는 142호이고, 대부분 뱃일 또는 어업에 종사하여 어업이 제법 활발하다. ▲ 각이도(角耳島)는 용매도에서 동쪽으로 2.5해리 떨어져 있다. 작은 섬이지만 그 남쪽의 수도는 백하의 좋은 어장으로 매년 음력 5~7월에 이르는 사이에는 소금배와 궁선이 약 100척이 모여들어 대단한 성황을 이룬다. 이 수도는 한락사(閑樂沙)를 남쪽으로 삼고 있으며, 굴절하여 연안군에 속하는 합포도(蛤浦島) 증산도(甑山島) 서쪽을 지난 다음 작은 물길을 이루어 동군의 석탄포 부근에 이른다. 각이도 부근에서는 폭 1~1.5해리이고, 바닥은 모래와 조개껍질로 되어 있고 수심은 8심 이내이다. 백하를 많이 생산할 뿐만 아니라, 또한 6~7월 경에는 민어 준치 방어 밴댕이 등 각종 어류가 많다. 그래서 연평탄의 조기 어업을 마친 배들은 이곳에 많이 모여든다.

용문면(龍門面)

청운면의 북쪽에 접하고, 동·서 모두 바다에 면하며, 모두 갯벌이다. 어촌으로 하강변(下江邊) 소어남촌(小於南村) 포동(浦洞) 등이 있는데 모두 작은 마을로 어업은 부진하다. 어획물은 숭어 농어 새우 낙지 대합 긴맛 맛 등이다.

일신면(日新面)·내성면(來城面)

일신면은 용문면의 서북쪽에, 내성면은 다시 일신면의 서북쪽에 접한다. 북쪽은 천결면(泉決面)에, 서쪽은 동면[22]과 만나며, 남서쪽은 해주만에 면한다. 연안의 주요 마을

---

22) 원문에는 동면(東面)으로 기록되어 있지만 正誤表에 따라 강동면(江東面)으로 기록하였다.

은 일신면의 판교(板橋) 내성면의 소무포(蘇武浦)이며, 어촌으로는 내성면의 불당동(佛堂洞) 봉동(烽洞) 송애동(松厓洞) 등이 있지만 모두 총호수 10호에 미치지 못하는 작은 마을이다. 그렇지만 불당동은 문포(文浦)의 북쪽에 위치하며 작천(鵲川)의 하구에 연하여 배를 대기에 제법 편리하다.

강동면(江東面)

본면의 연안은 남쪽 작천부터 북쪽 광석천(廣石川)에 이르는 사이이며, 연해의 주요 지역은 읍천포(挹川浦)라고 한다. 본포는 작천 하구의 서쪽 기슭에 위치하는데, 읍천포(泣川浦)라고도 한다. 그래서 작천을 읍천(泣川)이라고도 한다. 이곳으로부터 동쪽 청단역까지 30리이고, 서쪽 해주읍까지도 역시 30리라고 한다. 작천 유역의 집산구로서 봉선(蓬船)[23]의 출입이 빈번하다. 호수는 20여 호이며 뱃일을 하는 사람, 어업을 영위하는 사람이 있다. 어업은 제법 활발하여 1년의 어획고가 1,000원에 달한다. 조기 중선, 백하 궁선, 어선 등이 있다. 또한 매년 이곳에서 이출되는 토산물로 중요한 것은 쌀 1,500석, 나락 800석, 콩 500석, 팥 300석, 밀 150석, 장작 2만 근, 숯 1,000가마 정도라고 한다.

주내면(州內面)

해주읍 소재면으로 연해에 광석촌 동지포(東芝浦) 용당포 등이 있다. 광석촌은 광석천의 하구 오른쪽 기슭에 있으며 해주읍에서 남쪽으로 십수 정 떨어져 있을 뿐이다. 그러나 물이 아주 얕아서 작은 배가 출입할 뿐이다. 동지포는 해주의 남쪽 10리 남짓되는 곳에 있는 돌출부의 만 안이며, 용당은 그 남서쪽 수 정 거리의 갑단에 있다. 모두 배를 대기 편리하지만, 그중 용당은 갑단에 위치하기 때문에 작은 기선은 수용할 수 있다.

---

23) 원문에 기록된 봉선(蓬船)은 봉선(篷船)의 오기로 보인다. 봉선(篷船)은 작은 배를 말하며, 노를 젓는 나룻배로 생각된다. 원문대로 기록하였다.

용당포

용당포(龍塘浦, 룡당포)는 해주읍 부근 일대의 집산구로서 인천항 사이에 작은 기선이 매일 정기적으로 왕래한다. 이곳에서 해주에 이르는 도로는 원래 비탈길이었으나 지금은 새로운 도로가 개통되어 경차의 왕래도 자유롭게 되었다. 호수는 200여 호이며 그 밖에 일본인은 명치 43년 5월 현재 10호 34명(남 20, 여 14)이 있다. 조선인의 대부분은 농민이고 어호는 9호가 있을 뿐이다. 일본인은 대개 상업에 종사한다. 어채물은 가오리 도미 감성돔 조기 갈치 숭어 오징어 대합 긴맛 굴 바지락 미역 등이며, 어구는 건망(建網) 또는 주낙을 사용한다. 4~5월 경에 이르면 연평열도로 고기 잡으러 오는 일본 어선이 기항하는 경우가 적지 않다. 이곳의 토지 가격은 선착장 부근은 1평당 10원 내외이고, 논은 1단보(段步)에 60~80원, 밭은 1단보 당 20원에서 30~40원이라고 한다. 용당포의 동쪽에 작은 섬 철도(鐵島)가 떠 있고, 또한 서쪽에 우도(牛島)가 떠 있다. 사방에 굴이 착생하고 있는 것 이외에 수산 상으로 중요하지 않다. 두 섬은 모두 본면의 소관에 속한다.

서변면(西邊面)

본면은 주내면의 서쪽에 위치하며, 임해구역이 넓지 않다. 포구와 나루로는 결성포(結城浦) 서풍촌(西風村) 강랑포(江浪浦)가 있다. 결성포는 총호수 70호 어호 27호이며, 서풍촌은 총호수 40호 어호 15호인데 모두 어업이 제법 활발하다. 주된 어업은 조기 중선, 도미 주낙, 건망(建網) 등이며, 조기는 연평열도 근해에, 도미는 계도 수압도 근해부터 멀리 대·소청도 부근으로 출어한다. 어획물은 읍내 시장 또는 취야장에 보내어 판매한다. 결성포에서 해주읍까지 10리, 취야장까지 30리이다. 서풍촌과 강랑포는 작은 물길의 하구에 연하여 작은 배를 대기에 편리하다.

석동면(席洞面)·가좌면(茄佐面)

두 면 모두 만 안에 있는 지역으로 어촌은 없다. 석동면에는 장포(獐浦)가 있으며, 가좌면에는 남창(南倉)이 있지만 선박 출입은 불편하다. 장포의 서쪽에 장포천이 있는

데 조금 거슬러 올라가면 서쪽에 취야장이 있다. 부근 일대는 평지로서 본군의 저명한 농산지이다.

해남면(海南面) · 동강면(東江面)

모두 해주만 내의 서쪽에 있는 지역이다. 동강면은 그 반도 지역인데 동쪽 끝이 세 갈래로 나뉘어 작은 두 만을 형성한다. 그 북쪽에 있는 만 입구에는 몇 개의 작은 섬이 있다. 그리고 그 최북단의 갑각은 주내면의 용당포와 아주 가까운 거리에 있는데, 이곳에 용당진(龍塘津)이라는 나루가 있다. 두 면의 어촌은 해남에 남창(南倉), 동강면에 현지포(玄池浦)가 있을 뿐이다. 남창은 작은 마을이지만, 현지포는 최남단 갑각에 위치하며, 총호수 41호, 어호 12호가 있다. 조기 중선, 젓새우선[鰕醢船]24) 등이 제법 활발하며 또한 이곳 전면에는 어살 12좌가 있다.

송림면(松林面)

본면은 해주만 입구의 서쪽 지역으로 그 남서쪽은 옹진군이다. 연안에 예포(禰浦) 철성포(鐵城浦) 등이 있지만 배를 대기 불편하다. 본면에는 소속 도서가 많은데, 그 주요한 것은 대 · 소연평도, 대 · 소수압도, 계도, 육도 등이며, 그 근해는 모두 본군 유수의 어장이다. 각 섬의 개요는 다음과 같다.

연평열도

대연평도(大延平島, 디연평도) 소연평도(小延坪島) 및 그 부근 작은 섬들의 총칭이다. 해주만 바깥의 중앙에 가로놓여 있으며, 인천에서 북서쪽으로 45해리 떨어져 있다. 대연평도는 둘레 약 30리이고, 높이 422피트인 산이 등뼈를 이루며 세 방향으로 뻗어 있어서 섬 모양이 원뿔 모양을 이룬다. 북쪽 및 서쪽은 늘 바닷물로 가득차 있지만, 남쪽과 동쪽은 갯벌로 둘러싸여 있다. 마을은 모두 이 방면에 있다. 소연평도는 대연평도의 남쪽 2해리에 있으며, 둘레는 10리 조금 넘고 중앙에 산이 하나 있다. 높이 710피

---

24) 원문에는 鰕鹽船으로 기록되어 있으나 正誤表의 鰕醢船의 기록을 따랐다.

트이며 사면이 모두 경사가 급해서 작은 경지도 없다. 겨우 그 서쪽에 마을이 하나 있을 뿐이다. 대연평도는 호수 170호 인구 550명이며, 소연평도는 호수 15호 인구 45명이다. 어선은 두 섬을 합쳐서 23척이 있다. 이 열도는 그 서쪽에 유명한 조기 어장인 연평탄을 끼고 있기 때문에 그 이름은 일찍부터 어업자 사이에 잘 알려져 있다.

기후는 추위가 대단히 심하고, 11월부터 1월 사이는 해안이 결빙되어 선박의 통행에 지장이 있다. 그래서 이 무렵에 이르면 섬주민들은 집 안에서 그물실이나 그물 짜기에 종사하거나 산야에 나가 땔감을 채벌한다.

조석간만의 차이는 대조시에는 5심이다. 밀물 때는 대연평도의 남서쪽을 통과하여 두 갈래로 나뉘는데 하나는 북쪽으로 꺾여서 해주만 방면을 향하고, 하나는 다소 남쪽으로 꺾여서 교동도 방면을 향한다. 속력은 급격하다.

산림은 모두 관유이며 그 벌채는 마을 사람이 협의한 후 이를 행한다. 논 33석 19마지기 남짓, 밭 30석 5마지기 남짓이다. 이는 또한 모두 관유이며 경작자는 수확의 절반을 세금으로 낸다. 택지도 모두 관유이지만 이미 집을 지은 경우는 관행상 사유지같은 상태가 된다. 가옥의 가격은 상등 12칸이 100원 정도, 10칸은 80원, 8칸은 60원 정도이다.

재주자 170호 중 농업과 어업을 겸업하는 경우가 70호, 뱃일을 업으로 하는 사람이 100호이다. 빈부 정도는 의외로 비슷하며, 인정은 대체로 순박하다.

본도에서는 보리 약 25석, 밀 약 8석, 콩 약 6석, 조 약 16가마(8말 들이), 쌀 약 800석(그중 절반은 납세한다)이 생산되지만, 주민 전부의 수요를 충당할 수 없다. 그러므로 그 부족분은 부근의 육지에 의지하는 이외에, 충청도 방면으로 출어하여 그 수확물을 쌀과 소금으로 바꾸어 돌아온다. 또한 조기 성어기에 이르면 사방에서 모여드는 어선 상선의 식량과 일용품 등을 사들이는 사람이 있다. 물가는 다음과 같다.

품명	수량	가격(錢)	품명	수량	가격(錢)	품명	수량	가격(錢)
쌀	10되[韓國枡]	60	밤	10되[韓國枡]	35~36	보리	10되[韓國枡]	15~16
목탄	1가마니[俵] (3,300匁)	20	땔감[薪]	1묶음[把]	2	닭[鷄]	1마리[羽]	20
계란[卵]	10개	10						

음료수는 우물이 세 곳 있으며 질이 좋고 양도 많다. ▲ 인부의 노임은 하루 고용하는데 술과 음식을 제공하고 40전, 1년 고용에 10원이다.

어획하는 수산물은 조기를 으뜸으로 하고, 민어 숭어 방어 도미 가자미 상어 밴댕이 준치 갈치 감성돔 복어 달강어 갯장어 가오리 새우 낙지 오징어 굴 대합 풀가사리 등이다.

어구는 정선망, 중선, 건강망, 궁선, 어살, 준치 유망, 외줄낚시, 주낙 등을 행한다. ▲ 건간망(建干網) 어장은 1곳이며 그곳을 방언으로 '안메기'라고 한다. 그 위치는 대연평도에서 남동쪽에서 10리 떨어져 있으며, 소연평도에서 북동쪽에 해당한다. 조류가 대단히 격렬하여 밀물 조류 때에는 수심 3심 정도이지만 썰물 조류 때에는 바닥이 드러난다. 안메기는 각각 정해진 주인이 있으며, 수십 년 동안 지속된 관행을 기초로 선점해서 관리하며, 다른 사람들이 마음대로 이를 사용하지 못하게 한다. 상급 장소는 한 어기에 14~15원, 보통 장소는 10원 정도의 사용료를 징수한다. 과거에는 또한 사용할 수 있는 여지가 없었지만, 지금에 이르러서는 그런 일이 없고 망대(網代)의 임차도 또한 전혀 없는 것이나 마찬가지다. ▲ 정선 어장은 건간망처럼 일정한 장소가 없고, 수심이 8심 내지 16~17심인 곳에서 망 길이 3심, 그물코 2촌으로 조기를 어획한다. ▲ 중선 어장은 대연평도에서 정서쪽으로 10~15해리, 등산곶의 앞바다 수심 18~25심 되는 곳에 있다. 해저는 조금 뻘이 섞인 모래밭으로, 닻을 내리기에 좋으며, 조류는 대단히 급격하다. 밀물 조류는 정동을 향하고 썰물 조류는 이와 반대 방향이다.

건간망 정선 및 중선은 조기의 성어기 즉 음력 4월 중, 궁선은 음력 5~6월까지이고, 낚시의 계절은 봄철에서 가을철에 이른다.

조기 어업은 보할법(步割法)으로 어부를 고용한다. 이 방법은 어기가 끝나면 사용한 낡은 그물을 시가로 계산하여 어획고에 더한 다음, 이로부터 어구를 새로 준비하는 비용 및 기타 일체의 비용을 빼고, 그 남은 금액을 절반으로 나누어, 선주가 절반 그 나머지는 어부의 소득으로 한다.

연평탄은 조기 어기에 이르면 수많은 어선이 각지에서 몰려든다. 어선은 주로 중선이고 매년 출어하는 배의 수는 약 77척인데, 그중 본도에서 관할하는 것은 나진포 1척,

증산도 4척, 해주군 예포 1척, 남창 1척, 옹진군 용호도 5척, 순위도 2척 모두 14척이다. 경기도 약 55척, 평안도 8척이고, 그 밖에 정선 50척이 있다. 중선 및 정선에는 각각 3~4척의 어획물 운반선이 붙으므로, 그 어기에 이르면 300척 이상의 선박을 어장에서 볼 수 있다. 중선의 한 어기 사이 어획고는 1,500~3,000원 사이이다. 그리고 그 대부분은 다른 도로부터 오는 것이고, 대·소연평도 주민이 이에 종사하는 사람이 없는 것은 기이하다고 해야 할 것이다. 그러나 섬주민은 이러한 어채물을 구입하여 다른 지방에 수송하는 경우가 많다. 운반선은 대연평도에 7척, 소연평도에 2척이 있다.

일정한 판매기관은 없고, 어획물은 어선에서 직접 구입한다. 상선은 어선에 대하여 전대(前貸)하는 경우가 많다. 조기의 판로는 한강 유역, 대동강 유역, 해주 방면, 청천강 유역 지방 등이며, 그 운반은 150석 이상의 큰 배를 이용한다. 처리는 선어인 채로 혹은 소금을 뿌리는 경우도 있다.

가격은 조기 1동(同, 1,000마리를 동이라고 한다.) 16~18원, 최저가 10원이고, 숭어는 1마리 15~20전, 젓새우[糠蝦] 한 항아리 1원 20전, 가오리 12~13전, 방어 2전 5리, 도미 10~15전, 가자미 3~4전이다.

미끼는 낙지의 생산이 적으므로, 다량으로 필요한 경우는 새우를 사용할 수밖에 없다. 일본인은 밴댕이를 사용하는 사람이 많으며, 쏙은 많기는 하지만 구멍이 깊어서 포채하기에 어려움이 있다. 조선인은 아직 이를 미끼로 사용하는 경우가 없다.

연평탄은 인천항에서 겨우 200~300리이므로, 여름철 및 가을철에 주낙어선이 통어하는 경우가 많다. 어장은 구월포의 앞바다 이른바 일본 어부들이 '다카야마노시타[高山の下]'라고 부르는 곳이다. 6월 경에 낚시어로가 가장 많고, 그 지방의 바다 사정에 정통한 사람은 매년 많은 이익을 얻는다고 한다. 명치 37년 경부터 조기 어획을 목적으로 연평탄에 내어하는 안강망선이 있었으나, 조류가 급격하기 때문에 어구가 파손되는 일이 여러 차례 있어서 실패를 본 이후로 일시 그 자취를 감추었다. 그런데 명치 41년에 이르러 다시 후쿠오카현 야나기가와[柳川]의 어선 4척이 장치를 고쳐서 내어하여, 대단히 좋은 성적을 얻었다.

대 · 소수압도

대수압도(大睡鴨島, 디슈압도) 소수압도(소슈압도)는 모두 해주만의 중앙에 있다. 연평도에서 북쪽으로 8해리 거리이다. 대수압도는 호수 167호 인구 722명, 소수압도는 호수 70호 인구 311명이며 어업이 활발하다. 두 섬 모두 연안은 썰물 때 드러나는 갯벌로 둘러싸여 있다. 기후가 한랭하고 논밭이 적다. 음료수는 풍부하지만 땔감은 부족하여 강령반도에서 이를 수입한다. 섬주민이 사용하는 어구는 궁선, 소금배(塩船, 소대망 小袋網), 수망(樹網) 주낙, 저자망(低刺網), 추전(秋箭) 등이며 어획물은 주로 민어 도미 농어 숭어 준치 가오리 새우 굴 대합이다.

계도

계도(鷄島)는 둘레 약 5리의 작은 섬이며 사방이 썰물이 되면 드러나는 갯벌로 둘러싸여 있다. 해주에서 70리 떨어져 있으며, 호수는 30호, 인구는 90명이며 순전한 어촌이다. 수산물은 도미 가오리 숭어 민어 새우 낙지 대합 등이며 조기는 남안에서 6~7월경에 중선으로 풍어가 되는 경우가 있다.

본도에는 명치 37~38년 전쟁 때 전신대(電信隊)에 의해서 건설된 가옥 6동이 존재한다. 어민 이주 경영에 이용하면 적당할 것이다. 명치 42년 경 아리아케해[有明海]의 안강망 어선 10척이 용당 및 이 섬을 근거지로 하여 5~8월에 이르는 사이, 어로에 종사하였는데, 평균 1척당 1,000원 남짓 어획하였다고 한다. 또한 인천 이주 어부는 이 섬 부근의 물길을 따라서 가오리 민낚시를 시험적으로 낚아보았더니 그 결과가 대단히 양호하였다. 1회 어획에서 가오리 도미 광어 등 400마리 이상에 달하였고, 그중 가오리는 길이 3~5척에 이르는 것도 있었으며, 어획물을 배에 적재할 수 없을 정도로 풍어였다고 한다.

제4절 옹진군(甕津郡)

개관

연혁

원래 고구려의 옹천(甕遷)이다. 고려에 이르러 지금의 이름을 사용하였다. 조선 태종 때 진관제[鎭管]를 시행하였으나 후에 현으로 삼았다가 다시 군으로 삼았다. 융희 2년 강령군과 병합하여 지금에 이른다. 강령군은 원래 고구려의 부진이(付珍伊)였는데, 고려 초에 영강(永康)으로 고쳤다. 현종 9년 옹진현에, 태종 10년 장연군에 병합한 일이 있었다. 세종 10년 영강에 백령도를 합하여 강령현으로 삼았고, 건양개혁 때 군으로 승격되었다.

경역

북쪽에서 동쪽에 이르는 사이는 장연 및 해주의 두 군과 접할 뿐이며, 나머지는 모두 바다로 둘러싸여 있다. 앞바다에 떠 있는 기린 마합 창린 순위 어화 용위 비엽 무도(茂島) 및 그 밖의 작은 섬을 거느린다.

지세

본군은 그 절반 이상이 반도 지역이기 때문에 산악과 구릉이 오르내리며 자연히 높은 지형이 많고 평지가 적으므로 경지가 풍부하지 않다. 그 주요한 것은 원래의 강령읍 부근에서 볼 수 있을 뿐이다. 그러나 강령에서 옹진에 이르는 도중인 마산동(馬山洞) 부근에는 1,000여 정보에 달하는 경작하지 않는 땅이 있다.

산악

주요한 산맥은 척량산맥의 한 지맥이 본군에 들어와서 봉황산 계관산(鷄冠山, 견라 산堅羅山이라고도 한다)이 되고, 다시 강령반도의 아미산(峨嵋山) 봉대봉(烽臺

峯)25), 망대산(望臺山, 추치봉推峙峯이라고도 한다)으로 솟아나며, 등산곶에서 이르러 바다로 빠져들어 가는 것, 그리고 본군의 북방에 솟아 있는 수대산(秀垈山) 천잠산(天蠶山)으로 갈라져서 서남쪽으로 달려, 읍의 동쪽에서 청련산(靑蓮山)이 되고 해안을 서쪽으로 달려서 바다로 들어가는 것이 있다.

연안

연안은 대단히 출입과 굴곡이 심하다. 그래서 해안선이 장대한 것이 도 전체에서 으뜸이다. 큰 만입이 세 곳 있는데, 그 동쪽에 있는 만 안이 가장 들쑥날쑥하며 또한 크고 작은 섬이 산재해 있다. 이것이 곧 강령강이며, 만의 양쪽 기슭은 썰물 때 드러나는 갯벌로 둘러싸여 있지만 중앙에 물길이 있고, 수심이 깊어서 크고 작은 선박을 댈 수 있는 적당한 곳이 많다. 원래 강령읍은 이 만 안에 있었다. 다른 큰 두 만은 모두 바깥으로 열려있고 물이 얕다. 그러나 중앙에 있는 큰 만의 서북쪽에는 옹진읍이 있고, 만 안에는 본영(本營)이 있으며, 모두 본군의 집산지이다.

옹진읍

옹진읍은 옛이름이 옹천이다. 큰 만 입구의 서북쪽에 있는 작은 만입에 면하고 있으며, 동쪽과 남쪽은 구릉을 등지고 서쪽을 향해 위치한다. 만 안은 썰물 때 바닥이 드러나지만 뻘이 적고 모래가 많다. 그리고 사방이 구릉으로 둘러싸여 풍광이 대단히 아름답기 때문에 유명하다. 기후는 겨울철에 대단히 한랭하여 만 내가 모두 결빙된다. 읍내의 호수는 240여 호이며, 일본인 십수 호가 거주하고 있다. 군아 이외에 우편국 순사주재소 헌병분견소 금융조합 등이 있다. 우편은 해주 사이에 주 3~4회 왕래한다. 교육기관은 보통학교 외에 서당[書房]이 있다. 주민의 생계는 대체로 중간이며 부호는 없다. 연료가 부족하여 저렴하지 않지만 음료수는 풍부하다.

과거의 강령읍은 강령군을 폐지한 이래 단지 순사주재소가 설치되었을 뿐이지만, 역시 일본 상인 거주자가 있다. 이곳이 오래도록 치소였기 때문에 인가 240여 호를 헤아리며,

---

25) 원문은 烽台峯으로 되어 있다. 台는 臺와 일본에서 통용해서 쓴다.

각종 상업을 영위하는 사람들이 있다. 해로 교통은 편리하지 않지만, 육로는 해주까지 가깝기 때문에 군의 치소가 있었을 당시에는 우편의 경우는 해주읍 사이에 격일로 왕복하였다. 부근에 광활한 경사진 들판이 있으나 아직 경작하지 않는 곳이 많다.

강령강 안에 마산포(馬山浦)라고 하는 작은 마을이 있는데, 우편을 연결하는 곳이다. 이곳에 온천이 있는데 목욕하는 사람들이 끊이지 않는다고 한다.

수산물은 조기 민어 가오리 도미 새우 갈치 준치 숭어 정어리 방어 가자미 낙지 대합 바지락 긴맛 맛 전복 굴 해삼 풀가사리 미역 우뭇가사리 등이며 그 생산은 제법 많다.

어구는 중선 소금배 궁선 어살 건간망 자망 주낙 외줄낚시 등을 행한다. 그리고 중선 소금배 궁선 주낙 외줄낚시 등의 어업은 본래 활발하지만, 해안의 지세 때문에 어살 및 괘망(掛網) 등의 어업도 역시 활발하다. 이들 두 종류의 어장을 개관하면 다음과 같다.

면명(面名)	설망 어장[掛網漁場]	주요 어획물	어살[箭] 어장	주요 어획물
용연면(龍淵面)	-	-	광포·변전	정어리(멸치)
봉현면(鳳峴面)	근평해(近坪海)	숭어·갈치	동지이·자장동·소고도·응암·고도·황초·임도	정어리(멸치)
구주면26)	구주포·동두·백암포	잡어	갈천진·동두·복기포·대동	정어리(멸치)
아미면(峨嵋面)	-	-	변항진·우암포·파랑진·여석포·미정포	
신흥면(新興面)	-	-	청서포·구전포·항유진·거총포·조기포·진암포·장대포·만암포·창암포·이포·수오포·병풍암·황암·사자진	정어리(멸치)
동면(東面)			인평리·송현리	잡어
남면(南面)			산봉포·지이포·곡문곳·습포·시우·도화동·용성도·중구승·중변포·정변포·전전포	잡어·갈치·정어리(멸치)
북면(北面)			소흘곳리	민어·갈치·잡어
서면(西面)			창린리·연봉리	갈치·잡어
용천면(龍泉面)			마합도·포송일리·송삼리·항포·난기포·남변	미역[裙帶菜]
교정면(交井面)	上浪浦	병어[まながた]27)	송현포·석포흑·두포·난미포	병어·갈치

제염 또한 지형[地勢]에 따라서 각소에서 행하는 염업 및 제산액의 개요는 다음과 같다.

제1차

장소		생산량(斤)	영업자 수	장소		생산량(斤)	영업자 수
아미면	삼리 송산동	8,000	1	구주면	일리 갈천	62,000	7
	일리 포동	6,000	1		이리 동두	7,000	1
봉현면	삼리 신천	14,000	2	용천면	송삼리	61,600	5
					송일리	16,000	1
신흥면	하삼리 판항	27,000	3		마항	8,400	3
구주면	일리 탑동	26,000	2	남면	거답	16,000	2
	이리 주유	7,000	1		신안	16,500	2
용연면	1리 상천(上川)	7,000	1		경리	28,800	2
서면	서오리	52,800	8	서면	서사리	146,000	12
신흥면	하일리 사판(沙板)	16,000	2		외문산	208,000	3
					안산	6,000	1
남면	밀채동	8,000	1	교정면	교정리	6,400	
	동두	8,500	1				

제2차

장소	면적(方)	정호 (井戸)	가마솥 수 [釜數]	장소	면적(方)	정호 (井戸)	가마솥 수 (釜數)
용연면 (구 강령군)	38	5	1	서면	5,325	261	22
구주면	466	90	12	남면	2,480	49	7
신흥면	217	36	5	교정면	560	23	2
봉현면	73	11	2	아미면	77	13	2
용천면 (구 용연면)	5,550	131	11				

본군의 임해면은 용연 봉현 구주 아미 신흥 동면 남면 북면 서면 용천 교정 11면이다. 주요 어촌 및 여러 섬의 개황은 다음과 같다.

---

26) 구주면(丘+鳥洲面)의 한자 丘+鳥는 현재, 한자사전에서 찾을 수 없다.
27) 마나가타의 표준 일본어 명칭은 마나가츠오이다.

용연면(龍淵面)

북쪽은 부민면에, 서쪽은 동면·아미면 두 면에, 남쪽은 봉현·구주 두 면에 접하며, 동쪽은 해주만 입구에 면한다. 임해 구역을 좁고 어촌이라고 할 만한 곳은 변전포뿐이다.

변전포

변전포(邊箭浦)는 10여 호 330여 명이 있는 큰 마을이지만 어호는 겨우 5호 10여 명이 있을 뿐이다. 앞바다에 어살 2좌가 있고, 주로 이를 운영한다.

봉현면(鳳峴面)

봉현면(鳳峴面)은 용연면의 남쪽에 위치하며, 주요 어촌으로는 부포 구월포 무추지 구두포 무도 등이 있다.

부포

부포(釜浦)는 종래의 강령읍에서 50리 떨어져 있으며 연평탄에 면한다. 호수는 40호이며, 연안에서는 낙지가 많이 나고 또 어살 3곳이 있다. 가자미 도미 조기 갈치의 생산이 많다. 궁선 3척을 가지고 백하를 활발하게 어획한다.

무추지·구두포

무추지(茂秋池)는 호수 35호이며 구두포(狗頭浦)는 10호에 불과하다. 그러나 어업은 후자가 도리어 활발하다. 두 마을 모두 추전(秋箭)[28] 2곳이 있다. 연안에서 낙지가 많이 나는 것은 부포와 같다.

무도

무도(茂島)는 갈천각(葛川角)의 남서쪽 2해리 남짓에 떠 있는 둘레 0.5해리의 작은

---

28) 추전(秋箭)이 어떤 어살인지 알 수 없다. 원문대로 기록하였다.

섬이지만, 인가가 70여 호, 인구는 238명이 있는 순수한 어촌이다. 각종 어업을 행하며
또한 섬 기슭에 굴이 제법 많이 착생하며, 또한 낙지가 많이 난다.

구주면(鳩29)洲面)

구주면은 봉현면의 남쪽에 위치하며, 그 남동각은 곧 해주만의 남서각인 갈천각이다.
어촌으로 동두포 갈천포가 있다.

동두포 · 갈천포

동두포(垌頭浦)는 호수 40호이며, 갈천포(葛川浦)는 48호를 헤아린다. 모두 연평탄
에 면하며 어업이 활발하지만, 특히 갈천포는 주민의 절반 이상이 어업자이고 어선 20
여 척을 가지고 있다. 전자에는 춘전(春箭) 2곳, 후자에는 추전 1곳이 있다.

아미면(蛾嵋面)

아미면(蛾嵋面)은 구주면의 서쪽에 위치하며, 강령반도의 일부를 이룬다. 어촌으로
는 삭정포 구월포 당동포 임도 죽금포 등이 있다. 각 마을의 호구 등은 권말에 첨부한
표에 상세하게 나오므로 이를 생략한다. 그 호수가 가장 많고 또한 어업이 활발한 것은
삭정포(削井浦)이다. 연안에서 생산되는 것은 낙지 대합 바지락 굴 미역 등이다. 당동
포(堂洞浦)에는 춘전 추전 각 2곳이 있다. 임도(荏島)는 무도의 남쪽 1.5해리 정도에
위치하는 작은 섬이다. 도민 20호 60여 명이며 순수한 어촌이다. 섬 기슭에는 굴이 착생
하며 또한 낙지 및 바지락이 생산된다.

---

29) 원문에 기록된 丘+鳥는 현재 검색이 되지 않는다. 丘+鳥를 鳩로 번역해 둔다. 그림에 보이는 봉
구면은 봉현면(鳳峴面)과 구주면(丘+鳥州面)이 합병한 면이다.

신흥면(新興面)

본면은 강령반도의 남단 즉 등산반도 지역이다. 그리고 유명한 순위도가 본면에 속한다. 해안의 어촌으로는 등산포 창암포 장대포 구족이(九族伊) 등이 있다. 이들 마을 중에서 가장 큰 것은 창암포이지만 어업이 활발한 것은 등산포이다.

등산포

등산포(登山浦)는 황곶지(荒串地)라고도 하며, 본도의 최남단에 해당하는 등산곶(황곶지라고도 한다)의 동쪽에 위치한다. 인가는 25호이며 그 절반 이상은 어업자이다. 연안에서 미역 풀가사리 우뭇가사리 청각이 많이 착생하고 있다. 어살 6곳이 있으며 조기 민어 기타 잡어를 어획하지만 정어리(멸치) 어획이 가장 많다. 이곳에는 연평탄에 출어하는 중선(中船)이 피박(避泊)하는 경우가 많다.

순위도

순위도(巡威島)는 본면의 서남단에 면하는 길이 약 40리 폭 10리 정도 되는 섬으로, 강령강에 가로놓여 있는 것이 이것이다. 섬 전체가 산줄기가 이어져 있으며, 가장 높은 것은 622피트에 이르고 수목이 제법 울창하다. 섬의 북쪽 일대는 썰물 때 드러나는 갯벌이어서, 그 중앙에 제법 큰 만입이 있지만, 배를 대기에는 불편하다. 남쪽은 수심 12~13심 되는 수도에 면한다. 이는 곧 본도에서 잘 알려진 좋은 항구인 루버항이다. 섬 안은 상삼리(上三里)와 하삼리(下三里) 두 마을로 나뉜다. 상삼리는 호수 106호 인구 360명이며, 하삼리는 호수 101호 인구 320명이다. 주민은 모두 농업을 주로 하면서 한편으로 어업을 영위한다. 땔감이 풍부하여 해마다 인천 지방에 수출하는 금액이 대단히 많다. 식염은 한 해에 300가마를 생산하며, 한 가마의 가격은 20~30전이다. 쌀 조 등은 장연 지방으로부터 구입한다. 음료수는 불편함이 없다. 섬사람들이 주로 어획하는 것은 가오리 상어[鱶] 정어리(멸치) 숭어 가리 도미 문절망둑[沙魚] 낙지 오징어 굴 대합 전복 바지락 해삼 풀가사리 미역 우뭇가사리 등이다. ▲ 어구는 중선 어살 건절망(建切網) 주낙 외줄낚시이며, 정어리(멸치) 및 갈치는 어살, 가오리 및 상어에는 주낙,

숭어는 건절망, 조기는 중선 및 외줄낚시를 쓴다. 문절망둑 주낙은 말총으로 만든다. 전복 해삼 우뭇가사리 미역 등은 자멱질해서 채취한다. ▲ 이 섬에서 연평탄으로 출어하는 조기 중선은 3척이며 1척의 승선 인원은 20명이다. 이익을 분배하는 방법은 망대(網代)가 기타 일체의 경비를 제외하고 순익을 절반으로 나눈다. 어기는 음력 4~5월 중순까지라고 한다. 그 밖에 정치어업에 종사하는 사람이 세 사람 있다. 그 어장을 소유한 것은 강령 사람이며, 조업을 하는 사람은 소유주에게 사용료로 1년에 1원 혹은 어획물의 얼마간을 지불하는 것이 관습이다. 그리고 어장의 매매는 예로부터 아직 행해진 적이 없다. ▲ 이 섬은 일본 잠수기선의 근거지로서 매년 3~4척이 내어한다. 음력 3~6월까지를 어기로 하며 또한 그 앞바다는 가을철에 일본 도미 주낙선이 내어하는 곳이다.

동면(東面)

동면(東面)은 깊이 만입한 강령강 안에 있다. 연안이 어촌으로는 송현(松峴) 내인평(內仁坪) 석포(石浦)가 있고, 소속 도서로는 위도(圍島)가 있다. 그러나 모두 깊은 만 안에 있기 때문에 어업은 활발하지 않다. 어살은 위도와 송현에 각 2곳, 내인평에 5곳이 있다. 이들 마을에서 어획하는 것은 조기 숭어 문절망둑 낙지 및 기타 잡어 또는 대합 긴맛 바지락 등이다.

남면(南面)

남면(南面)은 동면의 남쪽에 위치한 반도 지역이다. 곧 동쪽은 강령강이고 서쪽은 옹진만이며, 동・남・서쪽이 모두 바다에 면해 있으나 연안은 모두 썰물 때 드러나는 갯벌로 둘러싸여 있다. 어촌으로는 갈항포 서장포 사곶포가 있다. 소속 도서로는 용호도 어화도 비압도가 있다.

갈항리・사곶포

갈항리(葛項里)는 창린도를 마주보는 돌각에 위치하며 호수 100여 호 인구 300명 이상이다. ▲ 사곶포(沙串浦)는 강령강에 면한 돌각에 위치하며 호수 120여 호 인구

360여 명이다. 모두 연안의 큰 마을이다.

서장포

서장포(西壯浦)는 갈항리의 동북쪽에 있으며 호수는 겨우 36호를 헤아릴 뿐이다. 그러나 어업이 활발한 것은 사곶포와 서장포로, 갈항리는 두 마을에 비해서 다소 뒤떨어진다. 그러나 갈항리 앞바다[地先]는 어살의 좋은 어장으로 추전 5곳이 있다. 사곶포에도 또한 춘전 1곳, 추전 5곳이 있다. 주로 갈치 정어리(멸치) 숭어 등을 어획한다. 연안에서 생산되는 것은 어느 마을이나 마찬가지로 낙지 굴 바지락 등이다.

용호도

용호도(龍湖島, 룡호도)는 용위도(龍威島)라고도 하며, 강령강 안에 있다. 즉 순위도의 북쪽 무도의 남쪽에 위치한 둘레 1해리 정도의 작은 섬이 바로 이것이다. 섬은 아주 협소하지만 크고 작은 선박을 대기에 편리하다. 그래서 조기를 처리하는 곳으로 연평탄과 함께 대단히 유명하다. 섬의 정상은 동서 양쪽에 있는데, 서쪽 정상은 산신을 제사지내며, 이곳에 울창한 수림이 있다. 동쪽 정상은 몇 그루의 소나무가 있을 뿐이다. 마을은 이 동서 양쪽 구릉 사이 및 북쪽 기슭에 흩어져 있는데, 호수는 138호 인구 400여 명에 이른다. 일본인 거주자는 이전에는 9호에 이르렀다고 한다. 단 그중 2호는 10년 전부터 정주한 경우이다. 헌병분견소, 순사주재소, 우편소, 조선해수산조합 출장소 등이 있다. 조그마한 작은 섬에 이처럼 많은 인구가 있는 것은 다름 아니라 교통이 편리하고 해산의 이익을 많이 누릴 수 있기 때문이다. 다만 아쉬운 것은 음료수가 부족하여 항상 배를 타고 가서 순위도 혹은 대안에서 구하지 않을 수 없는 점이다. 그 밖의 일상적인 식용품도 또한 다른 곳에 의지하는 것이 많다. 그래서 곡물은 대부분 장연 강령 지방에서, 땔감은 순위도에서, 잡화는 인천항에서 오는 것이 많다. 섬주민은 주로 어업 뱃일 및 상업에 종사한다. 특히 연평탄의 조기 계절에 들어서면 섬주민들은 대부분 그 운반 처리 등에 관련하는 것이 상례이다. 그 성어기가 되면 어장과 섬 사이를 왕래하는 운반선이 적어도 60척 아래로 내려가지 않는다. 조기의 집산액은 해마다 같지 않으며, 재작년의 경우는 어황이 좋지 않았지만 그래도 600만 마리에 이르렀으며, 그 금액은 72,000원에 달했다고 한다. 이로써 이곳의 대세를 짐작하고도 남음이 있을 것이다. 조기의 가격은 이 또한 해마다 한결같지 않은데, 명치 43년에 있어서는 선어 1동(同, 1,000마리를 동이라고 한다) 평균 6원 내외, 염어 1동에 12~14원으로, 평균 13원 정도였다. 이 섬에서 처리하는 조기 염어의 발송지는 평양 진남포 황주 등이며, 연평탄에서 나는 조기는 약 3분의 2가 평양 지방으로 수송된다고 한다.

이 섬에는 어살이 6곳이 있는데, 봄철에는 까나리, 가을철에는 정어리(멸치) 및 갈치를 주된 어획물로 한다. 때로는 오징어도 또한 정어리와 혼획되는 경우가 있다. 정어리와 까나리는 거주하는 일본 상인에게 판매하고, 갈치는 직접 염장해서 각지로 수송한다. 1년 중 어살의 어획량은 알기 어렵기는 하지만 정어리 어획이 가장 많고, 까나리가 그 다음이며, 갈치는 많지 않다.

이 섬의 어살은 원래 청어[30]를 주 목적으로 하는 것이었으며, 과거에는 그 어획이 대단히 많았음에도 불구하고, 30년 전부터 내유하는 것을 볼 수 없게 되었고, 지금은 그 흔적이 완전히 사라졌다고 한다.

굴은 구죽포에 많은데, 지금부터 60여 년부터 용동궁(龍洞宮)의 소관에 속하며, 어화도 상주지포(上洲地浦)와 아울러 그 채취를 특별히 허가받아서, 소금에 저린 굴 50항아리를 상납한 사실이 있다. 지금 이 어장에서 채취에 종사하는 것은 이 섬 이외에 대안인 사곶포 서장(西場) 사람들이다. 종래에는 다른 마을 사람의 입어를 허용하지 않았으며, 대부분 세 마을 사람들의 공동 소유 어장과 같은 관행이다. 채취는 주로 부녀들의 일이며, 썰물 때 걸어 다니면서 채취한다. 계절은 4~5월 및 9~11월에 이른다. 종래에는 1년 생산액이 7,000원에 달했다고 하지만, 점차 감소하여 지금은 대개 200원 정도라고 한다.

바지락은 4~7월에 걸쳐서 채취한다. 이 또한 부녀들의 일이며, 그 생산 금액은 50원 내외에 불과하다.

낙지는 주낙 어선의 미끼로 수요가 많다. 봄부터 가을에 걸쳐서 갯벌에서 구멍을 파

---

30) 원문에는 鰊으로 되어 있으나, 청어를 뜻하는 鰊의 오자로 생각된다.

서 잡는다. 1년의 생산량은 약 130,000마리에 달하며 금액으로는 700원 정도에 이른다. 바로 어선에 공급하는 것 이외에 활주선이 오면 많은 양을 구입한다. 그리고 그들 중에는 대련 방면으로 수송하는 경우도 있다.

이 섬에 재주하는 일본인 중 스스로 어업을 행하거나 또는 자금을 조선인 어부에게 대부하고 선어를 매입하여 제품을 만드는 일을 하는 사람이 있다. 1년의 제품 생산액은 쪄서 말린 정어리(멸치) 300~500가마, 까나리 100가마 내외라고 한다. 가격은 생정어리 3되에 13전, 쪄서 말린 정어리 1관당 10원 내외, 생굴 큰 항아리 1개(석유통 3통에 해당한다) 5원, 말린 굴 100근 당 22~23원이다. 굴은 이미 살펴본 바와 같이 생산액이 감소하고 있기 때문에 지금은 제품으로 만들기에 충분하지 않다. 그들 중에서 일찍이 굴껍질회[牡蠣灰][31]를 제조한 적이 있었는데, 연료비가 비싸서 지금은 중지하기에 이르렀다. 활발할 때는 1년에 3,000~6,000가마를 생산했다고 한다.

이 섬에 사는 일본 어부는 조선인과 도모하여 어업단을 조직하였는데, 용호도어업단이라고 칭한다. 규약서도 있으며, 원래 도청의 권유에 의한 것이라고 한다.

어화도

어화도(漁化島)는 창린도의 동남쪽 약 30리 거리에 있다. 이 섬의 동각과 이 섬에 근접한 순위도 사이는 수심이 깊지만 그 밖에는 모두 여울[平灘]과 모래톱이 섬을 둘러싸고 있다. 호수는 87호 인구는 264명이고, 어업을 주로 하는 동시에 농업에 종사한다. 토지는 척박하여 생산이 적고, 일용 물자는 대부분 강령 지방에 의존한다. 수산물은 갈치 정어리(멸치) 가오리 낙지 대합 조기 방어 민어 전어 풀가사리 우뭇가사리 미역 등이며, 어구는 어살 및 낚시를 사용한다.

비압도

비압도(飛鴨島)는 창린도의 남쪽 약 6해리에 있으며, 섬 전체가 톱날 모양의 바위로 이루어진 섬이다. 정주자는 없고 어기에 와서 머무는 사람이 4호 17명이 있다. 김 굴

---

31) 굴껍질을 태워서 분말로 만든 것으로 석회 대신에 사용한다.

대합 전복 해삼 등의 채취에 종사한다. 1년간의 어획고는 약 400원이다. 부근에 다수의 드러난 암초와 숨은 암초가 산재해 있으며 또한 서쪽을 향해서 낮은 모래톱이 펼쳐져 있다.

북면(北面)·서면(西面)

북면은 옹진만 안에 위치하며, 서면은 옹진만 서북쪽에 위치하는데 그 일부는 북쪽의 큰 만 즉 대동만에 연한다. 북면의 연안은 갯벌이 넓게 펼쳐져 있고 배가 통행하기 불편하다. 어촌으로는 단지 흘곶포(屹串浦)가 있을 뿐이다. 그러나 만 안에 위치한 이곳은 본군의 주요한 집산지이다.

서면은 군읍 옹진이 소재하는 면이다. 그리고 그 어촌에는 읍저포(邑底浦) 장항포 (獐項浦) 우송포(右松浦)가 있고, 소속도서로는 창린도가 있다. 이들 어촌은 모두 총호수 10호 정도의 작은 마을이며 그 어업도 원래 부진하며, 주로 어살을 영위할 뿐이다. 그러나 읍저포는 군읍에 가까이 있기 때문에 자연히 다른 마을과는 추세가 다른 점이 있다.

창린도

창린도(昌麟島)는 옹진의 남쪽 4해리에 있으며, 주위는 광활한 얕은 여울이 넓게 펼쳐져 있다. 섬의 남서단에 3곳의 바위섬이 있는데 썰물 때는 드러나며, 서로 이어져 있다. 그 옆으로는 항상 격한 소용돌이가 친다. 또한 섬의 북동단에 높이 94피트의 작은 섬이 있는데 해암(海岩)고조 때 물에 잠기는 만형의 사취로 인하여 북동단으로 이어진다. 해암과 육지 사이는 1.5해리 떨어져 있으며, 그 사이에는 물길이 통한다. 이 섬의 호구는 109호이며 인구는 476명이고, 농업 어업이 반반씩이며 어선 10척이 있다.

용천면(龍泉面)

본면은 원래 용연면(龍淵面)이라고 하였는데, 강령군과 합병되면서 지금의 이름으로 고쳤다. 옹진반도 서남단 지역으로 삼면이 모두 바로 둘러싸여 있고 동쪽이 서면과 이어질 뿐이다. 곧 서북쪽은 대동만이고, 남쪽은 옹진만이다. 연안의 주요한 진포(津浦)로는 손량(孫梁) 저작(諸作) 청석(青石)이 있으며, 소속 도서로는 기린(麒麟) 마합(麻蛤) 및 기타 작은 섬이 있다.

청석

청석(青石)은 읍에서 서북쪽으로 약 40리 떨어져 있으며, 대동만구에 있는 작은 만 안에 있다. 이 작은 만은 북쪽을 향해서 열려있지만 입구가 좁아서 거의 호수처럼 물결이 잔잔하여 피박에 적합하다. 이 지역 일대의 연안은 갯벌이 이어져 있어서 썰물 때에는 배를 대기 어려운 곳이 많지만, 오직 이곳만은 물이 깊어서 조석에 구애받지 않고 여유있게 큰 배가 출입할 수 있다. 그러나 만구가 북쪽에 면해있기 때문에 기후가 한랭하여 10월 하순부터 다음해 2월까지 두꺼운 얼음으로 봉쇄된다. 호수는 20호 인구는 79명이다. 농업을 주로 하며 어업 및 염업에 종사하는 경우는 2~3호에 불과하다. 생계가 곤란하여 조를 상식한다. 생산물은 농산 이외에는 볼 만한 것이 없다. 그리고 다른 곳으로 수출하는 것은 겨우 콩뿐이며, 그 나머지는 모두 이곳에서 소비한다. 연료는 풍부한 것 같고 음료수도 또한 부족하지 않으며 또한 양호하다. 수산물은 가자미 굴 숭어 갈치 도미 전어 등이며, 어구는 건망 어살 외줄낚시 등을 사용한다. 가자미는 연안에서 수심 4심 이내이며, 모래·진흙 바닥이고 조류가 느린 곳에 건망을 설치하여 어획한다. 어기는 4~6월에 이른다. 갈치는 6~7월, 숭어는 겨울철, 도미는 여름철을 어기로 한다.

저작동

저작동(諸作洞, 져자동)은 청석동의 서쪽 5리 남짓한 곳에 있다. 작은 만을 이루고 있어서 어선의 정박에 편리하다. 이 부근 일대는 종래에 청국 해삼예망어선의 왕래가 빈번하였다.

마합도

마합도(麻蛤島)는 본면 서남단의 갑단에 있는 육마합(陸麻蛤)에서 겨우 10정 떨어진 곳에 떠 있는 타원형의 작은 섬이다. 둘레는 10리 정도에 불과하지만, 수산물이 풍부하며 어업이 대단히 활발하다. 기후는 한랭하여 연해가 결빙된다. 산림은 없고, 논은 밭의 $\frac{1}{10}$에 불과하다. 지가(地價)는 논 1두락 5원, 밭 하루갈이 2~3원이라고 한다. 호수는 30호 인구는 90명이다. 어업을 주로 하면서 한편으로 농업에 종사한다. 인정은 질박하지만 생계는 풍족하지 않다. 쌀과 조는 장연으로부터의 공급에 의존하고, 평상시에 조를 먹는다. 음료수는 양질이고 양도 많다. 농산물의 1개년 생산액은 벼 50석, 조 15~16가마, 보리 12~13가마, 기장[黍] 5~6가마, 메밀[蕎麥] 5~6가마이다. 수산물은 정어리(멸치), 도미 숭어 갈치 복어 전복 전어 홍합 쥐노래미 풀가사리 굴 등이며, 어구는 주목망 및 낚시를 사용한다. 숭어 정어리 갈치는 이 섬의 동안을 어장으로 한다. 도미는 이 섬의 북·서 삼면에서 수심 10심 내외의 장소를 어장으로 하지만, 오로지 일본인 주낙 어업자들만 이를 어획한다. 해저는 북쪽 및 서쪽은 가는 모래, 남쪽은 암초, 동쪽은 가는 모래와 암초가 반반이다. 미끼는 주로 낙지를 사용한다. 낙지는 소강(蘇江) 사루카이 부근에서 많이 생산되며, 1마리에 1전 내외라고 한다. 주목망이 6통 있는데, 그 어획량은 1개년 1,200~1,300원이다. 낚시 어업자는 1개년 1척당 40원의 수입이 있다. 수산물의 가격은 도미 1마리 15~18전, 숭어 1마리에 25~30전, 갈치 1마리에 3~5전, 굴 1사발에 5전, 풀가사리 100근에 3원이다.

기린도

기린도(麒麟島, 긔린도)는 군의 서쪽 6해리에 있다. 섬 안에 두 산이 솟아 있으며 그 중간은 낮게 두 산을 연결하는 모양이다. 주위는 암초와 간출암(干出岩)이 많고, 그 동안에 있는 한 바위는 썰물 때 드러나는 높이 10피트에 이른다. 서안 앞바다 2해리 되는 곳에도 또한 제법 큰 암초가 있다. 해도에서는 이를 삼암[三ㄱ岩]이라고 하였다. 서북안(西北岸)에는 광대한 만입이 있지만 간출퇴로 막혀 있고, 동서 양안에는 항상 격렬한 소용돌이가 친다. 음료수는 만구의 서북안에 있으며, 질은 양호하지만 양은 대단히 적다. 이 섬과 이 섬에서 동남쪽으로 약 7해리 떨어진 비엽도 사이에는 길이 6해리 폭 1해리 최소 수심 0.5심의 사주가 있는데, 기린주(麒麟洲)라고 하며, 큰 배가 지나갈 수 없다. 북암에서 1해리 떨어진 곳에 또한 최소 수심 1심의 작은 사주가 있다.

섬 안에 호수 74호 인구 399명이 있다. 농업을 주로 하지만 한편으로는 어업에 종사한다. 어구는 어살 및 낚시를 사용하며, 수산물은 갈치 조기 낙지 굴 대합 미역 등이라고 한다. 어업은 대개 마합도와 같다.

교정면(交井面)

본면은 대동만으로 길게 뻗어 나온 지역으로 동쪽이 서면 및 가천면에 접할 뿐이다. 삼면이 바닷물로 둘러싸여 있지만 만 안이어서 수심이 얕고 어촌은 단지 흑두포(黑頭浦)가 있을 뿐이다. 흑두포는 10호에 미치지 못하는 작은 마을이지만 마을 사람이 모두 어업에 의지하여 생계를 유지한다. 전안에 춘전 11곳이 있다. 또한 대합 바지락 등이 생산된다.

제5절 장연군(長淵郡)

개관

연혁

고구려 때부터 장연(長淵)이라고 불렸다. 조선 태종 때 영강현(永康縣)과 아울러 연강(淵康)이라고 하였으나 다시 옛이름으로 되돌렸고 군으로 삼아 지금에 이른다.

경역

동쪽은 해주군에, 북쪽 일부는 송화군에 접하고, 나머지는 모두 바닷물로 둘러싸여 있다. 본도 중에서 가장 멀리 바닷속으로 돌출한 지역으로, 그 갑단은 한반도의 서쪽 끝인 장산곶이다. 그리고 갑단의 남쪽에 떠 있는 백령도 대·소청도 그 부속 도서는 모두 본군의 소관이다.

지세

척량산맥은 군의 다소 남쪽에서 동서로 이어져 장산곶에 이르기 때문에 그 지세는 자연히 남북으로 경사진 동시에 남쪽 사면은 협소하다. 이에 반해서 북쪽은 넓어서 척량산맥의 지맥이 도처에 이어져 오르내르고 있기는 하지만, 또한 그 사이에 개전지(開展地)가 있다. 군읍 부근에서 고암포에 이르는 일대의 평지는 가장 주요한 곳이다. 그 밖에 몽금포 부근의 해안에도 광대한 평야가 있다.

산악

산악으로 주요한 것은 동쪽 해주군 경계에 솟아 있는 연달산(連達山, 1,010피트), 읍의 남쪽에 있는 불타산(佛陀山), 장산곶에 솟아있는 태산봉(太山峰, 1,257피트) 및 송화군 경계에 있는 전석산(磚石山) 괴림산(槐林山) 등이다. 그러나 모두 민둥산이고 수목은 적다.

하천

하천 중 큰 것은 동쪽 해주군 경계를 흘러서 대동만으로 들어가는 대동하(大東河, 태탄천苔灘川이라고도 한다)이다. 그러나 이 강의 유역은 대부분 해주군이고 본군의 땅은 단지 그 하구에 연할 뿐이다. 그 밖에 수원이 척량산맥 및 송화군 경계에서 발원하여 군읍의 동남쪽을 지나 고암포로 들어가는 것이 제법 크다. 이 강은 군 내에서 가장 중요한 것이며, 특히 그 양안의 충적지(沖積地)[32]는 농산물이 풍부하다. 앞에서 살펴 본 것처럼, 본군의 주요한 평지가 곧 이곳이다.

연안

삼면이 바로 둘러싸여 있기 때문에 해안선의 총길이는 약 36해리에 달하여 상당히 장대하다. 연안은 장산곶 남쪽 일대의 경우 산악이 바다에 면해 있어서 험한 절벽이

---

32) 모래, 흙 등의 퇴적물이 하천의 흐름에 의해 운반되어 특정지점에 쌓여서 형성된 지형을 말한다.

많지만, 나머지는 평지이며 사빈도 적지 않다. 계선지로서 제법 양호한 곳은 몽금포 목동(牧洞) 금두(金斗) 창암(蒼岩) 및 그 밖에 한두 곳이 있을 뿐이다. 그러나 장산곶의 주변은 물이 깊고 미약하지만 난류의 영향을 받기 때문에 회유 어류가 풍부하고 특히 그 남쪽에 줄지어 있는 여러 섬 근해의 경우는 가장 좋은 어장이라고 한다.

장연읍

장연읍은 몽금포 동쪽 70리 쯤에 있다. 예로부터 치소였기 때문에 교통이 불편함에도 불구하고, 인가가 제법 조밀하며 일본 상인도 또한 거주하는 자가 있다. 군아 외에 우체소[33] 순사주재소 헌병분견소 등이 설치되어 있다.

교육 종교

교육은 군내에 소학교 3곳이 있지만 아직 설비가 완전하지 않다. 그런데 기독교는 두루 알려져 다수의 교도가 있으며, 기독교가 설립한 학교가 2~3곳 있다.

교통

교통은 편리하지 않다. 북쪽의 몽금포 및 남쪽의 태탄(笞灘)에는 범선이 많이 출입하기는 하지만 정기로 왕래하는 것은 아니다. 군읍에서 각면에 이르는 거리를 나타내면 다음과 같다.

면명(面名)	시작 지점(初境) 里	최종 지점(終境) 里
낙산(樂山)	10	25
영산(靈山)	10	20
낙오(樂奧)	20	35
추화(秋花)	10	25
목감(牧甘)	35	60
선정(仙亭)	10	20
태호(苔湖))	60	70

---

33) 원문에는 郵便所로 기록되어 있으나 正誤表에 따라서 郵遞所로 기록한다.

남창(南昌)	30	40
속내(束內)	35	60
속외(束外)	50	60
후산(候山)	40	60
신남(薪南)	40	50
신북(薪北)	30	60
동대(東大)	50	60
서대(西大)	40	60
박택(薄澤)	10	35
해안(海安)	40	95
용호(龍湖)	20	40

통신

통신은 단지 군읍에 우체소 하나가 있을 뿐이며, 더구나 그 선로는 북쪽으로 송화 은율 아악을 거쳐 사리원역, 남쪽으로 해주 연안 등을 거쳐 토성역으로 연락한 것이므로 대단히 불편하다.

장시

장시는 읍장 이외에 태호면(苔湖面)의 태탄장(苔灘場), 후선면(候仙面)[34]의 남창장(南倉場), 용호면의 석교장(石橋場)이 있다. ▲ 읍장은 음력 매 5·10일에 개설된다. 집산물은 삼베 목면 비단 종이 짐승가죽 어류 땔감 자리류 짚신 등이며 한번 시장이 열릴 때 집산액은 약 1,500원을 상회한다. ▲ 태탄장은 음력 매 5·10일에 열리며 집산물은 곡물류 소 돼지 해조 어염 잡화 등이고 한번 시장이 열릴 때 집산액은 1,000원 이하로 내려가지 않는다. ▲ 남창장은 매 3·8일에 개시하며 해산물 곡류 자리류를 주로 하며 집산액은 800원 정도이다. ▲ 석교장은 매 1·6일에 개시하며, 그 집산물은 남창과 큰 차이가 없고 집산액은 500원 내외라고 한다.

---

34) 원문에는 候山面으로 기록되어 있으나 正誤表의 기록에 따라서 候仙面으로 기록한다.

산물

산물은 일반적인 농산물 이외에 특용작물로 면화 연초 등이 있다. 광산물로는 금광석 사금이 많이 생산되었으나, 지금은 겨우 사금만 생산할 뿐이다. 해산물로는 조기 갈치 가오리 가자미 정어리(멸치) 상어 도미 대구 숭어 삼치 까나리 오징어 대합 굴 전복 해삼 풀가사리 미역 우뭇가사리 등이 주요하다.

바다에 면한 면

본군의 임해면으로는 태호 속외(速外) 후산 동대(東大) 서대(西大) 해안(海安) 용호 추화(秋花) 순택(蓴澤) 신남(薪南) 신북(薪北) 11면이다. 그리고 멀리 바깥 바다로 돌출한 지역을 해안면이라고 한다. 태호부터 서대에 이르는 5면은 그 동남쪽 즉 대동만 의 북쪽 기슭에, 용호 이하 신북에 이르는 5면은 그 동북쪽에 있다. 각면 중 어업을 행하는 곳은 후산 동대 서대 해안 신남 신북의 6면이며, 그중에서 활발한 것은 해안면이 라고 한다. 어촌과 여러 섬의 개황은 다음과 같다.

태호면(苔湖面) · 속외면(速外面)

두 면은 모두 대동만 안의 북쪽 기슭에 있다. 태호면은 동쪽의 대동하로써 해주군과 경계를 이룬다. 이 일대 연안은 평지이고 갯벌이 넓게 펼쳐져 있지만 대동만의 물길을 거슬러 올라갈 수 있다. 그리고 연안의 주요 지역은 태호면의 태탄동, 속외면의 노화동 (蘆花洞)일 것이다.

태탄

태탄(苔灘, 티탄)은 대동하의 오른쪽 기슭에 있으며, 본군의 주요한 집산지이고 호수 약 300호이다. 특히 그 장시 개설일(음력 매 1·6일)에는 부근에서 모여드는 사람이 많아서 대단히 번성하다. 이 곳의 주요한 이출품은 미곡 및 콩인데, 그 출하시기가 되면 인천에서 일본상인들이 매입하러 온다.

후선면(候仙面)·동대면(東大面)·서대면(西大面)

세 면은 차례로 늘어서 있는데, 후선면은 동쪽으로 속외면, 서대면은 서쪽으로 해안면에 접한다. 연안은 각 면 모두 얼마간의 평지가 있고 경지가 잘 개척되어 있다. 앞바다는 수심이 아주 얕지는 않아서 대부분의 선박이 통항하는 데 지장이 없다. 따라서 바다에 면한 마을이 적지 않기는 하지만, 그중에 어업자가 있는 마을을 열거하면, 후선면의 대양촌(大洋村) 창촌(倉村) 도지(道支) 포두(浦頭) 학령(鶴嶺), 동대면의 장암(場岩) 구미포(九味浦), 서대면의 목동(牧洞) 금두(金斗) 대진포(袋津浦) 육도(陸島) 등일 것이다. 그러나 어업은 대개 어살을 주로 하고 멀리 외해에 출어하는 사람은 적다. 연안에서 생산되는 수산물은 가오리 가자미 갈치 조기 굴 대합 등이다. ▲ 구미포 목동 금두는 호수가 많지는 않지만 배를 대기에 편리하다. 특히 구미포에는 태탄에서 왕래하는 선박이 기항하는 경우가 많으며, 목동과 금두의 앞바다는 물이 깊어서 큰 배도 또한 정박할 수 있다.

해안면(海安面)

본군 서쪽 끝에 있는 지역으로 그 연안은 남쪽은 대동만구의 북쪽에 있는 작은 만부터 북쪽은 고암포에 이른다. 남안은 산악이 바다에 면해 있어서 험한 벼랑이 적지 않아서 평지가 거의 없지만, 북안은 몽금포 부근에서 고암에 이르는 일대가 완만한 경사지 또는 평지이고 사빈이 많다. 포구와 어촌으로 주요한 것은 의태포(蟻胎浦) 신기동(新基洞) 백사동(白沙洞) 오애동(吾乂洞) 창암동(蒼岩洞) 계음동(鷄音洞) 소야동(小也洞) 백운동(白雲洞) 조니동(助泥洞) 삼리동(三里洞) 몽금포 등이며 소속 도서로는 월내도(月乃島)가 있다. 이들 마을 중 남안에 위치하는 것은 의태포 이하 소야동에 이르는 7마을이며, 나머지는 북안에 있다.

오예포

오예포는 오예진(吾乂鎭)의 일부이다. 오예진은 장산곶 남쪽에 있는 주요지로서 갑단으로부터 대략 8해리에 있다. 연안은 작은 만입을 이루며 이곳에 작은 물길이 흘러들어 간다. 물길의 양쪽 기슭은 제법 넓고 경지가 펼쳐져 있어서 본면 남안 중에서 보기 드문 농업지이다. 만구가 좁지만 작은 배를 수용할 수 있다. 근년까지는 청국 어선이 와서 이곳을 근거지로 하는 경우가 있었으나 지금은 그 자취가 끊겼다. 그러나 청국 상선은 여전히 때때로 기항한다고 한다.

창암

창암은 오예포의 서쪽 6해리, 장산곶의 동쪽 3해리 정도에 있다. 배후는 가파른 산들이 이어져 있고 앞바다는 자갈해안이기는 하지만 어선을 대기에는 제법 편리하다. 호수는 겨우 18호에 불과하지만 그 절반 이상은 어업에 종사하여 각종 어업을 행한다. 그리고 어획물 중 주요한 것은 조기 도미 가오리 상어 등이라고 한다.

소야동・백운동

소야동은 장산곶이 갑단 남쪽에, 백운동(白雲洞, 빅운동)은 북쪽에 위치한다. 모두 갑단 지역이기 때문에 거친 파도가 기슭을 휩쓰는데 스산하기 이를 데 없다. 원래 배를 대기에 적합한 곳이 아니다. 주민은 모두 어로에 종사하여 생계를 유지한다. 연안에 풀가사리가 많이 착생하고 있다.

몽금포구

몽금포구[夢金浦, **무금포**]35)는 장산곶 북쪽으로 돌아서 7해리 정도 되는 곳에 있는 작게 만입된 곳이다.

마을이 만구의 남쪽에 위치하기 때문에 만입의 이름과 같이 몽금포라고 부른다. 만 안의 남쪽에 있는 것을 조니포, 북쪽에 있는 것을 삼리동이라고 한다. 만 입구에 대도(大島) 석도(石島) 등의 작은 섬이 떠있다. 그래서 이 섬들을 목표로 삼을 수 있다. 본포는 장산곶 이북 대동강구 사이에 위치한 손꼽을 만한 양항이지만, 수심이 얕아서

---

35) 원문에 몽금포(夢金浦)는 소제목이 2번 연속해서 기록되어 있다. 전자는 포구에 대하여, 후자는 마을에 대한 내용이다. 전자를 몽금포구로 번역한다.

50톤 이상의 선박을 수용할 수 없다. 또한 북서쪽에서 부는 강풍에는 만 입구에 거친 파도가 일어나므로 출입하기 곤란한 결점이 있다. 그러나 일반적인 작은 범선은 수십 척을 댈 수 있다. 또한 깊은 곳까지 거슬러 올라갈 수 있다. 조석은 대조 때 3심, 소조 때 2심, 저조 때는 4척을 빼야 한다. 조류는 느리고 해저는 가는 모래이다. 그래서 만내 는 지예망을 사용하기에 적합하다. 근해는 진남포를 본거지로 어선이 출어하는 경우가 많으며, 특히 이 만은 미끼의 산지이므로 사철 어선의 출입이 끊이지 않는다. 더욱이 서해안 항로의 요충지이기 때문에 청국 상선 및 어선도 또한 항상 와서 정박하는데, 그 수가 1년간 150~200척을 넘는 경우가 있다. 그래서 근년 이래로 진남포 세관감시 소를 두었고, 조선해수산조합도 또한 그 출장소를 설치하기에 이르렀다. 청국 상선이 기항하는 것은 대개 밀수입을 목적으로 하는 것이며, 그리고 그들이 종전에 수입한 것은 식염 소주 옥양목 고구마[甘薯] 목면 도기 주산[算盤] 등이고, 특히 식염은 그 주된 물품이었다.

몽금포

몽금포(夢金浦)는 호수가 겨우 10호에 불과한 작은 마을이다. 지금은 그 밖에도 일본 인 5호가 이주하였다. 조선인은 원래 청국 밀수입선 또는 밀어선을 위해서 물품 판매를 중개하여 수수료를 받아서 생계에 일조하고 있다. 밀어선 중에는 갈치 낚시배가 가장 많고, 때때로 모여드는 것이 10척이 넘는 경우도 있다. 그리고 그들은 어획물을 방매하 고 그 대금을 가지고 잡곡 땔감을 구입해서 귀국하는 것이 통례였다. 당시에 구전의 비율은 갈치 1,000마리에 대하여 2~3원, 소나무 한 수레(가격 65전)에 대하여 15전, 잡목 한 수레(가격 70전)에 20전, 목탄 한 수레(가격 50전) 20전, 기장 한 가마(8말 들이 가격 1원 60전)에 40전, 녹두 한 가마(8말, 7원) 60전, 콩 한 가마(8말, 3원 50전) 에 45전이었다. 그래서 그 시기에 이르면 중국어를 할 수 있는 사람들이 사방에서 몰려 들어 대단한 성황을 이룬다.

세관감시서와 경찰서 등이 설치된 이래 밀어선의 출입을 근절하였지만 여전히 상선 이 기항하는 경우는 많다. 특히 갈치 또는 지예망 시기에 들어서면 일본 어부들이 모여드는데 그 어선의 수가 수십 척에 이르러, 임시로 어사(漁舍)를 건축하고 또한 음식점을 열어서 대단히 번화한 모습을 드러낸다.

기후는 진남포에 비하면 다소 온화하며 겨울철에 만 안이 결빙되는 일은 드물다. 땔감의 공급은 풍부하며 온돌용 솔가리는 60파(把)에 60전 정도이다. 그러나 음료수는 부족하여 많은 어선에 공급할 수 없다.

부근 도로는 비탈길이어서 교통이 불편하지만, 장연읍에 이르는 70리 사이는 급한 비탈이 적어서 소달구지[牛車]가 통행할 수 있다. 수로로 진남포까지 52해리 정도이지만 들르는 배편에 의지할 수밖에 없다. 더욱이 4~11월에 이르는 사이를 제외하면, 해상의 풍파가 강하여 작은 배의 통항은 곤란하다. 통신은 그 기관이 장연읍에만 설치되어 있기 때문에 대단히 불편하며, 이 또한 들르는 배편에 의지할 수밖에 없다.

주민 중 조선인은 모두 주막을 운영하고 있지만 또한 어업에 종사하는 사람도 있다. 그 어업은 지예망, 가오리 주낙, 조기 외줄낚시 등이다. 지예망은 밴댕이 전어 까나리 학꽁치 정어리(멸치) 등을 포획한다. 밴댕이는 청국 어선이 갈치 주낙의 미끼로 사용하였는데, 종전에는 한 사발에 2전 5리였고, 그 수요가 아주 많았다. 주낙 어장은 서쪽 해안 앞바다 5해리 이내의 장소이다.

본포 근해에서 생산되는 주요 어류 및 그 어기 등은 대개 다음과 같다.

어명(魚名)	어기	어명	어기	어명	어기	이명	어기
조기	4~10월	까나리	5~7월	학꽁치	8~10월	숭어	10~翌2월
삼치	5~10월	밴댕이	5~10월	정어리(멸치)	8~11월	농어	5~10월
도미	5~11월	가오리	周年	전어	1~12월	가자미	5~10월
상어	5~8월						

또한 그 밖에 갯장어 뱀장어 볼락 오징어 해삼 등이 생산된다. 담수어족도 또한 다소 생산되고 있다.

조니동(助泥洞)

조니동은 진촌(鎭村)이라고도 한다. 호수는 53호이고 몽금포 경찰서의 소재이다.

몽금포에서 10리 떨어져 있고, 읍까지는 70리가 넘는다.

삼리동

삼리동은 호수 48호이며, 조니동과 남북으로 마주본다. 두 촌 부근은 평탄하지만 대체로 척박하여 황무지가 많다. 주민 대부분은 농업에 종사하지만 또한 어업에 종사하는 경우도 3~4호가 있다.

용호면(龍湖面)·추화면(秋花面)·순택면(蓴澤面)·신남면(薪南面)

용호·추화·순택 세 면은 고암포 안에 있는 간출만(干出灣)인 비석포(碑石浦)에 연할 뿐이며 외해에 면하고 있다. 신남면은 고암포만의 북쪽 기슭에 있으며 만을 사이에 두고 해안면을 남북 방향에서 마주보고 있다.

비석포

비석포(碑石浦)는 남북으로 3해리에 걸치는 큰 만이지만 북쪽은 장연강, 남쪽은 독송정(獨松井)으로부터 통하는 작은 물길 이외에는 썰물 때 거의 바닥이 드러나서 작은 배라고 하더라도 거슬러 올라가기 곤란하다. 따라서 본포의 사방에 흩어져 있는 마을은 어업을 행하는 데 이르지 못했다. 포는 동·북·서 삼면이 바다로 둘러싸여 있고, 남쪽 방면에 평야가 있다. 서쪽으로 고암포로 통하기 위해서는 겨우 1.5케이블 정도의 개구부[開口]를 이용할 수 있을 뿐이다. 이 개구부의 양쪽에는 산악이 서로 이어져 있어서, 포는 마치 큰 호수와 같은 모습을 가지고 있다.

고암포

고암포는 아주 복잡한 깊은 만입이며 양안은 모래해변인데 썰물 때는 바닥이 드러나며, 중앙에 물길이 통할 뿐이다. 그러나 물길은 대부분의 선박이 거슬러 올라갈 수 있다. 만의 남쪽 기슭은 산악이 이어져 있지만 북쪽 기슭은 구릉 사이에 평지가 있다. 그래서 많은 마을이 북쪽 기슭에 있다. 그 주된 것은 가로락포 아랑 야미이며, 모두 신남면에 속한다.

가로락포

가로락포(柯老樂浦)는 가장 큰 마을이며 북쪽의 평탄지에 있다. 부근 일대에 황무지가 많지만 마을 사람이 이를 개척하는 일이 없다.

아랑동

아랑동(阿郎洞)은 만 안의 한 돌각의 연결부에 위치한다. 그리고 그 돌각에 작은 땅이 있는데, 이곳은 대안 즉 해안면으로 건너가는 나루이며 고암포라고 한다. 그 주민은 모두 19호 40명 정도에 불과하다. 대안에도 몇 호의 인가가 있다. 이 또한 고암포라고 한다.

야미동

야미동(夜味洞)은 아랑의 동쪽 십수 정 거리에 있다. 이 마을도 또한 27호의 작은 마을이며, 해안에 인가 4호가 있는 좁은 지역이 있다. 이를 영식포(令食浦)라고 한다. 아랑과 야미에는 각각 어업을 영위하는 호가 4호씩 있으며, 각종 어업을 행한다. ▲ 대안인 해안면에 속하는 마을로 부곳리(釜串里) 및 양정리(凉井里)가 있다. 부곡리는 만 입구의 남쪽 기슭에 있지만 양정리는 만에 면하지 않는다. 그러나 작은 땅에 양정포(凉井浦)가 있다. 인가는 4호뿐이지만 모두 어호(漁戶)로서 어업이 제법 활발하다.

본포 내의 마을의 개황은 이와 같은데, 본포도 또한 몽금포와 마찬가지로, 과거에는 청국 밀어선의 근거지였다. 일본 어부는 아직 이곳에 근거하는 사람이 없다. 그렇지만 만 안은 쪽을 많이 생산한다. 그래서 때로는 이를 구입하기 위하여 어선이 기항하는 경우가 있다.

신북면(薪北面)

본군 연안의 최북단에 있는 지역으로, 송화군 경계에 위치한다. 구월산맥의 한 지맥은 본군 및 송화군 경계로 와서 전석산(磚石山) 및 동령(冬嶺)이 된다. 그 정상은

1,300~1,500피트에 달하며, 대단히 험준하다. 그래서 본면은 해안이기는 하지만 땅이 높고 평지가 적다. 또한 본면의 연안에는 동령산이 뻗어서 돌각을 이루는 곳이 있다. 해도에서는 이를 오류지기(五柳地崎)라고 하였다. 이 갑각은 곧 본군의 서북각이다. 연안의 주요 마을은 다음과 같다.

쾌암포

쾌암포(快岩浦)는 동령산에서 흘러오는 청강수(淸江水)의 해구(海口)로서 제법 넓은 만입을 이루는 곳이다. 그 양안에 마을이 있는데, 북안에 있는 것을 소쾌암(小快岩), 남안에 있는 것을 대쾌암(大快岩)이라고 한다. 인가는 합쳐서 28호가 있다. 이곳은 청강수의 상류지방에서 땔감이 많이 나가기 때문에 선박의 출입이 제법 빈번하다. 주민은 농업을 주로 하고, 이러한 이송품(移送品)을 반출하여 생계를 해결한다. 그 밖에 어로에 종사하는 경우도 또한 5호가 있다. 주된 수산물은 대구 가오리 복어 굴 등이라고 한다.

하은동

하은동(下隱洞)은 추암포(秋岩浦)의 북쪽에 위치한 큰 마을로 인가가 70호에 이른다. 주민은 주로 농업에 종사하지만, 어호 12호가 있으며 어업도 또한 제법 활발하다.

범곶동

범곶동(凡串洞, **범관동**)은 송화군의 범곶동(과거의 풍천군**豊川郡**)과 무명천을 사이에 두고 서로 마주보는데, 인가는 52호가 있다. 부근은 모두 산지이며 경지가 적다. 그래서 마을 사람 중에 벌채 또는 땔감을 만드는 일을 업으로 하는 경우가 많고, 어호도 또한 10호 정도가 있다.

여러 섬

여러 섬 중에서 중요한 것은 장산곶의 남쪽에 떠있는 백령도 및 대·소청도로서 면을 이루지 못했다. 각각 도수(島首)를 두어 마을 사무를 관리하게 한다. 그리고 이들 여러 섬은 본군의 성어지일 뿐만 아니라, 서해안의 주요한 어장이라고 한다.

백령도

백령도(白翎島)[36]는 원래 강령군(康翎郡)에 속하였으나 지금은 본군에 속한다. 장산곶에서 남쪽으로 8.5해리 떨어져 있으며, 대동만 바깥에 가로놓여 있는 큰 섬이다. 동서 30리 남짓, 남북 약 20리, 둘레 80리 남짓이며, 중앙에 동남쪽을 향한 큰 만입이 있다. 그러나 썰물 때는 거의 바닥이 드러나기 때문에 만조 때가 아니면 배가 통행할 수 없다. 만구의 북안에 작은 요입이 있는데 장항포(獐項浦)라고 한다. 그 안에 마을이 있는데 사곶지(沙串池)라고 하며, 이곳은 본도의 정박지이다. 섬 안의 마을은 큰 만입의 북쪽에 사곶지 구진지(舊鎭趾) 육봉포(育峯浦) 사수포(斜水浦) 두모포(斗毛浦) 내포(內浦) 당후포(堂後浦) 대갈염(大乫鹽), 남쪽에는 소갈염(小乫鹽) 중화진(中和津) 장촌(長村) 역촌(驛村) 등 합계 12개의 마을이 있다. 그리고 그 호구는 각촌 합계 578호 2,840여 명에 이른다고 한다. 토지가 비옥하여 쌀과 조가 잘 경작되며, 논의 경우도 거의 50정보에 달한다고 한다. 그래서 심한 흉년이 아닌 한 미곡을 다른 곳에 기댈 필요가 없다. 평년에는 도리어 미곡을 대·소청도에 수출한다고 한다. 그러나 땔감이 부족하여 다른 지방으로 공급받지 않을 수 없다. 이 섬은 원래 울창한 밀림이 있었으나 갑오년 청일전쟁 때 청국인들이 남벌하여 지금의 어려운 지경에 빠졌다고 한다.

이 섬은 과거에 만호 백령진(白翎鎭)을 둔 적이 있으며, 마을 중에 구진지라고 부르는 것은 무릇 그 옛 자리이기 때문이다. 또한 근년까지는 국사범의 유배였던 적도 있다. 6~7년 전까지는 한 명의 유배자가 있었다.

기후는 인천과 비하면 한기가 다소 강하지만 대체로 완화된 듯하다. 음료수는 양이 많으며, 잡화는 모두 인천에서 수입한다.

이 섬은 농산물이 풍부할 뿐만 아니라 수산도 또한 대단히 풍부하다. 그러나 섬사람

---

36) 원문에는 한글로 동령도라고 하고 일본어로는 ベクリキトン이라고 하였는데, 둘 다 오기로 생각된다.

의 어업은 그다지 활발하지 않다. 이 섬에서 생산되는 주요 수산물은 가오리 대구 학꽁 치 까나리 상어 삼치 조기 도미 가자미 해삼 풀가사리 등이며, 가오리 및 대구는 음력 2월 하순부터 3월 상순까지, 도미는 음력 4월 중순부터 11월까지, 상어는 음력 3월 중순부터 5월까지를 어기로 한다. 미끼는 가오리 및 상어에는 닭고기를 사용해 낚시로 잡은 쥐노래미를 쓰고, 상어에는 토막 낸 선어, 도미에는 낙지(手長蛸)[37], 조기에는 저린 정어리(멸치)를 쓴다. 어구는 외줄낚시 주낙 지예망 어살 등이며, 주낙은 일본인 으로부터 배운 것이다. 지예망은 6통으로 망대(網代)는 서남쪽에 1곳, 북쪽에 4곳이며, 어선 수는 총 25척이다.

일본인이 이 섬에 오는 경우는 잠수기선 지예망선이며 날씨 상황에 따라 도미 및 상어 낚싯배가 십수 척 기항하는 경우가 있다. 또한 사카이[酒井] 아무개라고 하는 사람이 명치 28년 이래 이곳에 이주하여 정착한 적이 있다.

수산물로 수출하는 것은 가오리 조기 풀가사리 미역 해삼 까나리 정어리(염·건) 등이다.

과거에는 청국 어선이 많이 왔으나, 근년에는 크게 감소하여 겨우 해삼 지예망선 또 는 상선이 임시로 기항하는 경우가 있을 뿐이다.

대청도·소청도

대청도(大靑島, 디청도)는 백령도에서 남쪽으로 5해리 떨어져 있는데, 섬 안은 산악 이 중첩되어 있으며 연안에는 바위가 높이 솟아 있어 출입이 적다. 둘레 40리 정도이며 그 모습은 병아리같다. 다섯 마을이 있는데, 그 호수 및 인구는 다음과 같다.

지명	호수	인구	지명	호수	인구
선진포	30	남 62·여 54	강주동	34	남 91·여 58
사동	7	남 18·여 19	내동	64	남 156·여 125
옥죽포	8	남 20·여 12	합계	143	남 347·여 268

---

37) 手長蛸는 세발낙지를 말하지만 낙지로 번역해 둔다.

소청도(小靑島, 소청도)는 동서로 길고 남북으로 짧으며, 둘레는 약 20리이고 전부 바위로 이루어져 있다. 산림은 없고 겨우 190일 갈이(하루갈이는 약 4단보段步이다)의 밭이 있을 뿐이다. 주위는 단애절벽으로 항만이 없고, 암초가 많다. 두 마을이 있는데, 예동(禮洞)과 노화동(蘆花洞)이라고 한다. 전자는 호수 40호 인구 160명, 후자는 호수 26호 인구 104명이다.

대청도에는 산림 및 경지가 있다. 중앙의 약 10리 사방은 곧 산림이다. 논은 229말[斗] 7되[升] 지기, 밭은 120일 갈이가 있다. 지가는 논 1마지기에 10원 정도, 밭 하루 갈이 60원 정도이다. 택지도 또한 경지에 딸려서 매매된다. 가옥은 1칸(5척 평방) 당 6원 정도라고 한다. 이 섬에는 일찍이 목마장을 설치하였던 적이 있다.

주민은 두 섬 모두 농업 어업을 겸업하는 자가 다수를 점한다. 단 선진포 및 내동에는 어업만 하는 사람이 많고, 상업을 영위하는 사람도 5명 있다. 상선을 가지고 인천 진남 포 등을 왕래한다. 교통은 대단히 불편하여 들르는 배편에 의존할 수밖에 없다.

생계의 정도는 대단히 낮아서 부모자식 3명이 월 7원 정도로 버텨야 한다. 쌀과 절임용 무우 및 집을 만들기 위한 짚은 장연에서 수입한다. 노동자의 임금은 식료를 스스로 해결하고 하루에 30전, 혹은 일본인이 부리는 경우는 식료를 부담하고 하루에 40전이다.

대청도 선진포는 제법 배를 대기에 적합하지만 달리 안전한 양항이 없다. 음료수는 풍부하여 두 섬 모두 양질의 샘이 있다.

서당은 대청도에 3개소, 소청도에 2개소가 있으며, 여름철 4개월간 수업한다.

농산물로는 조 메밀 옥수수 콩 보리 등이 있지만, 겨우 섬 안의 수요를 감당하는 데 불과하다. 섬 바깥으로 수출하는 것은 수산물뿐이다.

수산물로 주요한 것은 가오리 정어리(멸치) 대구 조기 까나리 마래미 상어 도미 삼치 학꽁치 전복 해삼 풀가사리 미역 등이며 가오리 어업이 가장 활발하다.

가오리 및 대구는 음력 2~5월까지 이 섬의 앞바다 100리 수심 30~50심 되는 곳에서, 조기는 여름 가을철에 근안의 수심 10~30심 되는 곳에서, 정어리(멸치) 및 까나리는 옥죽포(玉竹浦)의 모래 해안에서 지예망을 써서 어획한다. 이 그물에는 때로 고등어 삼치 마래미 등이 혼획되기도 한다. 어기는 백령도와 동일하다. 대청도 부근은 조류가 급격하여 큰 지예망을 사용하기에 적합하지 않다. 만약 멀리 앞바다까지 그물을 둘러친 경우에는 종종 격류 때문에 그물을 잃어버리기도 한다. 또한 연안에서 조금 떨어진 곳에서는 삼치가 많은 무리를 이루고 있는 것을 볼 수 있지만, 조류가 급격하기 때문에 다만 이를 보고 있기만 할 뿐이다.

일본 어선이 매년 건너오는 경우가 대단히 많으며, 잠수기선이 와서 해삼을 채취하는 배도 5~6척이 있다. 수확은 해마다 감소하고 있는 중이지만, 지예망 업자로서 이곳을 근거지로 하는 두 조가 있다. 쪄서 말린 정어리(멸치) 및 쪄서 말린 까나리를 제조한다. 또한 가을철에는 도미 주낙선이 이 섬에 부근에 고기 잡으러 많이 온다. 그 밖에 지예망에 종사하는 섬 주민에게 자금을 대여하는 사람이 있다.

생산액은 정확하게 알 수 없지만, 가오리는 약 5,000원, 까나리는 약 1,500원, 정어리(멸치)는 약 2,000원이다. 까나리 및 정어리(멸치)는 대개 일본인이 매수하며, 그 밖의 어류는 장연 태탄 옹진 진남포 등의 각 지방에서 출매선(出買船)이 와서 곡물과 교환한다. 물가는 쌀 1석에 15원 50전, 장작 1묶음[把]에 4전, 중국염 조선되로 1말에 9~10전이다.

제6절 송화군(松禾郡)

개관

연혁

조선 태종 8년에 고려의 길송(吉松) 가화(加禾) 두 현을 아울러 현감을 두고 송화라고 하였으며, 후에 군으로 삼았다. 융희 3년에 이르러 도내 각 군을 폐합할 때 풍천군과 병합하였으나, 계속 옛이름을 쓰면서 지금에 이르렀다. 풍천군은 본래 고구려의 구을현(仇乙縣)인데, 고려 초에 풍주(豊州)로 고쳤다가 이후에 도호부로 삼았다. 다시 방어사를 두었고, 조선이 이에 따랐다가 태종 6년에 병마사(兵馬使)를 두고 지주사(知州事)를 겸하게 하였다. 그 후 은율현과 합쳐서 풍율현(豊栗縣)이라고 불렀으나 얼마되지 않아서 각각 원래대로 되돌렸다. 후에 군으로 삼았다가 폐합되기에 이르렀다.

경역

동쪽은 신천군(信川郡)에, 남쪽은 장연군에, 북쪽은 은율군과 만나며, 서쪽 일대는 바다에 면한다. 앞쪽에 떠 있는 초도 석도 및 기타 작은 섬을 거느린다.

지세

군내에는 산맥이 종횡으로 달리고 있으며, 특히 구월산맥의 한 지맥이 서남쪽으로 뻗어 있는데 험준하다. 이 산맥은 종래의 풍천군과 경계를 이루며 분수령이기도 하다. 그래서 종래 풍천군 지역은 서쪽이 낮은 반면에, 원래의 송화군 지역은 중앙이 높고 남북이 낮다.

평지

평지는 적으며, 그 주요한 평지는 구옥천(救玉川) 및 남천(南川) 유역에서 볼 수 있을 뿐이다. 그러나 모두 광대하지 않다. 따라서 전군의 경지 면적을 계산하면 북부의 수회천(水回川) 연안 또는 구릉 사이에 점점이 흩어져 있는 것이 도리어 제법 크다.

산악

산악 중 주요한 것은 동북쪽 신천군 경계의 달마산(達摩山) 연봉과 망월산(望月山), 남서쪽 장연군 경계의 전석산(磚石山) 등이다. 고준한 산은 대체로 민둥산이지만, 연해 부근에는 비교적 수목이 울창한 산이 있다.

하천

하천은 모두 작은 물길이다. 그중에 제법 큰 것은 은율군으로 들어가서 개구(開口)하는 구옥천(救玉川)과 구 풍천읍의 남쪽을 지나서 서해로 들어가는 남천(南川)이 있을 뿐이다. 앞에서 언급하였듯이 이 두 유역에서는 제법 넓은 충적지가 형성되어 있다.

그 밖의 가는 물줄기를 들어보면, 동쪽으로 신천군 경계의 용문산에서 발원하여 남쪽으로 흘러 장연군의 비석포(고암포의 안쪽)로 흘러들어 가는 수회천(水回川), 그 한 지류인 어천(魚川) 및 동쪽 신천군 누교천(樓橋川)에 합류하는 소교천(燒橋川), 남천의 남쪽에서 개구하는 전천(磚川) 등이 있다.

연안

연안은 남쪽 장연군의 오류지기(五柳池埼)에서 북쪽 혼박각(ホンバク角)을 동쪽으로 돌아서 월포기(月浦埼) 동쪽인 간출만(干出灣)에 이른다. 그 해안선의 총길이는 대개 30해리에 달할 것이다. 오류지기 부근 및 북쪽 혼박각에서 월포기 부근은 구릉이 바다에 면하여 험한 절벽을 이루며, 바위 언덕이 노출된 곳이 없지 않지만 그 밖에는 대체로 모래 해안이다. 큰 배의 정박지는 소위 석도 묘지(錨地)라는 곳이 있을 뿐이지만, 어선의 정박지는 하구 및 그 밖의 곳곳에서 찾을 수 있다.

읍치

송화읍은 어천(魚川)의 상류 오른쪽 기슭에 있으며, 주위로 구릉이며 동쪽으로 겨우 평지가 통할 뿐이다. 부근은 군내의 주요 쌀산지이기 때문에 자연히 시가도 또한 번화하다. 군아 이외에 우편국, 헌병분견소 지방금융조합 등이 설치되어 있고, 일본인 거주자도 있다. 음력 매 4·9일에 장시가 개설되며, 소 돼지 해초 어염 잡화 등의 집산이 제법 많아서, 시장이 한 번 열릴 때 거래액은 평균 2,000원 이상이라고 한다. 이곳에서 남쪽으로 장연읍까지 30리, 동쪽 신천읍까지 80리, 북쪽 은율읍까지 40리이며, 장연읍에 이르는 도로 이외에는 비탈길이지만 아주 험준하지는 않다. 경의선으로 연락되는 도로는 동쪽으로 신천 재령을 지나 사리원까지 160리 정도이며, 지름길이기는 하지만 교통이 편리하지 않다. 우편은 3~4일에 도달하지만, 때로는 두절되는 경우도 있다.

구 풍천읍은 과거에 도호부가 설치되었고 또한 변방의 요지이기 때문에 석성을 둘렀으며 시가가 발달한 것이 송화읍에 뒤지지 않는다. 이곳에도 또한 음력 매 1·6일에 장시가 개설되며, 집산이 제법 활발하다.

장시

장시는 송화 풍천 이외에 상봉래면(上蓬萊面)에서 매 3·8일, 상도원면(上桃源面)에서 매 2·7일, 천동면(泉洞面)에서 매 2·7일에 개설되며 모두 상당한 집산이 이루어진다.

물산

농산물은 곡류 이외에 면화를 생산하며, 광산물로는 사금이 생산된다. 송화읍 부근의 사금 산지는 과거에 가장 성황을 이루었던 곳인데 당시의 생산액은 무시할 수 없을 정도였다. 그러나 지금은 그 산액이 많지 않다. 일본인으로서 그 채취에 종사하는 사람이 있다. 수산물로서는 도미 조기 민어 정어리(멸치) 숭어 문절망둑 복어 등이 주요하며, 식염도 또한 얼마간 생산된다.

바다에 면하는 여러 면

본군의 여러 면 중에서 바다에 면하는 것은 유산(遊山) 운산(雲山) 풍해(豐海) 상리(上里) 진등(眞等) 인풍(仁風) 천동(泉洞)의 7면이지만 또한 그 밖에도 초도 및 석도가 각각 면을 이루기 때문에, 해안선이 있는 것은 모두 9면이다. 그 개관 및 주요 어촌 등은 다음과 같다.

유산면(遊山面)

남쪽으로 장연군에 속하는 신북면에 접하고, 서북쪽은 바다에 면한다. 본면은 장연군 신북면과 마찬가지로 그 대부분은 산악지대이고 평탄지는 해안에서 겨우 볼 수 있을 뿐이다. 그러나 연안은 비교적 모래 해안이 많지만, 간조시에는 바다 바닥이 멀리까지 노출되기에 이른다. 군 경계에 한 물길이 바다로 들어가는 지역에 마을이 있다. ▲ 범곶(凡串, 범관)이라고 한다(오류지五柳池라고도 한다). 남안은 장연군에 속하고 북안은 본군에 속한다. 부근은 암초가 많아서 출입하기에 위험하다. 주민은 대안과 마찬가지로 땔감을 잘라내거나 숯을 굽는 일을 하는 사람이 많다. 어로는 자가 소비용 또는 해조를 채취하는 데 그친다. 그 밖에 연안에 다천(多川) 청룡(靑龍) 간촌(間村) 등의 마을이 있다. 다만 청룡과 간촌은 전천(磚川)의 상류에 면하는 것이다.

운산면(雲山面)

유산면(遊山面)의 북쪽에 위치한다. 연안 부근은 경사지이며, 해안은 직선을 이루는 모래 해안이다. 남단에 작은 물길이 바다로 흘러들어 가는데 이를 전천이라고 한다. 장연군의 전석산에서 발원하여 율리(栗里) 유산 두 면을 지나서 온다. 하구에 침방포(沉坊浦)라는 마을이 있고, 그 상류 북안에 창리(倉里)가 있다. 작은 배는 반조(半潮)일 때 강 안으로 진입할 수 있을 것이다. 또한 해안에 용수동(龍首洞) 사두리(蛇頭里) 유전(柳田) 등이 있다.

침방포

침방포(沈坊浦)는 용수동에 딸린 마을이며 그 전면은 바람을 피하기에 안전하지만 전석천 하구는 저조 때에 간출되기 때문에 반조(半潮)가 아니면 출입하기 어렵고 또한 서풍에는 파랑이 일어서 위험하다. 전천의 상류에서는 각종 재목이 산출되어 조선업이 발달하였는데 이 때문에 부근에서 유명하다. 총호수는 63호이며, 그 밖에 청국인으로서 목재 도매상을 영위하는 사람이 있다. 주민의 다수는 농민이지만 목재 벌목 및 반출에 종사하여 생계를 유지하는 사람이 적지 않다. 어업자도 또한 19호가 있다. 어선 19척이 있어서 이 지역에서는 성어지 중 한 곳이다. 주요 어획물은 봄철에는 가오리, 여름철에는 민어 가자미 복어 등이며, 구 풍천읍장에 보내어 판매한다. 이 포에서 구 풍천읍까지 20리, 송화읍까지 60리가 넘는다.

창리

창리(倉里, 챵리)는 침방포의 남쪽 약 1해리 정도되는 사구(沙丘)의 배후에 있다. 인가 80여 호이고, 주민은 농업을 주로 하지만 그중에는 어업을 영위하는 집이 2~3호 있다.

사두리

사두리(蛇頭里)는 침방기(沈坊埼)의 기점에 있으며, 인가 30여 호이고 전면은 바위 언덕 해안으로 항행이 곤란하지만 편남풍을 막아주며 작은 배를 정박시킬 수 있다. 초도에 이르는 도선장으로 왕래가 빈번하다. 따라서 주막을 영위하는 사람이 많다.

유전리

유전리(柳田里, 류전리)는 본군 제일의 제염지이며, 그 주변 연안에는 침수되는 미경작지가 많다.

풍해면(豐海面)·상리면(上里面)

풍해면은 원래 풍천군의 읍내면이었다. 두 면의 지역은 이른바 풍천평지로서 경지가 많다. 연안은 남쪽 운산면의 야각(野角)으로부터 북쪽 진등면에 속하는 냉정기(冷井埼)에 이르는 사이로, 완만한 만입을 이루지만, 해안에서 2.5해리 떨어진 사이는 수심이 1심에서 2심 미만으로 큰 배를 수용할 수 없다. 풍해면의 남쪽 운산면 경계로 흘러들어 가는 작은 강이 있는데, 그 상류는 구 풍천읍의 남쪽을 지난다. 그래서 남천이라고 하는데, 이 강은 풍천 평지에 물을 댈 뿐만 아니라 수운의 편리함도 적지 않다. 하류의 남쪽에 조산(造山) 흑천(黑川) 두 마을이 있다. 하구의 오른쪽 기슭에 하선포(下船浦)가 있으며, 하구 바깥에 어도(漁島)라는 사람이 살지 않는 작은 섬이 있다. 상리면의 해안 부근에는 여음(厲音) 봉황(鳳凰) 등의 마을이 있다.

하선포

하선포(下船浦)는 그 북쪽에 위치한 선리(船里)에 속한 마을로 총호수 10호에 불과한 작은 마을이지만, 남천 유역 일대의 집산구로서 본군의 주요한 해구(海口)이다. 어업자 몇 호가 있으며, 괘망 지예망 외줄낚시 등을 행한다. 주요 어획물은 도미 민어 복어 등이다.

진등면(眞等面)·인풍면(仁風面)

본군의 서북단에 해당하며 제법 높은 연봉으로 이루어진 돌출부가 있다. 그 남쪽은 곧 진등면이고 북쪽에 서북단 갑각에 이르는 부분은 인풍면이다. 이 연봉의 정상 중 이름이 있는 것은 원동산(遠東山, 940피트), 원주산(遠州山, 971피트), 두산(兜山, 596피트) 등이며, 북쪽은 경사가 완만하지만 남쪽은 대개 험하다. 이 돌출부의 북쪽과 서북쪽과 서쪽에는 두드러진 갑각이 있다. 그중 가장 멀리 돌출한 것은 서북의 혼박각이며, 그 부근에 활도(滑島) 서도(鼠島) 흑암(黑岩) 등의 작은 섬과 바위섬이 있다. 그리고 북각은 월포기(月浦埼, 월곶기月串埼라고도 한다)라고 하며, 서쪽에 있는 것은 곧 냉정기(冷井埼)이다. 월포기의 갑단은 바위 언덕이 펼쳐져 있으며, 그 전면에 떠있는 은율의 청양도(青洋島) 사이는 3케이블 정도이다. 냉정기의 갑단에도 또한 바위 언덕이 연속되어 있는 바위섬들이 산재한다.

연안의 주요 마을은 남쪽에 있는 염촌(塩村) 냉정(冷井) 하내포(下內浦) 허사(許沙), 북쪽에 있는 월곶(月串) 합평(蛤坪) 마포(麻浦) 석탄(石灘) 등이 있다.

염촌

염촌은 진등면에 속하며, 상리면 경계에 있는 작은 물길의 북안에 위치한다. 인가는 40여 호이며, 농업 이외에 염업 및 어업에 종사하는 사람이 있다.

내정·하내포

냉정(冷井, 랭정) 하내포(下內浦, 하늬포)는 진등면에 속하는 냉정기의 기점에 위치하며 북으로는 산을 등지고 남쪽은 바다에 면한다. 앞 연안은 바위 언덕이지만 그 동쪽에는 모래 해안으로 멀리 풍해면 연안까지 이어진다. 그 남쪽에 노암(露巖)이 점점이 흩어져 있는데, 해도(海圖)에서는 이를 냉정암(冷井岩)이라고 하였다. 그 부근은 어선 6~7척을 댈 수 있다. 인가 46호 중 어업자가 4호 있다. 어선도 또한 4척이 있는데 괘망(掛網) 낭망(囊網) 장망(張網) 등으로 어로를 행한다.

허사포

허사포(許沙浦)는 인풍면에 속하는데, 서북 갑단으로부터 동쪽으로 20정 정도 떨어져 있으며 남쪽에서 북쪽을 향하여 요입한 간석만 안에 있다. 만은 삼면이 구릉으로 둘러싸여 있고, 저조 시에는 완전히 바닥이 드러나지만 사분소조(四分小潮) 때는 어선이 포구로 들어갈 수 있다. 본포는 과거에 수군 만호 허사포영이 설치되었던 곳이지만, 지금은 인가 30 호 정도의 작은 마을에 불과하다. 그중에는 어업자 수 호가 있어서 괘망 낭망 장망 등을 행한다.

월곶

월곶(月串, 월관)은 월포(月浦)라고도 하는데, 월포기의 기점 동쪽에 위치하며 인가 10호 정도 있다. 서쪽은 구릉으로 둘러싸이고 동쪽은 큰 간출만에 면한다. 이 간출만은 서쪽은 월포기, 북쪽은 청양도 웅도(熊島) 등이 병풍처럼 둘러싸고 있어서 부근에서 저명한 어살 어장이다. 그리고 부암(缶岩) 동복기(東福基) 서복기(西福基) 후당(後堂) 오조(烏潮) 등의 어장은 본포에 속한다. 만은 썰물 때 바닥이 드러나지만 반조(半潮) 때는 어선이 이 포구에 이를 수 있다. 본포의 전안은 모래 해안이며, 전면의 간출만에서는 미끼로 쓸 수 있는 낙지가 많이 생산된다. 그래서 일본 어선이 도처에 많으며, 본포는 또한 주낙 어업이 활발하다. 어획물은 주로 풍천읍장 또는 천동장에 보내어 판매한다. 천동장까지 20리, 풍천읍장까지 40리, 송화읍까지는 70리가 넘는다.

천동면(泉洞面)

인풍면의 동남쪽에서 간출만 인까지 이어지며, 동쪽은 은율군과 만난다. 본면의 북쪽 절반은 인풍면과 마찬가지로 남쪽에 높은 산봉우리가 이어지고 평탄지가 적지만, 동남쪽 절반은 옥토이며 은율군 경계에 이른다. 연해의 주요 지역으로 유포(乳浦) 및 석탄(石灘)이 있다. 석탄은 작은 물줄기에 걸쳐 있는데, 그 서안은 인풍면이고 동안은 천풍면이다. 장시가 있는데, 천동장(泉洞場)이 바로 그것이다.

초도면(椒島面)

초도(椒島)로써 면으로 삼은 것이다. 초도는 본군의 서쪽에 떠 있는 큰 섬으로, 그 동각(東角)은 야각(野角)에서 3.5해리 떨어져 있고, 냉정기에서는 4.5해리 떨어져 있다. 이 섬과 육지 사이의 해협은 곧 초도수도로 진남포와 서해안 여러 항구 사이를 왕래하는 기선 중 작은 이 수도를 통과한다.

이 섬은 동서로 길고 둘레는 21해리 정도에 이르지만, 산악이 중첩된 높은 지형으로 평지가 적고, 섬 연안도 또한 이에 따라 대체로 험하다. 남안에 두세 곳의 간출만이 있는데, 서안의 북각과 서각 사이가 제법 만형을 이루며 곳곳에 모래 해안이 있다. 그러나 모두 배를 대기에 적합하지 않다. 북각과 서각단에는 각각 작은 섬이 하나씩 떠 있다. 북쪽을 북도, 서쪽을 서도라고 하는데, 모두 작은 섬이지만 진남포의 본항로에 면하고 있기 때문에 그 이름이 알려져 있다. 서도에는 등대가 있고, 북도의 북쪽에는 얕은 천퇴(淺堆)가 동북쪽으로 넓게 펼쳐져 있다. 그 남서단 즉 북도의 북쪽에서는 조류가 소용돌이친다. 이 근해는 실로 진남포 항로 중의 난관으로 알려진 곳이다.

섬 전체의 호구는 270호 1,190여 명인데 대부분 농민이지만 경지가 적고 다소 앞바다에 위치하기 때문에 어업이 자연히 발전하여, 주낙 패망 낭망 지예망 등을 활발하게 행한다. 도민 소유의 어선은 79척이다.

마을은 곳곳에 점재하며 대개 12곳인데, 소사(蘇沙) 진촌(鎭村) 요양(要陽) 녹사(綠沙) 백포(栢浦) 이현(泥峴) 창암(窓岩) 이동(梨洞) 등이 그중 주요한 것이다. 개황은 다음과 같다.

소사

소사는 이 섬의 주된 마을로 동안 북쪽 끝의 간출만 안에 있다. 소반조(小半潮)에는 배를 띄울 수 있고 서풍을 피하기에 안전하다. 대동강 안에서 연평탄 방면으로 출어하는 조기 어선은 반드시 이곳에 기항하여 장작과 물을 준비하지만, 일본어선이 출입하는 경우는 적다.

진촌

진촌은 남쪽 동단의 심입만 안에 있다. 만 안은 고요하지만 썰물 때 완전히 바닥이 드러나기 때문에 작은 배도 또한 출입하기 불편하다. 백포(栢浦, 빅포)와 더불어 한 마을을 이루며 얼마간의 경지가 있다.

창암

창암은 백포의 서쪽에 있으며, 이곳 또한 간출만에 면한다. 이 부근은 경지가 아주 적어서 주민의 생계 수단은 주로 어업과 임업이다.

녹사

녹사(綠沙, 록사)는 창암의 서쪽에 위치하며 낭동(浪洞)과 아울러 한 마을을 이룬다.

이현

이현(泥峴, 니현)은 사경지(沙頸地)로서 겨우 이 섬의 남암(南岩)서쪽 끝과 연결되는 반도에 있다. 이 반도에는 이현산이라고 하는 작은 산이 솟아 있다. 그리고 그 마을은 산 북쪽에 위치하며 간출만에 면한다. 지역이 좁고 토지가 척박하고 또한 험해서, 작은 경지도 없다. 그래서 마을 사람들은 오로지 어업을 영위한다. 인가는 모두 19호 정도이다. 일본어선의 근거지이며, 과거에는 청국 어선도 또한 이곳을 근거지로 삼았다. 활발했던 때는 이처럼 외국 어선이 왕래하는 것이 1년에 50~60척 아래로 내려가지 않았다고 한다.

요양

요양(要陽)은 남안 간출만의 북서쪽 안에 위치하며 나치동(羅峙洞)과 서로 접하고 얼마간의 경지가 있다.

이동

이동(梨洞, 리동)은 서안에 있으며, 부근은 이 섬에서 가장 넓게 펼쳐진 곳으로 경지가 많다. 그리고 아량동(阿良洞) 장동(長洞)과 아울러 인가 60호 정도의 큰 마을을 이루는데, 생계가 다른 모든 마을보다 넉넉한 점이 있다. 전면은 북포(北浦)라고 하는데, 모래해안으로 지예망의 좋은 어장이다.

석도면(席島面)

석도를 면으로 삼았다. 석도(席島, 석도)는 혼박각의 북쪽, 대동강구의 수도 남쪽에 떠 있는데, 섬 모양이 다소 불규칙하다. 섬의 동북쪽에는 천퇴가 넓게 펼쳐져 있으며 은율군의 암각(岩角)과 이어진다. 그 사이는 거의 4해리 정도이다. 이 천퇴의 남쪽 즉 섬의 동남쪽은 이른바 석도 묘지(錨地)로서 그 남쪽은 혼박각에 의하여 둘러싸여 있다.

섬은 초도 다음가는 큰 섬이지만 완전히 산악으로 이루어져 있어서 개척할 여지가 대단히 적다. 그러나 산은 제법 수림이 무성하여 땔감이 풍부하다. 섬 연안은 대체로 험하지만, 여러 곳에 작은 만입이 있으며, 서쪽에는 아주 복잡한 심입만이 있다. 만은 썰물 때 갯벌이 드러나지만, 소반조(小半潮) 때에는 배를 띄울 수 있으며, 배를 대고 사방의 바람을 피하기에 적합하다. 섬의 북각을 석북각(席北角)이라고 하는데, 그 서쪽에 자매도라는 두 작은 섬이 있다. 한 섬에는 등대가 설치되어 있는데, 이곳은 곧 대동강으로 들어가는 제2의 관문이라고 한다.

섬 전체의 호구는 126호, 600여 명이고, 주로 임업과 어업 또는 뱃일을 업으로 하여 생활한다. 동복포(同福浦) 원통포(願通浦) 야광포(夜光浦) 등에 어살 어장이 있다. 이 섬에 있는 마을은 관청(官廳) 청산(廳山) 영하(英荷) 조사(潮沙) 등이다. 그 개요는 다음과 같다.

관청동

관청동(官廳洞, 관청동)은 이 섬의 중심 마을이며, 섬의 서쪽인 심입만의 북쪽 기슭에 있다. 인가는 30여 호이며 부근에 얼마간의 경지가 있다. 그 전면에는 소반조(小半潮)에 어선을 수용할 수 있으며 편남풍 이외에는 정박하기에 아주 안전하다.

조사동

조사동(潮沙洞, **죠사동**)은 심입만의 북쪽 기슭 산 자락에 있는데, 인가는 12~13호이고 오로지 농업과 임업에 종사한다.

청산동

청산동(廳山洞, **쳥산동**)은 동쪽 기슭에 있으며, 40호 정도의 반농반어 마을이다. 전면에는 썰물 때 갯벌이 드러나 항행이 불편하다. 남쪽에는 어살을 설치한 장소가 있다. 부근 및 북쪽 갑각의 좌우에는 미끼로 쓸 수산물이 난다.

영하동

영하동(英荷洞)은 북쪽 기슭에 위치하며 17~18호가 있고, 반농반어 마을이다. 전면에 깊이 들어온 작은 만이 있으며, 썰물 때 바닥이 드러나지만 피박하기에 안전하다.

제7절 은율군(殷栗郡)

개관

연혁

원래 고구려[38]의 율구(栗口, 율천栗川이라고도 한다)였으며, 고려 때 비로소 지금의 이름으로 고쳤다. 현종 때 풍천(豊川)에 속하였다. 조선 태조 5년에 분리하여 감무를 설치하였으나, 태종 14년 다시 풍천과 병합하였고, 후에 다시 원래대로 되돌려 현감을 두었다. 현종 4년 계묘년에 이를 폐지하고 장련(長連)에 합하였다가, 11년 경오년에 다시 현으로 삼았다. 후에 다시 군으로 삼았으며, 융희 2년 장련과 합하여 지금에 이른다. 장련은 원래 황주 연풍(連豊)에 속한다. 고려 말엽인 공양왕 때 장령진(長令鎭)을 두었다. 조선 태조

---

38) 원문에는 고려로 되어 있으나, 고구려의 정식 국명이다.

5년에 이를 폐지하고 연풍에 소속시켰다. 후에 군으로 삼아서 장련이라고 불렀다.

경역

동쪽은 송화군에, 서쪽은 안악군에 접하며, 남쪽은 송화·신천 두 군에 접하고, 북쪽은 일대가 강과 바다에 면하는데, 평안도 진남포부를 마주 본다. 소속 도서로는 웅도(熊島) 청양도(淸洋島) 찬도(簒島) 사도(死島) 서도(鼠島) 등이 있다.

지세

군내는 산악과 구릉이 오르내리지만 구월산의 북쪽은 넓게 열려서 평탄지를 이룬다. 경지 중 주요한 것은 은율 및 석탄촌 부근에 있다. 또한 미개간지는 변촌(邊村) 부근에 동서 약 10리 남북 약 15리에 달하는 것이 있다. 그 밖에 구월산 북쪽에 구불구불하게 오르내리는 구릉지가 있다.

산악

산악 중 주요한 것은 구월산과 건지산(乾止山)이다. 구월산은 읍의 진산으로 동쪽 약 10리 남짓에 있으며, 건지산은 읍의 북쪽 15리에 있다.[39] 그 정상은 전자는 799피트이고 후자는 222피트이다.

하천

하천 중에서 제법 큰 것은 대한천(大漢川) 및 구왕천(救王川)이다. 전자는 구월산에 발원하여 북쪽으로 흘러 읍의 동쪽을 지나 바다로 들어간다. 그 상류 지역은 연안에 평지가 펼쳐져 있어서 이른바 은율 부근의 경지를 이룬다. 구왕천은 송화군 경계를 북쪽으로 흐르는 작은 강이다. 군 경계에 솟아 있는 구왕산 기슭에 발원하여 북침포(北沉浦)에 이르러 바다로 들어간다. 석탄촌 부근의 경지는 곧 이 강의 좌우에 있다. 서쪽 절반은 송화군에, 동쪽 절반은 은율군에 속한다.

---

39) 『신증동국여지승람』에는 고을북쪽 10리에 있다고 하였다.

연안

연안의 굴곡과 출입이 많아서, 해안선의 총길이는 33해리에 이른다. 그러나 갯벌이 넓게 펼쳐져 있어서 양호한 정박지는 오로지 대동강에 위치한 어은동(漁隱洞)이 있을 뿐이다. 갑각이 적지 않으나 그중에서 두드러지는 것은 광암기(廣岩埼) 암각(岩角) 입봉각(笠峯角) 코이스각(こいす角) 등이 있다. 코이스각은 어은동 묘지를 감싸고 있는 것으로 갑단에 피도(避島)가 떠 있다. 그 사이는 이른바 피도 수도이며 넓이 약 3케이블이며, 진남포 항로 중의 요지 중 한 곳이다. 이 수도는 평안 황해 두 도 경계이며 피도는 평안도에 속한다.

은율읍

은율읍은 대한천의 상류 왼쪽 기슭에 있으며, 구 풍천읍에서 40리쯤 떨어진 곳이다. 요즘 일본인이 이곳에 거주하는 자가 제법 많다. 군청 이외에 우편국 등이 있다. 이곳에서 음력 매 2·7일에 장시가 개설되며, 한 장의 집산액은 1,500원 아래로 내려가지 않는다고 한다.

교통 및 통신

군 내의 도로는 양호하지 않으나 은율에서 장련을 거쳐 사리원에 이르는 도로, 또한 동쪽으로 안악, 남쪽으로 송화에 이른 도로의 경우에는, 제법 도로 폭이 넓어서 차량이 통행할 수 있다. 특히 금산포 부근의 경우는 철광산이 개발된 이래로 개수되어 면목을 크게 일신히였다.

수운은 불편하지만, 대한천 및 구왕천에서는 작은 배가 착안할 수 있으며, 유명한 은율 철광은 이곳에 반출된다. 통신도 불편하지만 송화 장연 등에 비하면 훨씬 낫다. 특히 금산포에 있어서는 진남포와 왕래가 빈번하기 때문에 대단히 편리하다.

장시

장시는 읍장 이외에 북하면(北下面)의 관산장(冠山場), 구 장련군에 속하는 군읍 동면 서장(西場), 북하면의 금산포장(金山浦場) 등이 있다. 그 개설일은 관산장이 음력 매 4·9일, 동서면장(東西面場)이 매 1·6일, 석탄장이 매 2·7일, 금산포장이 매 3·8 일이다. 각 시장의 집산물은 대개 비슷하며, 비단류 소 어류 과일 곡류 면화 당목(唐木) 모시 종이 토기 백목 철기 및 신탄 등이 주요하다. 시장이 한 번 열릴 때의 집산액은 1,000~2,000원까지이며, 그중 금산포장은 부근에 광산이 있기 때문에 대단히 번성하다.

농산물은 곡류 이외에 삼베 면화 연초 등이 주요하다. 광산은 철 이외에 사금이 있으나 생산량은 적다. 철광은 그 생산이 많아서 본군의 부의 원천을 이룬다. 해산물에 있어 서는 갈치 가자미 정어리(멸치) 숭어 복어 긴맛 맛 풀가사리 미역 등이 주요하다고 한다. 그러나 어업이 활발한 것은 주로 어살이기 때문에 그 생산액은 크지 않다.

경역

군 안을 나누어 장련 동도리(東道里) 일도(一道) 이도(二道) 남상(南上) 남하(南下) 북상(北上) 북하(北下) 서상(西上) 서하(西下) 현내(縣內) 읍내(邑內)의 13면으로 하였다. 강과 바다에 면하는 것은 서상 서하 북하 도리 장련 6면이다. 다만 서상면은 군의 가장 서단에 있어서 송화군(풍천군이라고도 한다)의 천동면(泉洞面)과 인접하고, 나머지는 차례로 북동쪽을 향하여 이웃하고 있다. 그래서 장련면은 군의 최북동단에 위치하며, 안악군 대덕면과 이어져 있다. 주요 포구 및 어촌의 개황은 다음과 같다.

광암포

광암포(廣岩浦)는 서하면에 속한다. 광암기(廣岩埼)의 남쪽에 있는 모래해안에 위치하며, 19호 80여 명의 마을로 어호는 8호 30여 명이다. 어선은 8척이고 어업은 어살을 주로 하며, 1년의 어획량은 약 1,000원에 이른다. 어획물은 금산포장 및 석탄장에 판매한다. 금산까지는 15리, 석탄장까지는 10리 정도이다.

금산포

금산포(金山浦)는 북하면에 속한다. 구 장련군과 경계를 이루는 철산의 동쪽에 있다. 원래는 인가 5~6호의 작은 마을이었지만, 지금은 37호 150명에 이르렀고 또한 일본인 거주자가 10호 있다. 무릇 광산 때문에 이러한 발전을 이룬 것이다. 어호는 2호 7명이 있다. 어망 4기(機)를 가지고 잡다한 어로에 종사한다. 철광석 반출을 위하여 해안에 석축을 쌓아서 정박하기에 편리하다. 그러나 물길은 반조(半潮) 때가 아니면 작은 배도 통행하기 어렵다. 큰 배는 청양도와 웅도 사이에 도달할 수 있으며, 이 수도는 석도 묘박지로 이어진다.

포두포

포두포(浦頭浦)는 북하면에 속한다. 금산포의 남쪽에 있는 작은 물길의 오른쪽 기슭에 있다. 서쪽 일대는 구릉지며 경지가 있다. 해안은 썰물 때 드러나는 갯벌로 뒤덮여 있다. 호수는 15호이고 염막(鹽幕) 8호가 있다.

어은동

어은동(漁隱洞)은 이도면에 속하며 코이스각의 사취에 있다. 북쪽은 작은 언덕을 사이에 두고 대동강에 면한다. 이곳이 곧 어은동 묘박지이다. 서쪽은 간출만이 감싸고 있는데, 이곳이 곧 이선의 징박지이나. 호수는 54호 200여 명이고 어호는 11호 40여 명이다. 어살 6좌가 있으며, 주낙 미끼의 산지로 유명하다. 어은동이라고 하는 묘박지는 피도에서 남동쪽으로 1.5해리, 피도 수도의 남쪽이다. 남쪽 육안(陸岸)의 고조(高潮) 한계선에서 약 1해리 떨어진 곳은 수심은 6·7심이고 진흙모래 및 소개섭질 해저로 큰 배를 임시로 정박시키기에 좋다.

비석동

비석동(碑石洞, 비석동)은 이도면에 속하며, 어은동의 일부이다. 앞 연안은 훤히 열려 있어서 편북풍에는 위험하지만, 대동강을 오르내리는 크고 작은 선박이 조류를 기다리기 위해서 정박하기에 좋다. 특히 썰물 때에는 바위 언덕이 드러나고 그 사이에서 많은 맑은 물이 솟아나기 때문에 물을 긷기 위해서 이곳에 기항하는 배가 적지 않다. 주민은 이러한 선박에 대하여 주류를 팔거나 혹은 도보 어업에 종사한다.

조양동

조양동(朝陽洞, 죠양동)은 이도면에 속한다. 어은동 남쪽의 소나무숲이 있는 사취에서 약 10리, 간출만에 면한 20호 미만의 반농반어의 마을이다. 어로는 미끼 채취를 주로 한다. 어살 어장이 5기(基) 있다. 이 마을에서 산맥을 사이에 두고 남쪽에 계야(谿野)가 있다. 하구 기슭은 풀이 자라고 있으며, 제법 높은 곳에 두 마을이 있다. 북쪽에 있는 것을 전산리(甋山里)라고 하고 강기슭에 있는 것을 서월리(西月里)라고 한다. 모두 순수 농촌으로 미곡을 산출한다. 서쪽에는 염촌리(鹽村里)가 있는데, 버섯 채취를 업으로 하는 사람이 다소 있지만 어업자는 없고 제염을 주로 한다. 염촌리에서 북서쪽 일대의 땅은 양안이 간출만을 바라보며 반도 형태를 이루는데, 그 말단은 대동강구의 남각을 이룬다. 전면이 산악으로 둘러싸여 있고 사취 부분에 작은 평야가 있을 뿐이다. 동쪽 기슭에 용정(龍井) 간촌(間村)의 두 마을, 서쪽 기슭에 침곶(砧串) 세전(細田) 오라리(五羅里) 양천(楊川)의 네 마을이 있다. 각각 경지가 적으며 영세한 주민은 미끼 채취를 주업으로 한다. 연안에 어살 어장이 있다.

하대진

하대진(下大津, 하디진)은 장련면에 속한다. 입봉각의 동쪽에 있으며 간출만에 면한다. 반조 시를 이용하지 않으면 배를 대기 어렵기 때문에 도선장은 입봉각의 서쪽에 있다. 이 마을의 서쪽에 한 마을이 있는데 성현리(城峴里)라고 한다. 부근에 경지가 있으며, 어살 어장 및 대규의 조기 망선이 있다.

웅도

웅도(熊島)는 서하면에 속한다. 광암기(廣岩埼)의 북서쪽 약 1해리에 떠 있으며, 둘레 1해리 남짓, 면적 80정보 정도의 작은 섬이며, 그 정상은 385피트이다. 섬의 동서 양단은 소나무가 울창하여 자연적인 어부림(魚附林)을 이룬다. 마을은 섬의 동단 남쪽의 모래 해안에 위치하며, 23호 86명이 있다. 그중에 어로를 업으로 하는 경우는 11호 33명에 이른다. 어선 3척이 있으며, 섬 사방에 어살 어장 3개소가 있다. 그중 수도에 근접한 것이 양호하여, 1년의 어획량은 1,500~2,000원에 이른다고 한다. 섬은 미끼가 많이 생산된다. 그래서 어선이 끊임없이 모여든다. 섬주민은 모두 그 채취에 종사한다.

청양도

청양도(靑洋島)는 서하면에 속한다. 웅도의 서쪽 2케이블 정도, 송화군에 속하는 월포기(月浦埼)에서 동북쪽으로 3케이블 거리에 있다. 둘레 1해리 못 미치는 작은 섬으로 사방이 단애절벽으로 이루어져 있다. 특히 그 서단에는 바위 언덕이 멀리 뻗어 있다. 마을은 남쪽의 매립지에 점점이 존재하는데 19호 76명이 있다. 그 반수는 어호이며 어선 3척이 있다. 또한 섬의 서쪽에 어살이 3개소 있으며, 각각 1개년의 어획이 1,000~2,000원이다. 또한 연안에는 낙지가 많이 난다. 이 섬과 웅도 사이의 수도는 수심이 10~15척이고 모래 바닥이기 때문에 닻을 내리기 적당하지 않지만 바람을 피하기에 편리한 점에서 석도 묘박지보다 낫다. 그래서 금산포에서 반출되는 광물 운반선은 항상 이곳에 정박한다.

찬도

찬도(纂島)는 서하면에 속한다. 대동강의 암각에서 서쪽으로 약 0.5해리 떨어져 있으며, 피도(避島)의 서쪽 약 3해리에 있는 작은 섬으로 진남포 항로의 요충시이다. 다만 등대가 있기 때문에 그 이름이 알려져 있을 뿐이다.

제8절 안악군(安岳郡)

개관

연혁 및 경역

원래 고구려의 양악군(楊岳郡)이다. 고려가 지금의 이름으로 고쳤다. 동쪽은 재령강이 황주 봉산 두 군과 경계를 이루고, 서쪽은 은율군에, 남쪽은 재령강의 한 지류가 재령 신천 두 군과 경계를 이루며, 북쪽 일대는 대동강에 면하여 평안남도에 속하는 용강 삼화 두 군과 마주본다. 그리고 소속 도서로는 저도(猪島) 청태도(靑苔島) 세도(細島) 말도(末島) 화도(火島) 등의 작은 섬이 있다.

지세

군내는 대개 구릉지이며 높은 산은 없다. 경지가 잘 개척되어 있으며 특히 정려성(正呂城) 부근의 평지가 주요하다.

산악

산으로 이름이 있는 것은 양산(楊山) 소산(所山) 월호산(月乎山) 등이다. 양산은 읍에서 북쪽으로 5리 되는 곳, 소산은 남쪽으로 30리 되는 곳, 월호산은 북쪽으로 30리 되는 곳에 있다. 모두 높거나 험하지 않다. 또한 대체로 민둥산이고 나무가 적다.

하천

하천은 재령강 서쪽 지류 이외에 장대한 것이 없지만 어느 것이나 모두 운수의 이익이 적지 않다.

안악읍

군읍 안악은 경의선 사리원역에서 서쪽으로 70리 떨어져 있다. 현재 일본인으로 거주하는 사람이 40여 호 60여 명이다. 군아 이외에 우편국 헌병분견소 등이 있다. 그 밖에 지방금융조합이 있는데, 이 조합은 명치 43년 6월에 설립되었고, 자금 10,000원, 현재 조합원은 400여 명이다. 음력 매 2·7일에 장시가 개설된다. 그 장소는 서산(西山) 훈련(訓鍊) 신장(新場) 세 곳인데, 서산은 2·17일, 훈련장은 7·22일, 신장은 12·27일로 정해져 있어서 각각 순번대로 연다. 집산물은 곡물 면포 연초 종이류 해산물 과일 땔감 및 기타 잡화이며, 시장이 한 번 열릴 때 집산액은 4,000원에 이른다고 한다. 읍의 북쪽 20리 남짓인 동음(洞陰)에 온천이 있는데 온천물의 질이 좋아서 예로부터 목욕하러 오는 사람이 많다.

장시

군내의 장시는 앞에서 언급한 것 이외에 용문면(龍門面)의 동창(東倉)에서 매 3·8일, 초정면(椒井面)의 초정(椒井)에서 매 4·9일, 대원면(大元面)의 신환포(新換浦)에서 매 5·10일에 개설되며 모두 집산이 활발하다.

농산물로는 곡류 이외에 면화 삼베 등이 있다. 광산물로는 철이 있는데 철광은 본군의 주요 산물일 뿐만 아니라 실로 본도의 부의 원천이라고 한다. 수산은 중요하지 않으며, 그 종류는 숭어 뱅어 붕어 새우 게 긴맛 맛 등이며 식염도 또한 다소 생산된다.

군내의 각면은 수석(壽石) 판교(板橋) 판교이(板橋二) 장경(長庚) 장경이(長庚二) 장경삼(長庚三) 청룡(靑龍) 순풍(順豊) 용오(龍澳) 대원(大元) 대원이(大元二) 원성(遠城) 원성이(遠城二) 원성삼(遠城三) 문산(文山) 문산이(文山二) 문산삼(文山三) 안곡(安谷) 안곡이(安谷二) 안곡삼(安谷三) 흘홍(屹紅) 흘홍이(屹紅二) 행촌(杏村) 은천(銀川) 초교(草郊) 대덕(大德) 대덕이(大德二) 서하(西河) 시하이(西河二) 서하삼(西河三) 서하사(西河四)의 32면이다. 이 중에서 대동강에 면한 것은 대덕 대덕이 서하 안곡 안곡일 안곡이면이고, 재령강에 면하는 것은 판교 원성 대원의 여러 면이라고 한다. 그리고 이들 여러 면에 속한 강 연안의 집산지 또는 어촌 염업지 등으로 언급해야 할 것은 염곶포(鹽串浦) 풍무(楓蕪) 북창포(北倉浦) 창하동(倉下洞) 마두포(馬頭浦) 합촌(蛤村) 복두포(卜頭浦) 양지(陽地) 상과(上科) 물구포(物口浦) 초정(椒井)

대동(大洞) 연암포(鳶岩浦) 입석포(立石浦) 고잔(高殘) 치애포(鴟崖浦) 두애포(斗涯浦) 외암포(外岩浦) 사암포(沙岩浦) 동창포(東倉浦) 신환포(新換浦) 등일 것이다. 그 중에서 중요지의 개황은 다음과 같다.

강변 여러 마을

마두·창하
마두(馬頭) 창하(倉下)는 모두 북류하는 작은 하천의 하구에 위치하며 마두는 동쪽 기슭에 창하는 서쪽 기슭에 있다. 저도의 동쪽으로부터 좁은 물길이 통하여 마을 앞까지 이른다. 그래서 반조(半潮)에는 작은 배가 출입할 수 있다.

초정·입석·고잔
초정(椒井, 쵸정) 입석(立石, 립셕) 고잔(高殘)은 재령강의 서쪽에 위치한 만에 면한다. 초정은 서쪽 기슭에 입석과 고잔은 동쪽 기슭에 있다. 초정은 이 지방의 일대 집산지로 매 4·9일에 장시가 열리며, 각지와의 왕래도 빈번하다. 입석 고잔은 서로 가까이에 있는데, 그 부근은 평탄지가 넓다. 동쪽 재령강 하구의 두애포(斗崖浦)까지 20리가 안되고, 남서쪽 연암포(鳶岩浦)까지 10리 남짓에 불과하지만 도로가 강 기슭에 위치하여 저습지가 많아서 교통이 불편하다.

연암포
연암포(鳶岩浦)는 초정의 남쪽 10리 남짓한 작은 강을 중심으로 형성되어 있으며, 강은 작은 물길이지만 만조 때를 이용하면 대부분의 배가 마을 앞까지 거슬러 올라온다.

치애포·두애포
치애포(鴟崖浦) 두애포(斗崖浦) 모두 대동강에 면하며 치애는 북쪽에 두애는 남쪽에 있다. 대안인 평안남도 동진(東津) 방면에 이르는 나루가 있다.

외암포 · 사암포

외암포(外岩浦) 사암포(沙岩浦)는 모두 두애포의 남쪽 재령강 하구에 있다. 사암포
는 철도(鐵島)에 이르는 나루이며, 상호 왕래가 제법 빈번하다.

동창포

동창포(東倉浦, 동창포)는 재령강의 한 지류의 서쪽 기슭에 있다. 하구에서 약 20리
거슬러 올라간 곳에 위치하지만 그 유역 일대는 저습한 황무지이고 하상(河床)도 또한
평탄하므로 만조를 이용하여 100석을 실을 수 있는 배는 마을 앞까지 도달할 수 있는
편리함이 있다. 본포는 본군의 유수한 큰 마을인 동시에 주요한 집산지이다. 군의 출입
화물은 대부분 이곳을 경유한다. 매 3 · 8일에 장시가 개설되는 것은 앞에서 밝힌 바와
같다. 본포에서 안악읍까지 20리가 넘지만, 도로가 평탄하여 왕래하기 아주 편리하다.

신환포

신환포(新換浦)는 재령강 서쪽에 면하고 있는데 이곳도 또한 본군의 주요한 집산지
이다. 본포는 하구에서 먼 상류에 위치하고 있지만 만조를 타면 200석을 실을 수 있는
배가 마을 앞까지 도달할 수 있어서, 운수의 편리함을 누리는 것이 대단히 크다.

저도

저도(猪島)는 대동강에 떠 있는 섬으로 군의 소속 도서 중 가장 큰 섯이다. 섬 전체
가 경사가 완만한 낮은 구릉이고 토지도 비옥하다. 과거에 목장을 두었던 곳이지만
지금은 개척되어 대부분이 경지이다. 전촌(前村) 중촌(中村) 후촌(後村) 등의 마을
이 있다.

강변 여러 마을[40]

앞에서 살펴본 군 이외에 강 연안에 위치하는 것은 안악군의 동쪽에 재령 봉산 황주 세 군이 있다. 이 중에서 대동강에 면하는 것은 황주군 밖에 없지만, 재령 봉산 두 군도 재령강에 면하여 하천 어로가 상당히 이루어지고 있을 뿐만 아니라, 조기 어기에 이르면 멀리 외해에 출어하는 사람도 없지 않다.

재령강은 이미 본도의 개관에서 서술한 것처럼, 본도의 주요한 물길이다. 그 연안은 본도의 요입부에 해당하는데, 토지 일대가 낮으며 하상(河床)도 마찬가지여서, 큰 물길은 아니지만 200~300석 실을 수 있는 범선이 멀리까지 거슬러 올라갈 수 있어서 항운에 크게 이롭다. 숭어 잉어 붕어 메기 붕장어 새우 기타 잡어가 생산되며, 어구는 휘리망(揮罹網) 거포망(拒捕網, 건절망建切網이다)[41] 거선망(炬船網) 주망(周網) 등을 사용한다. 강변에 위치하는 마을 중 어로를 영위하는 곳은 재령군에 속하는 하안면(下安面)에 준선동(浚船洞) 신작동(新鵲洞), 삼교강면(三交江面)에 속하는 수색동(水塞洞) 경호동(鏡湖洞) 우율면(右栗面)의 외서양동(外西洋洞) 상삼포동(上三浦洞) 서고암동(西姑巖洞), 좌율면의 석해포(石海浦) 중자갑동(中者甲洞) 황고진동(黃姑津洞) 노전동(蘆田洞) 등이 있다. 봉산군에 속하는 것은 보고서를 입수하지 못했으나, 황주군에 속하는 것으로는 청룡면에 속하는 포남(浦南) 죽도(竹島)가 있다(모두 철도鐵島[42] 남쪽에 있다). 각촌에 어선 1척 내지 2~3척이 있으며 특히 석해포(石海浦)의 경우에는 크고 작은 배가 8척에 이른다. 다만 이러한 선박들은 평시에는 항운에 당연히 사용된다.

강변에 있는 집산지는 안악군에서 언급한 것 이외에도 석탄(石灘) 삼가리(三街里) 당탄(唐灘) 해창(海倉) 석해(石海) 등이 있는데, 모두 재령군에 속한다.

---

40) 원문의 목차에는 강변 여러 마을[江岸諸部落]로, 본문에는 기타 강변의 여러 군[其他の江岸諸郡]으로 기록되어 있다. 목차 제목으로 기록하였다.
41) 한국수산지 원문에는 拒浦網으로 되어 있다.
42) 한국수산지 원문에는 鐵道로 되어 있다.

석탄

석탄(石灘, 셕탄)은 가장 상류에 위치하는 마을로 강구(江口)에서 실로 80리 떨어진 곳에 있다. 경의선 사리원에서 남쪽으로 20리에 불과하여 상호간의 왕래가 빈번하다.

삼가리

삼가리(三街里, 산게리)는 그 서쪽 22정 거리에 있는 작은 마을이지만 유명한 재령 평지의 요지에 위치하기 때문에 농산물이 이곳으로 반출되는 것이 적지 않다.

당탄

당탄(唐灘)은 재령읍에서 동쪽으로 20리 10정, 사리원에서 남서쪽으로 30리 남짓 떨어진 곳에 위치하며, 하류인 해창까지는 25리 정도이다. 인가 60호 정도에 불과하지만, 도선장인 동시에 그 전안에는 200석을 싣는 배가 온다. 그래서 곡류의 출하가 활발하여 이곳도 또한 강변의 주요한 집산지이다.

해창

해창(海倉, 히챵)은 재령읍에서 북동쪽으로 20리, 사리원에서 남서쪽으로 20리에 있다. 재령 안악 신천 등 여러 군으로부터 철도 연선(沿線)으로 왕래하는 주요한 나루이다. 또한 이들 여러 군에서 진남포에 이르는 해로 교통의 요충지다. 이곳에서 하구까지 50리 남짓에 불과하지만 조류가 한번 바뀌는 사이에 왕복할 수 있다. 수로의 운수가 대단히 편리하지만, 부근의 도로가 불량하여 차량이 통행하기 곤란하다. 특히 사리원에 이르는 사이는 거리가 가까움에도 불구하고 길이 가장 나쁜데, 무릇 동쪽 기슭은 저습지 또는 갈대밭이 많기 때문이다. 이곳에 음력 매 4・9일에 장시가 개설되며 집산물이 제법 많다.

석해

석해(石海, 셕히)는 인가가 겨우 18호인 어촌에 불과하지만 하류에 위치하기 때문에 항운업이 활발하다.

황주강

황주강(黃州江)은 그 상류를 적벽강(赤壁江)이라고 한다. 황주읍의 남쪽을 지나면서 황주강이라고 하고, 겸이포(兼二浦)의 남쪽에서 대동강으로 흘러들어간다. 수산물로 잉어 붕어 뱀장어 메기 숭어 등이 있지만 단지 강변의 마을 사람들이 자가 소비를 위하여 포채할 뿐이므로 생산액은 적다. 본강은 유역이 크지 않고 재령강에 비하면 항운의 이익도 대단히 적지만, 하구에서 무릇 50리 15정 되는 녹사포(綠沙浦)까지 대부분의 배가 도달할 수 있다. 또한 녹사포에서 황주읍에 이르는 30정 사이도 역시 작은 배가 통항할 수 있다. 강변에 위치한 집산지는 황주읍 녹사포 이외에 신천동 가우동이 있다.

신천동

신천동(新泉洞)은 삼전면(三田面)에 속하며 녹사포 하류 10리 남짓한 거리의 남쪽 기슭에 위치한다.

가우동

가우동(加隅洞)은 구락면(龜洛面)에 속하며 황주읍의 상류 55리 남짓한 남쪽 기슭에 위치한다. 이 마을은 황주군 동부에서 중요한 집산지이며, 음력 매 2・7일에 장시를 개설하며, 한 장의 거래액은 1,200~1,300원에 이른다.

매상강

매상강(梅上江)은 황주강의 북쪽에 있는데, 이 강의 하구는 황주군과 평안남도에 속하는 중화군의 경계에 있으며, 동시에 황해도와 평안남도의 경계이다. 강은 고정산(高井山) 부근에서 발원하여, 저복천(貯福川)과 흑천(黑川) 두 강을 아우르며 연봉포(臙峰浦)의 북쪽에서 대동강으로 들어간다. 수산물은 황주강과 다르지 않으며 생산액에 있어서는 더 적다. 이 강의 상류인 저복천 남쪽 기슭에 흑교리(黑橋里)가 있는데, 이곳에서 하구까지는 약 70리이다. 만조시에는 작은 배가 오르내릴 수 있다. 경의선의 흑교역은 저복천의 북쪽 기슭 즉 흑교리에서 북으로 십수 정 떨어져 있다.

황주군에 속하는 마을로서 어업자가 있는 곳은 앞에서 말한 재령강 강변에 있는 죽도 포남 이외에, 대동강변에 연봉포, 송산포(松山浦) 변동(邊洞) 철도(鐵島) 등이 있다.

연봉포

연봉포(臙峰浦)는 송림면에 속하며 매상강(梅上江) 하구의 남쪽, 대동강의 왼쪽 기슭에 있다. 북쪽은 평남 중화군의 요포(瑤浦)까지 10리 남짓한데 도로가 양호하다. 남쪽의 겸이포에 이르는 수로는 20리 남짓이며, 육로는 15리 정도이다. 본포 부근은 전체적으로 낮은 구릉이며 경지가 잘 개척되어 있지만 모두 밭이고 논은 볼 수 없다. 대동강변은 배를 대기에 불편하지 않지만 작은 배를 계류하는 데는 도리어 배후인 매상강의 지류가 편리하다고 한다. 226호 850명 정도의 큰 마을이며 어업에 종사하는 사람도 120여 (호/명)[43]에 이르며, 어선 5척이 있다. 강에서 어로를 행할 뿐만 아니라 멀리 외해에 출어하여 조기 갈치 등의 어업도 활발하게 행한다. 군의 보고에 따르면, 한 어기 중의 어획고는 6,000원이라고 한다. 본포에서는 음력 매 3·8일에 장시가 개설되며 집산액이 제법 많다.

송산포

송산포(松山浦)는 연봉포의 남쪽 10리에 있으며 161호 450여 명이 사는 마을이다. 본포에도 또한 외해에 출어하여 소기 중선, 새우 소금배, 기타 살지어업 등에 종사하는 어선 3척이 있다.

서변동

서변동(西邊洞, 셔변동)은 겸이포의 남쪽 30리에 위치한 39호 110여 명의 작은 마을

---

43) 원문에는 호구의 단위가 누락되어 있다.

인데 어업자가 5호 있다. 그러나 그 어로는 단지 어살 또는 외줄낚시이고 어망은 사용하지 않는다. 마을 사람이 소유한 어살 어장은 대동강 하류에 5곳이 있으며, 주로 농어와 숭어를 어획한다.

철도

철도(鐵島)는 대동강과 재령강이 만나는 지점 동쪽에 위치하는 강 속의 큰 섬인데, 섬은 원래 육지의 일부였다. 낮은 구릉으로 이루어져 있어서 경지가 잘 개척되어 있으며, 구룡동(九龍洞) 최촌(崔村) 대동(大洞) 중립동(中立洞) 대립동(大立洞) 왕암(王岩) 신촌(新村) 진촌(鎭村) 등의 작은 마을이 있다.

구룡동

구룡동(九龍洞)은 북쪽에 위치하며, 대안인 평남 동진까지 20여 정이며 나루가 있다.

최촌

최촌(崔村)은 구룡포의 남쪽에 위치하며 동쪽 육지로 건너가는 나루가 있다.

왕암

왕암(王岩)은 남서단에 위치하며, 대안인 안악군의 사암포까지 12정 정도이고 나루가 있다. 섬 전체의 호구는 224호 550명 정도이며, 어선은 4척이 있다. 섬이기는 하지만 어로는 어살 또는 외줄낚시에 그치며, 멀리 외해에 출어하는 사람은 없다. 마을 사람이 소유하는 어살 어장은 강의 하류인 정족(鼎足) 강회동(江檜洞) 초동(草洞) 등의 마을 앞에 위치하는데 5개소가 있다. 주요 어획물은 봄 가을 겨울에는 숭어, 여름철에는 농어 등이라고 한다.

대동강 안에서 유명한 철도 묘박지라고 부르는 곳이 곧 이 섬의 북쪽이며 북쪽인 겸이포까지 4해리 남짓, 남쪽인 진남포까지 13해 남짓이다.

겸이포

겸이포(兼二浦)는 원래 화석리에 속한 마을이며 인가 몇 호가 흩어져 있을 뿐이다. 경의선 철도 부설에 앞서, 그 자재 육양지점으로 육군 공병 중좌 와타나베 겐지[渡邊兼二]씨가 발견한 곳이기 때문에 붙은 이름이다. 경의선 황주역에 이르는 지선은 원래 철도 자재 수송을 위하여 건설된 것이었는데, 후에 진남포와의 수륙연락선으로 사용되어, 한때는 교통이 제법 빈번하였다. 그러나 지금은 평남선의 개통과 더불어 승객이 줄어 들었고 동시에 본포도 또한 크게 쇠퇴하기에 이르렀다. 그렇지만 그 전면에는 30톤의 기선을 세울 수 있어서, 수륙 연락의 편리함에 이르러서는 강변에서 비교할 수 없이 드문 곳이다. 그래서 여전히 이곳을 출입하는 화물이 적지 않으며 부근에 장시가 있다. 매 5·10일에 개설되며 집산이 제법 활발하다. 본포에서 진남포에 이르는 수로는 18해리 남짓, 황주에 이르는 철도선로는 8마일 62케이블이다. 갑오전쟁 때 노즈사단[野津師團]의 상륙지점으로서 유명한 기진포(旗津浦)가 바로 본포의 대안에 있다.

부경대학교 인문한국플러스사업단 해역인문학 아카이브자료총서 07

한국수산지 韓國水産誌 Ⅳ-1

초판 1쇄 발행 2024년 7월 30일

지은이 (대한제국) 농상공부 수산국
옮긴이 이근우, 서경순
펴낸이 강수걸
편 집 강나래 오해은 이소영 이선화 이혜정
디자인 권문경 조은비
펴낸곳 산지니
등 록 2005년 2월 7일 제333-3370000251002005000001호
주 소 48058 부산광역시 해운대구 수영강변대로 140 부산문화콘텐츠콤플렉스 626호
홈페이지 www.sanzinibook.com
전자우편 sanzini@sanzinibook.com
블로그 http://sanzinibook.tistory.com

ISBN   979-11-6861-361-4(94980)
        979-11-6861-207-5(세트)

* 책값은 뒤표지에 있습니다.
* 이 책은 2017년 대한민국 교육부와 한국연구재단의 지원을 받아 수행된 연구임.
(NRF-2017S1A6A3A01079869)